高等职业教育土木建筑类专业新形态教材

建筑工程成本管理
（第3版）

主　编　王永利　陈立春
副主编　王丽娟　顾沈丽

北京理工大学出版社
BEIJING INSTITUTE OF TECHNOLOGY PRESS

内容提要

本书按照高职高专院校人才培养目标以及专业教学改革的需要进行编写。全书共分为8章，主要内容包括建筑工程成本管理基础、建筑工程成本预测与决策、建筑工程成本计划、建筑工程成本控制、建筑工程成本核算、建筑工程成本分析、建筑工程成本考核、建筑工程造价及其管理等。

本书可作为高职高专院校建筑工程技术等相关专业的教材，也可供建筑工程施工现场相关技术和管理人员工作时参考。

版权专有　侵权必究

图书在版编目（CIP）数据

建筑工程成本管理／王永利，陈立春主编．—3版．—北京：北京理工大学出版社，2018.8（2024.8重印）

ISBN 978-7-5682-6304-7

Ⅰ.①建…　Ⅱ.①王…②陈…　Ⅲ.①建筑工程－成本管理－高等学校－教材　Ⅳ.①TU723.3

中国版本图书馆CIP数据核字（2018）第208502号

责任编辑： 赵　岩		**文案编辑：** 赵　岩	
责任校对： 周瑞红		**责任印制：** 边心超	

出版发行 ／ 北京理工大学出版社有限责任公司
社　　址 ／ 北京市丰台区四合庄路6号
邮　　编 ／ 100070
电　　话 ／ （010）68914026（教材售后服务热线）
　　　　　　（010）68944437（课件资源服务热线）
网　　址 ／ http://www.bitpress.com.cn
版 印 次 ／ 2024年8月第3版第5次印刷
印　　刷 ／ 河北世纪兴旺印刷有限公司
开　　本 ／ 787 mm×1092 mm　1/16
印　　张 ／ 13.5
字　　数 ／ 319千字
定　　价 ／ 39.00元

图书出现印装质量问题，请拨打售后服务热线，负责调换

第3版前言

建筑工程成本管理在建筑工程管理中起着重要的作用。建筑行业是一项高投资、高风险的行业，对其成本的有效管理能够降低这种风险，达到节约资本的目的，进而提高企业在市场中的竞争力。科学分析施工成本的影响因素，并采取有效的管理措施，才能实现节约施工成本的目的，体现施工成本管理的价值。建筑工程成本管理的最终目的是能够使资源得到合理利用，施工各部门协调作业，提高施工效率，按要求完成施工任务的同时尽可能降低能源消耗，从而提高施工单位的整体效益。

本书以适应社会需求为目标，以培养技术能力为主线组织编写，在内容的选择上考虑了建筑工程相关专业的深度和广度，以"必需、够用"为度，以"讲清概念、强化应用"为重点，深入浅出，注重实用。通过本书的学习，学生能够初步掌握建筑工程成本管理的基本方法和步骤。

本书第2版自出版发行以来，深受师生的厚爱，为适应教学改革的发展，作者对本书进行了再次修订，主要修订内容如下：

（1）对第一章内容做了相应的增减，由原来的"建筑工程成本概念"变为"建筑工程成本管理"，使内容更加完善，条理更加清晰

（2）第二章到第五章标题未做改动，但修订后的内容更加充实。

（3）原第六章本次修订分为两章，即第六章和第七章，使知识点更加详细。

（4）第八章修订为"建筑工程造价及其管理"，对原书的第七章、第八章做了合理的整合与删减。

为方便教师的教学和学生的学习，本次修订时除对各章节内容进行了必要更新外，还结合广大读者、专家的意见和建议，对书中的错误与不合适之处进行了修订。

本书由吉林铁道职业技术学院王永利、吉林交通职业技术学院陈立春担任主编，由吉林铁道职业技术学院王丽娟、福州软件职业技术学院顾沈丽担任副主编。具体编写分工为：王永利编写第一章、第三章、第四章，陈立春编写第二章、第六章、第七章，王丽娟编写第五章，顾沈丽编写第八章。

在本书修订过程中，参阅了国内同行的多部著作，部分高职高专院校的老师提出了很多宝贵的意见供我们参考，在此表示衷心的感谢！对于参与本书第2版编写但未参与本书修订的老师、专家和学者，本次修订的所有编写人员向你们表示敬意，感谢你们对高职高专教育教学改革做出的不懈努力，希望你们对本书继续保持关注并多提宝贵意见。

本书虽经反复讨论修改，但限于编者的学识及专业水平和实践经验，修订后的图书仍难免有疏漏和不妥之处，恳请广大读者指正。

编 者

第2版前言

在市场经济条件下，面对当前竞争日趋激烈的建筑市场，如何强化和完善成本控制，不断提高施工企业管理水平，从而节约成本，实现企业经济效益最大化，是所有建筑工程施工企业的共同目标。建筑工程成本是指建筑企业在以项目作为成本核算对象的施工过程中所耗费的生产资料转移价值和劳动者的必要劳动所创造的价值的货币形式。它主要包括消耗的原材料、辅助材料、构配件等费用，周转材料的摊销费或租赁费，施工机械的使用费或租赁费，支付给生产工人的工资、奖金、工资性质的津贴等，以及进行施工组织与管理所发生的全部费用支出。建筑工程成本管理是企业成本管理的基础和核心，它贯穿于施工项目全过程，不仅需要企业管理层的支持与重视，同样也需要广大员工们的积极配合，并利用各项规章制度、有效措施等做好保障工作。

《建筑工程成本管理》第1版教材自出版发行以来，在部分高职高专院校的教学工作中取得了一定的好评，然而也暴露出了一些缺陷，因此，我们根据各高职高专院校使用者的建议，结合近年来高职高专教育教学改革的动态，对教材进行了修订。本次教材的修订主要做了以下一些工作：对建筑成本构成、建筑工程成本预测、建筑工程成本计划的编制方法、成本控制方案的实施方法等内容进行了完善，补充了部分知识点，紧贴管理水平的发展，增强了教材的先进性、实用性；增加了建筑工程成本计划分类、建筑工程成本核算的概念、工程成本核算的分类、建筑工程成本分析方式、建筑工程成本考核的作用、建筑工程成本的措施管理等内容，使建筑工程成本管理的知识体系更加完整，知识内容深浅适度，便于学生理解与掌握；重新编写了各章的知识目标、能力目标、本章小结，丰富了思考与练习的题型，包含了选择题、简答题、案例分析题等多种练习形式，有助于学生学以致用、灵活掌握。

本书由王永利、陈立春、王京担任主编，王丽娟、崔轶、路平担任副主编。

本教材在修订过程中，参阅了国内同行多部著作，部分高职高专院校教师提出了很多宝贵意见供我们参考，在此表示衷心的感谢！对于参与本教材第1版编写但不再参加本次修订的教师、专家和学者，本版教材所有编写人员向你们表示敬意，感谢你们对高等职业教育改革所做出的不懈努力，希望你们对本教材保持持续关注并多提宝贵意见。

限于编者的学识及专业水平和实践经验，修订后的教材仍难免有疏漏或不妥之处，敬请广大读者指正。

编　者

第1版前言

建筑工程成本管理是根据建筑企业的总体目标和工程项目的具体要求，在工程项目实施过程中，对工程项目成本进行有效的组织、实施、控制、跟踪、分析和考核等管理活动，以达到强化经营管理，完善成本管理制度，提高成本核算水平，降低工程成本，实现目标利润，创造良好经济效益的目的的过程。加强工程项目成本管理是施工企业积蓄财力，增强企业竞争力的必由之路。

"建筑工程成本管理"是建筑经济管理专业课程。本教材根据全国高职高专教育土建类专业教学指导委员会制定的教育标准和培养方案及主干课程教学大纲，以适应社会需求为目标，以培养技术能力为主线组织编写，在内容选择上考虑土建工程专业的深度和广度，以"必需、够用"为度，以"讲清概念、强化应用"为重点，深入浅出，注重实用。通过本教材的学习，学生可掌握建筑工程成本分析的方法、建筑工程成本管理的实施步骤和控制方法，具备运用建筑工程成本管理的方法分析实际问题，指导生产实践的能力。

本教材共分九章，第一章为建筑工程成本管理概论，主要介绍了建筑工程成本管理的组织和原则；第二章为建筑工程成本的影响因素，介绍了施工方案、施工现场平面管理、投标报价、合同价、施工质量、施工进度与安全、施工工程变更等内容；第三章为建筑工程成本预测与成本决策，介绍了建筑工程成本定性预测方法、定量预测方法、详细预测方法及建筑工程成本决策等内容；第四章为建筑工程成本计划，主要介绍了建筑工程成本计划的概念、特点及编制；第五章为建筑工程成本控制，介绍了建筑工程成本控制的概念、依据、原则和重要性等内容；第六章为建筑工程成本核算，主要介绍了建筑工程成本核算的特点、原则、程序及内容；第七章为建筑工程成本分析与考核，介绍了建筑工程成本分析的原则、内容及方法，建筑工程成本考核的意义、要求及原则等内容；第八章为建筑工程成本报表的编制，介绍了工程成本报表的作用、种类和编制要求等内容；第九章为建筑工程造价，介绍了建筑工程造价的分类、作用和构成，建筑工程工程量的计算，工程建设定额等内容。

为方便教学，本教材各章前设置【学习重点】和【培养目标】，各章后设置【本章小结】和【思考与练习】，从更深层次给学生以思考、复习的提示，由此构建了"引导—学习—总结—练习"的教学模式。

本教材由孙秀伟、陈立春、郭忠华主编，可作为高职高专院校建筑经济管理专业教材，也可作为工程技术人员、工程管理人员的参考用书。本教材编写过程中参阅了国内同行多部著作，部分高职高专院校教师提出了很多宝贵意见，在此表示衷心的感谢！

本教材虽经推敲核证，但限于编者的专业水平和实践经验，仍难免有疏漏或不妥之处，恳请广大读者指正。

编 者

目 录

第一章　建筑工程成本管理基础……………1
　第一节　成本的概念、作用与分类………1
　　一、成本的概念……………………………1
　　二、成本的作用……………………………2
　　三、成本的分类……………………………2
　第二节　建筑工程成本构成及影响因素…3
　　一、建筑工程成本的构成…………………4
　　二、影响建筑工程成本的因素……………11
　第三节　建筑工程成本管理的意义、
　　　　　任务与原则………………………12
　　一、建筑工程成本管理的意义……………12
　　二、建筑工程成本管理的任务……………13
　　三、建筑工程成本管理的原则……………14
　第四节　建筑工程成本管理体系…………16
　　一、建筑工程成本管理体系的概念
　　　　与特点……………………………16
　　二、建筑工程成本管理体系的建立
　　　　原则………………………………17
　　三、建筑工程成本管理体系的内容………17
　　四、建筑工程成本管理体系组织层次
　　　　与职责……………………………19
　　五、建立建筑工程成本管理体系的
　　　　要求………………………………20
　第五节　建筑工程成本管理的措施与
　　　　　步骤………………………………22
　　一、建筑工程成本管理的措施……………22
　　二、建筑工程成本管理的步骤……………23

第二章　建筑工程成本预测与决策…………26
　第一节　建筑工程成本预测………………26
　　一、成本预测的概念与作用………………26
　　二、成本预测的程序………………………27
　　三、成本预测的方法………………………28
　第二节　建筑工程成本决策………………38
　　一、建筑工程成本决策的概念……………38
　　二、建筑工程成本决策的程序……………38
　　三、成本决策的内容………………………38
　　四、成本决策的目标与判断标准…………39
　　五、成本决策的方法………………………40
　第三节　量本利分析法的应用……………41
　　一、量本利分析的基本原理………………41
　　二、量本利分析的因素特征………………42
　　三、量本利分析的方法特征………………43
　　四、量本利分析方法在建筑工程成本
　　　　预测中的应用……………………43
　第四节　敏感性分析及其应用……………46
　　一、敏感性分析的目的……………………46
　　二、敏感性分析的内容……………………46
　　三、敏感性分析的计算步骤………………46
　　四、敏感性分析在建筑工程成本预测
　　　　中的应用…………………………48
　第五节　概率分析及其应用………………49

一、概率分析的步骤 …………… 49
二、概率分析的方法及其在建筑工程
　　成本预测中的应用 …………… 50

第三章　建筑工程成本计划 …… 55
第一节　成本计划的概念、特点与
　　　　　分类 ……………………… 55
一、成本计划的概念及特点 …… 55
二、成本计划的分类 …………… 56
第二节　成本计划的组成与分析 …… 56
一、建筑工程成本计划的组成 …… 56
二、建筑工程施工进度成本分析 …… 59
三、建筑工程施工质量成本分析 …… 61
四、建筑工程施工项目成本计划的
　　风险分析及其修正 …………… 62
第三节　成本计划的编制 …………… 63
一、编制成本计划的意义与作用 …… 63
二、建筑工程成本计划编制依据 …… 64
三、建筑工程成本计划编制原则 …… 64
四、建筑工程成本计划编制程序 …… 65
五、建筑工程成本计划编制方法 …… 66
六、建筑工程成本计划编制方式 …… 70

第四章　建筑工程成本控制 …… 74
第一节　成本控制的概念、目的与
　　　　　意义 ……………………… 74
一、成本控制的概念 …………… 74
二、成本控制的目的与意义 …… 74
第二节　成本控制的对象、组织及其
　　　　　职责 ……………………… 75
一、成本控制的对象 …………… 75
二、成本控制的组织及其职责 …… 76
第三节　成本控制的原则与依据 …… 79
一、建筑工程成本控制的原则 …… 79
二、成本控制的依据 …………… 80
第四节　成本控制的程序、步骤和
　　　　　方法 ……………………… 81
一、成本控制的程序 …………… 81
二、成本控制的步骤 …………… 83
三、建筑工程成本控制方法——挣
　　值法 …………………………… 84
四、建筑工程成本控制方法——偏差
　　分析法 ………………………… 88
五、建筑工程成本控制方法——
　　工期—成本优化法 …………… 91
第五节　价值工程在建筑工程成本控制
　　　　　中的应用 ………………… 96
一、价值工程的基本概念 ……… 96
二、价值工程在项目成本控制中的
　　意义 …………………………… 97
三、价值工程在项目成本控制中的
　　应用步骤 ……………………… 97
四、应用实例分析 ……………… 97

第五章　建筑工程成本核算 …… 103
第一节　成本核算的概念、分类与
　　　　　意义 ……………………… 103
一、成本核算的概念 …………… 103
二、成本核算的分类 …………… 104
三、成本核算的意义 …………… 104
第二节　成本核算的对象与组织形式 …… 105
一、成本核算的对象 …………… 105
二、成本核算的组织形式 ……… 107
第三节　成本核算的原则与要求 …… 108
一、成本核算的原则 …………… 108
二、成本核算的要求 …………… 109

第四节　成本核算的程序与方法………111
　　一、成本核算的程序………………111
　　二、成本核算的方法………………113
第五节　建筑工程成本核算的实施……119
　　一、建筑工程成本核算的实施步骤…119
　　二、直接成本的核算………………120
　　三、间接成本的核算………………125
　　四、辅助生产费用的核算…………126
　　五、待摊费用和预提费用的核算…127
　　六、已完工程实际成本的计算和
　　　　结转……………………………128
　　七、单位工程成本决算……………129
第六节　成本核算会计报表及其分析…130
　　一、项目成本核算的台账…………130
　　二、项目成本核算的账表…………137

第六章　建筑工程成本分析………………142
第一节　成本分析的概念、分类、
　　　　目的与作用……………………142
　　一、成本分析的概念………………142
　　二、成本分析的分类………………143
　　三、建筑工程成本分析的目的与
　　　　作用……………………………143
第二节　成本分析的原则与内容………144
　　一、成本分析的原则………………144
　　二、成本分析的内容………………145
第三节　成本分析的方式与方法………146
　　一、成本分析的方式………………146
　　二、成本分析的方法………………146

第七章　建筑工程成本考核………………164
第一节　成本考核的概念、特点与
　　　　作用……………………………164

　　一、成本考核的概念、特点………164
　　二、成本考核的作用………………166
第二节　成本考核的原则、内容与
　　　　要求……………………………166
　　一、成本考核的原则………………166
　　二、建筑工程成本考核的内容……167
　　三、成本考核的要求………………168
第三节　成本考核的实施………………168
　　一、施工项目成本考核实施的方法
　　　　和内容…………………………168
　　二、项目岗位群体成本责任考核方式…169

第八章　建筑工程造价及其管理…………172
第一节　工程造价的概念、特点、
　　　　作用与分类……………………172
　　一、工程造价的概念………………172
　　二、工程造价的特点………………173
　　三、工程造价的作用………………174
　　四、工程造价的分类………………175
　　五、建筑工程造价与成本的关系…176
第二节　建筑工程造价计量……………176
　　一、工程量计算依据………………176
　　二、工程量计算的一般原则………177
　　三、工程量计算的方法……………177
　　四、工程量计算的顺序……………178
　　五、工程量计算注意事项…………179
第三节　建筑工程造价的计价…………179
　　一、建筑工程造价的计价特征……179
　　二、建筑工程造价计价程序………181
　　三、建筑工程工程量清单计价……184
　　四、建筑工程定额计价……………191
　　五、工程量清单计价与定额计价的
　　　　区别……………………………199

第四节　建筑工程造价的管理…………200
一、工程造价管理的概念…………200
二、工程造价管理的特点…………201
三、工程造价管理的对象、目标和任务…………201
四、工程造价管理的基本内容………201

参考文献……………………………………206

第一章 建筑工程成本管理基础

知识目标

了解成本的作用、影响建筑工程成本的因素及成本管理的意义、任务，熟悉成本、建筑工程成本及建筑工程成本管理的概念，成本的分类、建筑工程成本构成及其管理的原则，掌握建筑工程成本管理体系及建筑工程成本管理的措施与步骤。

能力目标

通过本章内容的学习，能够建立建筑工程成本管理体系，明确成本管理体系的组织层次及其职责，按步骤进行建筑工程成本管理。

第一节 成本的概念、作用与分类

一、成本的概念

成本一般是指为进行某项生产经营活动（如材料采购、产品生产、劳务供应、工程建设等）所发生的全部费用。成本可以分为广义成本和狭义成本两种。

广义成本是指企业为实现生产经营目的而取得各种特定资产（固定资产、流动资产、无形资产和制造产品）或劳务所发生的费用支出，它包含了企业生产经营过程中一切对象化的费用支出。狭义成本是指为制造产品而发生的支出，包括为生产产品所耗费的直接人工、直接材料、其他直接费用及其他制造费用，其中，直接人工、直接材料、其他直接费用直接计入产品成本，其他制造费用分摊计入产品成本。狭义成本的概念强调成本是以企业生产的特定产品为对象来归集和计算的，是为生产一定种类和一定数量的产品所应负担的费用。本节主要讨论狭义成本，即产品成本的概念，它有以下几种表述形式：

(1)产品成本是以货币形式表现的、生产产品的全部耗费或花费在产品上的全部生产费用。

(2)产品成本是为生产产品所耗费的资金总和。生产产品需要耗费占用在劳动对象上的资金,如原材料的耗费;需要耗费占用在劳动手段上的资金,如设备的折旧;需要耗费占用在劳动者身上的资金,如生产工人的工资及福利费。

(3)产品成本是企业在一定时期内为生产一定数量的合格产品所支出的生产费用。这个定义有时间条件和数量条件约束,比较严谨,不同时期发生的费用分属于不同时期的产品,只有在本期间内为生产本产品而发生的费用才能构成该产品成本(即符合配比原则)。企业在一定期间内的生产耗费称为生产费用,生产费用不等于产品成本,只有具体发生在一定数量产品上的生产费用,才能构成该产品的成本,生产费用是计算产品成本的基础。

二、成本的作用

成本是衡量企业管理水平的一个综合性指标,其作用包括以下内容:

(1)成本是补偿生产消耗的尺度。成本作为一个经济范畴,是确认资源消耗和补偿水平的依据。为了保证再生产的不断进行,这些资源消耗必须得到补偿,也就是说,生产中所消耗的劳动价值必须计入产品的成本。因此可以说,成本客观地表示了生产消耗价值补偿的尺度,企业只有使收益大于成本才能盈利,而企业盈利则是保证满足整个社会需要和扩大再生产的主要源泉。

(2)成本是制定价格的重要依据。商品生产过程既是活劳动和物质的消耗过程,又是使用价值和价值的形成过程。就整个社会而言,在产品价值目前还难以直接精确计算的情况下,成本为制定产品价格提供了近似的依据,使产品价格基本上接近产品价值。

(3)成本是进行经营决策、实行经济核算的工具。企业在生产经营过程中,对一些重大问题的决策,都要进行技术经济分析,其中,决策方案的经济效果是技术经济分析的重点,而产品成本是考察和分析决策方案经济效果的重要指标。

企业可以利用产品成本这一综合性指标,有计划地、正确地进行计算并反映和监督产品的生产费用,使生产消耗降低到最低限度,以取得最好的经济效果。同时,可以将成本指标分层次地分解为各种消耗指标,以便编制成本计划,控制日常消耗,定期分析、考核,促使企业不断降低成本消耗,增加盈利。

三、成本的分类

1. 按成本控制的不同标准划分

(1)目标成本。目标成本是指企业在生产经营活动中某一时期内要求实现的成本目标。确定目标成本,是为了控制生产经营过程中的活劳消耗和物资消耗,降低产品成本,实现企业的目标利润。为保证企业目标利润的实现,目标成本应在目标利润的基础上进行预测和预算。

(2)计划成本。计划成本是指根据计划期内的各项平均先进消耗定额和有关资料确定的成本。它反映计划期应达到的成本水平,是计划期在成本方面的努力目标。

(3)标准成本。标准成本是指企业在正常的生产经营条件下,以标准消耗量和标准价格计算的产品单位成本。标准成本制定后,在生产作业过程中一般不作调整和改变,实际生产费用与标准成本的偏差,可通过差异计算来反映。标准成本具有科学性、正常性、稳定性、尺度性和目标性等特点。

(4)定额成本。定额成本是指根据一定时期的执行定额计算成本。将实际成本和定额成本进行对比，可以发现差异，分析产生差异的原因，并采取措施，可改善经营管理。

2. 按成本与产量的关系划分

(1)变动成本。变动成本也称变动费用，它的总额随产量的增减而变动。就单位产品成本而言，其中的变动成本部分是固定不变的，降低单位产品成本中的变动成本，必须从降低消耗标准入手。

(2)固定成本。固定成本也称固定费用，它的总额在一定期间和一定业务量范围内不随产量的增减而变动。就单位产品成本而言，其中的固定成本部分与产量的增减成反比，即产量增加时，单位产品的固定成本减少；产量减少时，单位产品的固定成本增加。固定成本并不是绝对"固定"不变的。

3. 成本的其他分类

(1)边际成本。边际成本是产品产量的微量变化所引起的成本总额的变动数。一般情况下，边际成本只受变动成本的影响，通常按变动成本计算，它对确定产量水平和企业盈亏平衡点有重要作用。

(2)沉没成本。沉没成本是指过去的成本支出与目前进行某项经营决策无关的成本，它是一种历史成本，对现有决策而言是不可控成本，不会影响当前行为或未来决策。从这个意义上说，在投资决策时应排除沉没成本的干扰。

从成本的可追溯性来说，沉没成本可能是直接成本，也可能是间接成本。如果沉没成本可追溯到个别产品或部门则属于直接成本；如果由几个产品或部门共同引起则属于间接成本。

从成本的形态上看，沉没成本可能是固定成本，也可能是变动成本。企业在撤销某个部门或是停止某种产品生产时，沉没成本通常既包括机器设备等固定成本，也包括原材料、零部件等变动成本。通常情况下，固定成本比变动成本更容易沉没。

(3)机会成本。机会成本是指当把一定的经济资源用于生产某种产品时，放弃的另一些产品生产上最大的收益。在编制国家经济计划中，在新投资项目的可行性研究中，在新产品开发中，乃至在工人选择工作中，都存在机会成本问题。在进行选择时，力求机会成本小一些，是经济活动行为方式的重要的准则之一。例如，有一台多余的挖掘机可以出租，也可以出售，出租收入为10 000元，出售收入为9 000元；当舍弃出售方案而采用出租方案时，它的机会成本为9 000元，其利益为1 000元(10 000—9 000)；当舍弃出租方案而采用出售方案时，它的机会成本为10 000元，其利益为—1 000元。很显然，出租方案更优。

第二节　建筑工程成本构成及影响因素

建筑工程成本是指建筑企业以项目作为成本核算对象的施工过程中所耗费的生产资料转移价值和劳动者的必要劳动所创造的价值的货币形式。

一、建筑工程成本的构成

根据建筑工程项目从设计到完成全过程的阶段划分，建筑工程项目成本可分为决策成本、招标成本、勘察设计成本及实施成本。本节主要研究建筑工程项目的实施成本。具体地说，建筑工程项目实施成本是指建筑企业在进行建筑安装工程项目的管理与施工生产过程中所消耗的劳动对象、劳动手段价值和支付给劳动者劳动报酬价值的货币表现。即工程项目管理与施工过程中所耗费的资金总和。工程项目成本从其经济本质来说是工程项目价值的重要组成部分，它属于工程项目施工中发生的物化劳动耗费和活劳动耗费中必要劳动耗费的价值总和。

与任何生产活动一样，项目施工的过程也是劳动对象、劳动手段和活劳动的消耗过程。因此，施工项目的成本按其经济性质可以分为劳动对象的耗费、劳动手段的耗费和活劳动的耗费三大类。前两类是物化劳动耗费，后一类是活劳动耗费，它们构成了施工项目的成本的三大要素。但是，在实务中，为了便于分析和利用，人们把生产费用按经济用途分为不同的成本项目。利用成本项目可以明确地把各项费用按其使用途径进行反映，这对考核、分析成本升降原因有重要意义。

建筑工程成本可分为直接成本和间接成本。按照一般含义，直接成本是指为生产某种（类、批）产品而发生的费用，它可以根据原始凭证或原始凭证汇总表直接计入成本。间接成本是指为生产几种（类、批）产品而共同发生的费用，它不能根据原始凭证或原始凭证汇总直接计入成本。这样分类是以生产费用的直接计入或分配计入为标志划分的，它便于合理选择各项生产费用的分配方法，对于正确及时地计算成本具有重要作用。

建筑企业采用计入成本方法分类时，还应结合住房和城乡建设部、财政部制定的《建筑安装工程费用项目组成》进行。按照现行《建筑安装工程费用项目组成》的规定，建筑安装工程费由分部分项工程费、措施项目费、其他项目费、规费和税金组成。分部分项工程费、措施项目费、其他项目费包含人工费、材料费、施工机具使用费、企业管理费和利润，如图1-1所示。

1. 分部分项工程费

分部分项工程费是指各专业工程的分部分项工程应予列支的各项费用。专业工程指的是按现行国家计量规范划分的房屋建筑与装饰工程、仿古建筑工程、通用安装工程、市政工程、园林绿化工程、矿山工程、构筑物工程、城市轨道交通工程、爆破工程等各类工程；分部分项工程指的是按现行国家计量规范对各专业工程划分的项目。如房屋建筑与装饰工程划分的土石方工程、地基处理与桩基工程、砌筑工程、钢筋及钢筋混凝土工程等。

分部分项工程费的计算公式如下：

$$分部分项工程费 = \sum（分部分项工程量 \times 综合单价） \tag{1-1}$$

式中，综合单价包括人工费、材料费、施工机具使用费、企业管理费和利润以及一定范围的风险费用。

2. 措施项目费

措施项目费是指为完成建设工程施工，发生于该工程施工前和施工过程中的技术、生活、安全、环境保护等方面的费用。内容包括安全文明施工费、夜间施工增加费、二次搬运费、冬雨期施工增加费、已完工程及设备保护费、工程定位复测费、特殊地区施工增加费、大型机械设备进出场及安拆费及脚手架工程费。

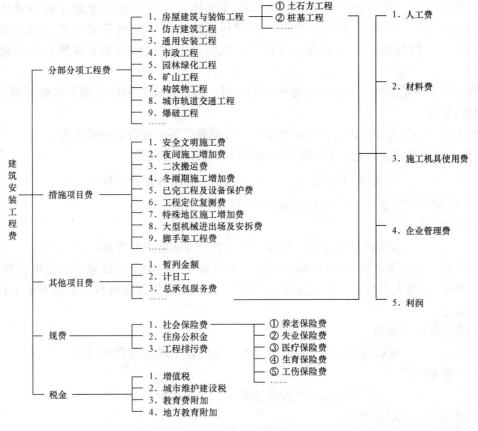

图 1-1 建筑安装工程费用项目组成

安全文明施工费是指施工现场安全文明施工和 CI 形象所需要的各项费用。包括环境保护费、文明施工费、安全施工费和临时设施费。环境保护费是指施工现场为达到环保部门要求所需要的各项费用；文明施工费是指施工现场文明施工所需要的各项费用；安全施工费是指施工现场安全施工所需要的各项费用；临时设施费是指施工企业为进行建设工程施工所必须搭设的生活和生产用的临时建筑物、构筑物和其他临时设施费用。包括临时设施的搭设、维修、拆除、清理费或摊销费等。

夜间施工增加费是指因夜间施工所发生的夜班补助费、夜间施工降效、夜间施工照明设备摊销及照明用电等费用。

二次搬运费是指因施工场地条件限制而发生的材料、构配件、半成品等一次运输不能到达堆放地点，必须进行二次或多次搬运所发生的费用。

冬雨期施工增加费是指在冬期或雨期施工需增加的临时设施、防滑、排除雨雪，人工及施工机械效率降低等费用。

已完工程及设备保护费是指竣工验收前，对已完工程及设备采取的必要保护措施所发生的费用。

工程定位复测费是指工程施工过程中进行全部施工测量放线和复测工作的费用。

特殊地区施工增加费是指工程在沙漠或其边缘地区、高海拔、高寒、原始森林等特殊地区施工增加的费用。

大型机械进出场及安拆费是指机械整体或分体自停放场地运至施工现场或由一个施工地点运至另一个施工地点，所发生的机械进出场运输及转移费用及机械在施工现场进行安装、拆卸所需的人工费、材料费、机械费、试运转费和安装所需的辅助设施的费用。

脚手架工程费是指施工需要的各种脚手架搭、拆、运输费用以及脚手架购置费的摊销（或租赁）费用。

措施项目及其包含的内容详见各类专业工程的现行国家或行业计量规范。

(1)国家计量规范规定应予计量的措施项目，其计算公式为

$$措施项目费 = \sum (措施项目工程量 \times 综合单价) \qquad (1-2)$$

(2)国家计量规范规定不宜计量的措施项目计算方法如下：

1)安全文明施工费。

$$安全文明施工费 = 计算基数 \times 安全文明施工费费率(\%) \qquad (1-3)$$

式中，计算基数应为定额基价(定额分部分项工程费＋定额中可以计量的措施项目费)、定额人工费或(定额人工费＋定额机械费)，其费率由工程造价管理机构根据各专业工程的特点综合确定。

2)夜间施工增加费。

$$夜间施工增加费 = 计算基数 \times 夜间施工增加费费率(\%) \qquad (1-4)$$

3)二次搬运费。

$$二次搬运费 = 计算基数 \times 二次搬运费费率(\%) \qquad (1-5)$$

4)冬雨期施工增加费。

$$冬雨期施工增加费 = 计算基数 \times 冬雨期施工增加费费率(\%) \qquad (1-6)$$

5)已完工程及设备保护费。

$$已完工程及设备保护费 = 计算基数 \times 已完工程及设备保护费费率(\%) \qquad (1-7)$$

上述2)～5)项措施项目的计费基数应为定额人工费或(定额人工费＋定额机械费)，其费率由工程造价管理机构根据各专业工程特点和调查资料综合分析后确定。

3. 其他项目费

其他项目费指的是暂列金额、计日工和总承包服务费。其中：暂列金额是指建设单位在工程量清单中暂定并包括在工程合同价款中的一笔款项。用于施工合同签订时尚未确定或者不可预见的所需材料、工程设备、服务的采购，施工中可能发生的工程变更、合同约定调整因素出现时的工程价款调整以及发生的索赔、现场签证确认等的费用；计日工是指在施工过程中，施工企业完成建设单位提出的施工图纸以外的零星项目或工作所需的费用；总承包服务费是指总承包人为配合、协调建设单位进行的专业工程发包，对建设单位自行采购的材料、工程设备等进行保管以及施工现场管理、竣工资料汇总整理等服务所需的费用。

4. 规费

规费是指按国家法律、法规规定，由省级政府和省级有关权力部门规定必须缴纳或计取的费用。包括社会保险费、住房公积金及工程排污费。

(1)社会保险费和住房公积金。社会保险费的构成见表1-1。

表 1-1　社会保险费的构成

序号	项目	内容
1	养老保险费	指企业按照规定标准为职工缴纳的基本养老保险费
2	失业保险费	指企业按照规定标准为职工缴纳的失业保险费
3	医疗保险费	指企业按照规定标准为职工缴纳的基本医疗保险费
4	生育保险费	指企业按照规定标准为职工缴纳的生育保险费
5	工伤保险费	指企业按照规定标准为职工缴纳的工伤保险费

住房公积金：是指企业按规定标准为职工缴纳的住房公积金。

社会保险费和住房公积金应以定额人工费为计算基础，根据工程所在地省、自治区、直辖市或行业建设主管部门规定费率计算。其计算公式如下：

$$社会保险费和住房公积金 = \sum (工程定额人工费 \times 社会保险费和住房公积金费率)$$

(1-8)

式中，社会保险费和住房公积金费率可以每万元发承包价的生产工人人工费和管理人员工资含量与工程所在地规定的缴纳标准综合分析取定。

(2) 工程排污费。工程排污费是指按规定缴纳的施工现场工程排污费。工程排污费等其他应列而未列入的规费应按工程所在地环境保护等部门规定的标准缴纳，按实计取列入。

5. 税金

税金是指国家税法规定的应计入建筑安装工程造价内的增值税、城市维护建设税、教育费附加以及地方教育附加。

税金的计算公式如下：

$$税金 = 税前造价 \times 综合税率(\%)$$

(1-9)

综合税率的计算应符合下列规定：

(1) 纳税地点在市区的企业：

$$综合税率(\%) = \frac{1}{1-3\%-(3\%\times7\%)-(3\%\times3\%)-(3\%\times2\%)} - 1$$

(1-10)

(2) 纳税地点在县城、镇的企业：

$$综合税率(\%) = \frac{1}{1-3\%-(3\%\times5\%)-(3\%\times3\%)-(3\%\times2\%)} - 1$$

(1-11)

(3) 纳税地点不在市区、县城、镇的企业：

$$综合税率(\%) = \frac{1}{1-3\%-(3\%\times1\%)-(3\%\times3\%)-(3\%\times2\%)} - 1$$

(1-12)

(4) 实行营业税改增值税的，按纳税地点现行税率计算。

6. 各费用构成要素及其计算方法

(1) 人工费。人工费是指按工资总额构成规定，支付给从事建筑安装工程施工的生产工人和附属生产单位工人的各项费用。

人工费包括计时工资或计件工资、奖金、津贴补贴、加班加点工资和特殊情况下支付的工资。其中：计时工资或计件工资是指按计时工资标准和工作时间或对已做工作按计件单价支付给个人的劳动报酬；奖金是指对超额劳动和增收节支支付给个人的劳动报酬。如节约奖、劳动竞赛奖等；津贴补贴是指为了补偿职工特殊或额外的劳动消耗和因其他特殊原因支付给个人的津贴，以及为了保证职工工资水平不受物价影响支付给个人的物价补贴。如流动施工津贴、特殊地区施工津贴、高温（寒）作业临时津贴、高空津贴等；加班加点工资是指按规定支付的在法定节假日工作的加班工资和在法定日工作时间外延时工作的加点工资；特殊情况下支付的工资是指根据国家法律、法规和政策规定，因病、工伤、产假、计划生育假、婚丧假、事假、探亲假、定期休假、停工学习、执行国家或社会义务等原因按计时工资标准或计时工资标准的一定比例支付的工资。

人工费的计算如下：

公式1：

$$人工费 = \sum（工日消耗量 \times 日工资单价） \quad (1-13)$$

$$日工资单价 = \frac{生产工人平均月工资（计时、计件）+ 平均月（奖金 + 津贴补贴 + 特殊情况下支付的工资）}{年平均每月法定工作日}$$

$$(1-14)$$

注：公式1主要适用于施工企业投标报价时自主确定人工费，也是工程造价管理机构编制计价定额确定定额人工单价或发布人工成本信息的参考依据。

公式2：

$$人工费 = \sum（工程工日消耗量 \times 日工资单价） \quad (1-15)$$

注：公式2适用于工程造价管理机构编制计价定额时确定定额人工费，是施工企业投标报价的参考依据。

人工费计算公式中的日工资单价是指施工企业平均技术熟练程度的生产工人在每工作日（国家法定工作时间内）按规定从事施工作业应得的日工资总额。工程造价管理机构确定日工资单价应通过市场调查、根据工程项目的技术要求，参考实物工程量人工单价综合分析确定，最低日工资单价不得低于工程所在地人力资源和社会保障部门所发布的最低工资标准的：普工1.3倍、一般技工2倍、高级技工3倍。

工程计价定额不可只列一个综合工日单价，应根据工程项目技术要求和工种差别适当划分多种日人工单价，确保各分部工程人工费的合理构成。

(2)材料费。材料费是指施工过程中耗费的原材料、辅助材料、构配件、零件、半成品或成品、工程设备的费用。

材料费包括材料原价、运杂费、运输损耗费、采购及保管及工程设备费。其中：材料原价是指材料、工程设备的出厂价格或商家供应价格；运杂费是指材料、工程设备自来源地运至工地仓库或指定堆放地点所发生的全部费用；运输损耗费是指材料在运输装卸过程中不可避免的损耗；采购及保管费是指为组织采购、供应和保管材料、工程设备的过程中所需要的各项费用，包括采购费、仓储费、工地保管费、仓储损耗；工程设备费是指构成或计划构成永久工程一部分的机电设备、金属结构设备、仪器装置及其他类似的设备和装置。

材料费的计算如下：

1)材料费。

$$材料费 = \sum（材料消耗量 \times 材料单价） \quad (1-16)$$

材料单价＝{(材料原价＋运杂费)×[1＋运输损耗率(%)]}×[1＋采购保管费费率(%)]

(1-17)

2)工程设备费。

工程设备费＝∑(工程设备量×工程设备单价) (1-18)

工程设备单价＝(设备原价＋运杂费)×[1＋采购保管费费率(%)] (1-19)

(3)施工机具使用费。施工机具使用费是指施工作业所发生的施工机械、仪器仪表使用费或其租赁费。

施工机具使用费的构成内容包括施工机械使用费和仪器仪表使用费两个方面。施工机械使用费是以施工机械台班耗用量乘以施工机械台班单价表示，施工机械台班单价应由折旧费、大修理费、经常修理费、安拆费及场外运费、人工费、燃料动力费及税费组成，其中：折旧费是指施工机械在规定的使用年限内，陆续收回其原值的费用；大修理费是指施工机械按规定的大修理间隔台班进行必要的大修理，以恢复其正常功能所需的费用；经常修理费是指施工机械除大修理以外的各级保养和临时故障排除所需的费用，包括为保障机械正常运转所需替换设备与随机配备工具附具的摊销和维护费用，机械运转中日常保养所需润滑与擦拭的材料费用及机械停滞期间的维护和保养费用等；安拆费是指施工机械(大型机械除外)在现场进行安装与拆卸所需的人工、材料、机械和试运转费用以及机械辅助设施的折旧、搭设、拆除等费用；场外运费是指施工机械整体或分体自停放地点运至施工现场或由一施工地点运至另一施工地点的运输、装卸、辅助材料及架线等费用；人工费是指机上司机(司炉)和其他操作人员的人工费；燃料动力费是指施工机械在运转作业中所消耗的各种燃料及水、电等；税费是指施工机械按照国家规定应缴纳的车船使用税、保险费及年检费等。仪器仪表使用费是指工程施工所需使用的仪器仪表的摊销及维修费用。

施工机具使用费的计算如下：

1)施工机械使用费。

施工机械使用费＝∑(施工机械台班消耗量×机械台班单价) (1-20)

机械台班单价＝台班折旧费＋台班大修费＋台班经常修理费＋台班安拆费及场外运费

＋台班人工费＋台班燃料动力费＋台班车船税费 (1-21)

注：工程造价管理机构在确定计价定额中的施工机械使用费时，应根据《建筑施工机械台班费用计算规则》结合市场调查编制施工机械台班单价。施工企业可以参考工程造价管理机构发布的台班单价，自主确定施工机械使用费的报价，如租赁施工机械，公式为

施工机械使用费＝∑(施工机械台班消耗量×机械台班租赁单价)

2)仪器仪表使用费。

仪器仪表使用费＝工程使用的仪器仪表摊销费＋维修费 (1-22)

(4)企业管理费。企业管理费是指建筑安装企业组织施工生产和经营管理所需的费用。

企业管理费的构成内容包括管理人员工资、办公费、差旅交通费、固定资产使用费、工具用具使用费、劳动保险和职工福利费、劳动保护费、检验试验费、工会经费、职工教育经费、财产保险费、财务费、税金和其他费用。其中：管理人员工资是指按规定支付给管理人员的计时工资、奖金、津贴补贴、加班加点工资及特殊情况下支付的工资等；办公费是指企业管理办公用的文具、纸张、账表、印刷、邮电、书报、办公软件、现场监控、

会议、水电、烧水和集体取暖降温（包括现场临时宿舍取暖降温）等费用；差旅交通费是指职工因公出差、调动工作的差旅费、住勤补助费、市内交通费和误餐补助费，职工探亲路费，劳动力招募费，职工退休、退职一次性路费，工伤人员就医路费，工地转移费以及管理部门使用的交通工具的油料、燃料等费用；固定资产使用费是指管理和试验部门及附属生产单位使用的属于固定资产的房屋、设备、仪器等的折旧、大修、维修或租赁费；工具用具使用费是指企业施工生产和管理使用的不属于固定资产的工具、器具、家具、交通工具和检验、试验、测绘、消防用具等的购置、维修和摊销费；劳动保险和职工福利费是指由企业支付的职工退职金、按规定支付给离休干部的经费，集体福利费、夏季防暑降温、冬季取暖补贴、上下班交通补贴等；劳动保护费是企业按规定发放的劳动保护用品的支出，如工作服、手套、防暑降温饮料以及在有碍身体健康的环境中施工的保健费用等；检验试验费是指施工企业按照有关标准规定，对建筑以及材料、构件和建筑安装物进行一般鉴定、检查所发生的费用，包括自设试验室进行试验所耗用的材料等费用，不包括新结构、新材料的试验费，对构件做破坏性试验及其他特殊要求检验试验的费用和建设单位委托检测机构进行检测的费用，对此类检测发生的费用，由建设单位在工程建设其他费用中列支。但对施工企业提供的具有合格证明的材料进行检测不合格的，该检测费用由施工企业支付；工会经费是指企业按《中华人民共和国工会法》规定的全部职工工资总额比例计提的工会经费；职工教育经费是指按职工工资总额的规定比例计提，企业为职工进行专业技术和职业技能培训，专业技术人员继续教育、职工职业技能鉴定、职业资格认定以及根据需要对职工进行各类文化教育所发生的费用；财产保险费是指施工管理用财产、车辆等的保险费用；财务费是指企业为施工生产筹集资金或提供预付款担保、履约担保、职工工资支付担保等所发生的各种费用；税金是指企业按规定缴纳的房产税、车船使用税、土地使用税、印花税等；其他费用包括技术转让费、技术开发费、投标费、业务招待费、绿化费、广告费、公证费、法律顾问费、审计费、咨询费、保险费等。

企业管理费的费率计算如下：

1) 以分部分项工程费为计算基础。

$$企业管理费费率(\%)=\frac{生产工人年均管理费}{年有效施工天数\times 人工单价}\times 人工费占部分项工程费比例(\%)$$

(1-23)

2) 以人工费和机械费合计为计算基础。

$$企业管理费费率(\%)=\frac{生产工人年平均管理费}{年有效施工天数\times(人工单价+每一工日机械使用费)}\times 100\%$$

(1-24)

3) 以人工费为计算基础。

$$企业管理费费率(\%)=\frac{生产工人年平均管理费}{年有效施工天数\times 人工单价}\times 100\%$$

(1-25)

注：上述公式适用于施工企业投标报价时自主确定管理费，是工程造价管理机构编制计价定额确定企业管理费的参考依据。

工程造价管理机构在确定计价定额中企业管理费时，应以定额人工费或（定额人工费＋定额机械费）作为计算基数，其费率根据历年工程造价积累的资料，辅以调查数据确定，列入分部分项工程和措施项目中。

(5)利润。利润是指施工企业完成所承包工程获得的盈利。

1)施工企业根据企业自身需求并结合建筑市场实际自主确定,列入报价中。

2)工程造价管理机构在确定计价定额中利润时,应以定额人工费或(定额人工费+定额机械费)作为计算基数,其费率根据历年工程造价积累的资料,并结合建筑市场实际确定,以单位(单项)工程测算,利润在税前建筑安装工程费的比重可按不低于5%且不高于7%的费率计算。利润应列入分部分项工程和措施项目中。

二、影响建筑工程成本的因素

建筑工程成本管理是工程项目管理的核心,建筑企业进行施工管理的最终目的是使建筑工程项目达到低成本、高质量、短工期、高效益的目标,建筑工程成本是这些目标经济效果的综合反映,是全面反映建筑企业管理工作的一个综合性指标。而科学、全面地分析建筑工程施工成本的影响因素,是我们在建筑施工中进行成本控制和管理的基础。

影响建筑工程成本的因素有许多,而且不同应用领域中的工程,其影响工程成本的因素也会不同。但是主要影响工程成本的因素包括以下几个方面。

1. **资源耗用数量及市场价格对成本的影响**

建筑工程成本在耗用资源方面受两个因素的影响,其一,是建筑工程各项活动所消耗和占用的资源数量;其二,是建筑工程各项活动所消耗与占用资源的价格。这表明工程的成本管理必须要管理好整个工程消耗与占用资源的数量和价格这两个要素。在这两个要素中,资源消耗与占用的数量是第一位的,资源的价格是第二位的。因为通常资源消耗与占用数量是一个内部要素,是相对可控的;而资源价格是一个外部要素,主要是由外部条件决定的,所以是一个相对不可控因素。

2. **施工安全对成本的影响**

施工安全成本包括安全管理投入费用和安全损失费用,安全管理投入费用是为保证安全生产而进行的管理、宣传培训、设施、保险等安全预先控制所发生的费用,而安全损失费用是因安全管理不善而发生的事故损失、赔偿、罚款等费用,二者成此起彼伏的关系,即增加安全投入,安全损失就会降低,反之减少安全投入,安全损失就会升高,但我们可以找出一个安全综合成本最低的适合点,在此点附近进行安全控制管理。

3. **工程工期对成本的影响**

工程的成本与工期直接相关,而且是随着工期的变化而变化的。工程建设的直接成本(物料成本、人工成本等)与工期之间存在一定的对应关系。周期越短,因突击施工而增加的直接成本越多;相反,周期延长,突击施工的程度就会降低,工程直接成本也越低。将这种关系表示在工期—成本图中,就可得到一条直接成本曲线。间接成本包括管理费、贷款利息及其他随项目工期成正比的支付款项。将间接成本与工期的关系展示于工期—成本图中,得到一条直线。将直接成本和间接成本相加在一起得到工程总成本随时间变化的曲线,总成本曲线的最低点对应的是最低工程成本,对应的工程工期为经济意义上的最佳周期。

4. **工程质量对成本的影响**

工程质量是指工程能够满足客户需求的特性和指标。一个工程的实现过程就是工程质量的形成过程,在这过程中为达到质量的要求,必需开展两个方面的工作:其一是质量的检验与保障工作；其二是质量失败的补救工作。这两项工作都要消耗资源，从而都会产生质量成本。质量成本是将建筑产品质量保持在设计质量水平上所需要投入的相关费用与未达到预期质量标准而产生的一切损失费用之和。在质量管理过程中，为了控制质量而进行适当的投入，质量总成本就会接近我们期望的最低值，但如果投入太少或盲目的加大投入，均将使质量总成本加大。显然，工程所要求的质量越高，所需要的成本自然越高。

5. 工程范围对成本的影响

任何一项工程成本的大小最根本的取决于工程的范围，即工程究竟需要做些什么事情和做到什么程度。从广度上来说，工程范围越大，工程的成本就会越高，工程范围越小，工程的成本就会越低。从深度上来说，如果工程所需完成的任务越复杂，工程的成本就会越高，而工程的任务越简单，工程的成本就会越低。

6. 项目管理水平对成本的影响

工程项目管理水平的高低是影响工程成本的决定性因素。只有项目管理水平高，才能科学地分析工期与成本的关系，确定和实现最低工程成本和最佳工期；才能实现项目耗用资源的数量最少、价格最低；只有项目质量管理水平高，才能合理确定出工程质量标准，减少工程直接成本和质量失败的损失；也只有项目管理水平高，才能从技术方面、使用功能方面严格把关，对增项变更签证进行必要性核查，对减项变更及时缩减工程范围，才能实现工程范围最优化。

综上所述，项目的资源耗用、价格、工期、质量、安全及范围等要素对工程施工总成本影响的好与坏，完全取决于项目管理水平的高与低。只有科学、高效地管理，才能实现对以上五项要素的集成管理；相反，管理水平差、现场管理混乱，只能导致项目的工期、资源耗用、价格、质量、安全及工程范围等要素的最劣化组合，不仅会大幅度增加工程成本，还可能导致项目的失败。

建筑高度与建筑成本的关系

第三节 建筑工程成本管理的意义、任务与原则

建筑工程成本管理是对项目全过程中发生的资本消耗进行全员、全过程的科学管理。具体来说，工程项目成本管理是根据开发商或投资商的总体目标和工程项目的具体要求，在工程项目建设过程中，对有关活动进行有效的组织、实施、控制、跟踪、分析和考核等管理活动，以达到强化经营管理、完善成本管理制度、提高成本核算水平、降低开发建设和经营管理成本、实现目标利润、创造良好经济效益的目的的过程。

一、建筑工程成本管理的意义

随着社会主义市场经济的不断发展，建筑行业面临的竞争日益激烈。企业能否在市场竞争中立于不败之地，关键在于能否为社会提供质量优、工期短、成本低的产品，而企业能够获得一定的经济效益，关键在于有无低廉的成本。我国的建筑行业虽然起步较晚，但

发展迅速，目前，我国国际化水平和工业化进程不断加快，我国在市场经济体制下，建筑工程行业面临着激烈的竞争，加强建筑工程成本管理对提高市场竞争力和提高建筑工程企业的经济效益具有重要意义。

1. 降低工程建筑单位消耗的必要条件

随着各种物料的市场价格上涨，实施整个工程建筑中各个环节的成本管理有利于降低消耗，有利于提高工程施工能源资源的利用效率，有利于减少浪费，从各个细节降低造价施工成本。

2. 有利于提高我国建筑工程企业的市场竞争力

建筑行业的工程建设的竞争，归根到底是工程建设企业对所有设计施工等各个环节的工程成本管理的竞争，同样的工程建筑，同样的市场需求，如果可以大幅度降低消耗，降低整体成本，必然会为本工程建筑企业带来强大的市场竞争力。让建筑工程单位获得无与伦比的战略优势。

3. 有利于资金利用消耗的监督管理

项目成本管理在一定意义上是一个全方位的系统管理过程。整个项目的一切耗费均应该置于项目主管人员的监控下，通过成本信息反馈，可以掌握整个过程中的成本状况，并及时采取措施，减少浪费，节约成本。

4. 有利于项目组织各系统间的利益协调

项目成本的高低及其管理的好坏，直接决定项目的利益和各方面的利害冲突及协调，反之，项目内部人员之间的协调又直接影响项目成本管理工作的进行。两者之间相互影响，和谐统一。可以通过项目成本管理，协调项目组织各系统之间的利益，使之协调一致，达到效率最大化。

二、建筑工程成本管理的任务

建筑工程成本管理的任务，应根据社会主义企业经营管理的要求来确定，并受建筑工程成本管理的内容所制约。明确成本管理的任务，对于做好成本管理工作，充分发挥成本管理的作用，具有十分重要的意义。

建筑工程成本管理的基本任务有以下几个方面：

(1) 贯彻国家的方针、政策和成本管理制度。国家的方针、政策，是工程项目管理的准则。在建筑工程成本管理中，项目管理部门和项目经理部应当根据国家的方针、政策和成本管理制度，认真做好成本预测和成本计划工作。严格遵守国家规定的成本开支范围和费用开支标准，贯彻执行国家规定的预算定额和相关规定。

对于成本开支范围，项目经理部应做到：凡属于成本开支范围的费用，都要如实地计入工程成本；凡不属于成本开支范围的费用，均不应计入或变相计入工程成本。

对于各项费用的开支，项目经理部必须遵守费用开支标准。国家根据增产节约、勤俭办企业的方针，规定了包括办公费、差旅费在内的一些费用的开支标准，企业必须严格执行，不得任意提高。

此外，对于工程成本的升降，还要定期进行分析、研究，着重从贯彻国家的方针、政策上查找原因。这样，就可以促使企业把贯彻国家的方针、政策的任务贯穿于成本管理的全过程之中。

(2)做好成本预测和计划,加强成本控制。随着我国经济体制改革的不断深化,建筑业现代化施工的迅猛发展,招标承包制的大力推行以及项目经理承包经营责任制的全面实施,对建筑工程成本管理工作的要求也进一步提高,只靠事后的核算和分析已远远不能满足施工管理的需要。必须要将建筑工程成本管理的重点转移到加强成本预测、事前控制以及对生产费用的日常管理和监督上来。工程项目单位在正式编制成本计划之前,要认真做好成本预测工作,挖掘内部潜力,采取有效措施,制定最优成本方案,对成本开支进行预控。在施工过程中,要严格执行成本计划及降低成本的技术组织措施,节约施工耗费,降低工程成本。如果无法控制工程项目的实际开支,成本预测和成本计划做得再好、再完善也不能发挥应有的作用,成本分析与成本考核也成了"马后炮",作用不大。因此,成本控制是建筑工程成本管理的关键,只有抓好成本控制这一主要环节,才能充分发挥成本管理的事前控制、事后管理等环节的作用。

(3)正确、完整、及时地核算工程成本。工程成本是企业经营管理好坏的集中反映,是项目经理部生存和发展的必要条件。对工程成本的核算,一定要做到正确、完整、及时。正确,就是要采取科学的费用分配标准和成本计算方法,及时归集和分配施工费用,正确计算出各项工程的实际成本;完整,就是应计入当期成本或竣工项目,工程成本的各项费用应当全部计入,不得遗漏或随意乱计;及时,就是要在规定期限内或工程竣工时及时计算出已完工程成本或竣工项目成本。

正确、完整、及时地核算工程成本必须相互结合,不可偏废,及时,是要建立在正确、完整的基础上,而正确、完整,又要通过及时才能起作用。如果成本核算不正确、不完整,提供的成本信息就不能如实地反映工程成本的实际水平;成本核算不及时,就不能为经济管理及时提供信息。只有正确、完整、及时地核算工程成本,才能为工程成本管理提供可靠的依据。

(4)认真做好成本分析与考核工作,促进降低工程成本任务的完成。降低建筑工程成本,是建筑企业和项目经理部成本管理的中心任务。企业应定期检查工程成本计划的完成情况,而项目经理部则应时时关注成本的升降情况,查明成本升降的具体原因,进一步挖掘企业内部降低成本的潜力,寻求降低成本的途径和方法。为了有效地促使企业不断降低工程成本,必须建立健全科学的成本考核制度和方法,以便调动广大职工的积极性,保证工程质量,缩短工期,降低工程成本。

建筑工程成本管理存在的问题

三、建筑工程成本管理的原则

建筑工程成本管理是建筑企业成本管理的基础和核心,当前,在进行建筑工程成本管理时需要遵循以下原则。

1. 领导者推动原则

企业的领导者是企业成本的责任人,必然是工程项目施工成本的责任人。领导者应该制订项目成本管理的方针和目标,组织项目成本管理体系的建立和保持,创造企业全体员工能充分参与项目施工成本管理、实现企业成本目标的良好内部环境。

2. 以人为本,全员参与原则

建筑工程项目成本管理的每一项工作、每一个内容都需要相应的人员来完善,抓住本质、全面提高人的积极性和创造性是做好项目成本管理的前提。项目成本管理工作是一项系统工程，项目的进度管理、质量管理、安全管理、施工技术管理、物资管理、劳务管理、计划统计、财务管理等一系列管理工作都关系到项目成本，项目成本管理是项目管理的中心工作，必须让企业全体人员共同参与，只有这样，才能保证项目成本管理工作的顺利进行。

3. 目标分解，责任明确原则

建筑工程项目成本管理的工作业绩最终要转化为定量指标，而这些指标的完成是通过上述各级、各岗位的具体工作实现的，为明确各级、各岗位的成本目标和责任，就必须进行指标分解。企业确定工程项目责任成本指标和成本降低率指标，是对工程成本进行了一次目标分解。企业的责任是降低企业管理费用和经营费用，组织项目经理部完成工程项目责任成本指标和成本降低率指标。项目经理部还要对工程项目责任成本指标和成本降低率指标进行二次目标分解，根据岗位不同、管理内容不同，确定每个岗位的成本目标和所承担责任。把总目标进行层层分解，落实到每一个人，通过每个指标的完成来保证总目标的实现。事实上，每个项目管理工作都是由具体的个人来执行的。执行任务而不明确承担责任等于无人负责，久而久之，形成人人都在工作而谁都不负责任的局面，企业就无法做好。

4. 管理层次与管理内容一致性原则

项目成本管理是企业各项专业管理的一部分，从管理层次上讲，企业是决策中心、利润中心，项目是企业的生产场地，是企业的生产车间，由于大部分的成本耗费在此，因而它也是成本中心。项目完成了材料和半成品在空间和时间上的流水，绝大部分要素或资源要在项目上完成价值转换，并要求实现增值，其管理上的深度和广度远远大于一个生产车间所能完成的工作内容，因此，项目上的生产责任和成本责任是非常大的，为了完成或者实现工程管理和成本目标，就必须建立一套相应的管理制度，并授予相应的权力。因而相应的管理层次，它相对应的管理内容和管理权力必须相称和匹配，否则会发生责、权、利的不协调，从而导致管理目标和管理结果的扭曲。

5. 动态性、及时性、准确性原则

项目成本管理是为了实现项目成本目标而进行的一系列管理活动，是对项目成本实际开支的动态管理过程。由于项目成本的构成是随着工程施工的进展而不断变化的，因而动态性是项目成本管理的属性之一。进行项目成本管理是不断调整项目成本支出与计划目标的偏差，使项目成本支出基本与目标一致的过程。这就需要进行项目成本的动态管理，它决定了项目成本管理不是一次性的工作，而是项目全过程每日每时都在进行的工作。项目成本管理需要及时、准确地提供成本核算信息，不断反馈，为上级部门或项目经理进行项目成本管理提供科学的决策依据。如果这些信息的提供严重滞后，就起不到及时纠偏、亡羊补牢的作用。项目成本管理所编制的各种成本计划、消耗量计划，统计的各项消耗、各项费用支出，必须是实事求是的、准确的。如果计划的编制不准确，各项成本管理就失去了基准；如果各项统计不实事求是、不准确，成本核算就不能反映真实情况，出现虚盈或虚亏，只能导致决策失误。因此，确保项目成本管理的动态性、及时性、准确性是项目成本管理的灵魂，否则，项目成本管理就只能是纸上谈兵，流于形式。

6. 过程控制与系统控制原则

项目成本是由施工过程的各个环节的资源消耗形成的。因此，项目成本的控制必须采用过程控制的方法，分析每一个过程影响成本的因素，制订工作程序和控制程序，使之时时处于受控状态。

项目成本形成的每一个过程又是与其他过程互相关联的，一个过程成本的降低，可能会引起关联过程成本的提高。因此，项目成本的管理，必须遵循系统控制的原则，进行系统分析，制订过程的工作目标必须从全局利益出发，不能因为小团体的利益而损害整体利益。

第四节　建筑工程成本管理体系

为保证建筑工程成本管理的实施，首先是要建立健全和完善成本管理组织机构，并配备相应人员，明确项目部、公司各部门成员对成本核算、管理的职责范围、内容，确保项目成本核算的及时、完整和真实，以便及时发现偏差，及时采取改进措施，确保降低成本（费用）目标的实现。施工项目成本管理体系是企业为实施项目施工成本管理达到成本目标所需要的组织结构、程序、过程和资源。

建筑工程成本管理是一个纵向到底、横向到边，贯穿整个企业生产经营活动的大体系，犹如质量保证体系人人都负有质量责任一样，人人都应负有成本责任，必须要建立相应的成本管理体系。

一、建筑工程成本管理体系的概念与特点

建筑工程成本管理体系是以组织机构为框架支撑，以资源为基础，通过规定合理的程序和过程而达到一定的目的的一系列组织活动的总称。科学、合理的成本管理体系不仅是企业生产、经营活动顺利进行的保证，也是达到企业各项生产、经营指标的基础，因此，建立相应的管理体系是企业经营管理活动的重要内容。

完善的建筑工程成本管理体系的特征如下。

1. 完整的组织机构

建筑工程成本管理体系必须有完整的组织机构，保证成本管理活动的有效运行。应当根据工程项目不同的特性，因地制宜地建立建筑工程成本管理体系的组织机构。组织机构的设计应包括管理层次、机构设置、职责范围、隶属关系、相互关系及工作接口等。

2. 明确的成本目标和岗位职责

建筑工程成本管理体系对企业各部门和施工项目的各管理岗位制定明确的成本目标和岗位职责。使企业各部门和全体职工明确自己为降低施工项目成本应尽的职责以及应达到的目标。岗位职责和目标可以包含在实施细则和工作手册中，岗位职责一定要考虑全面、分工明确，防止出现管理盲区和结合部的推诿和扯皮。

3. 明晰的运行程序

建筑工程成本管理体系必须有明晰的运行程序，内容包括成本管理办法、实施细则、工作手册、管理流程、信息载体及传递方式等。运行程序以成本管理文件的形式表达，表述控制施工成本的方法、过程，使之制度化、规范化，用以指导施工企业成本管理工作的开展。程序设计要简洁、明晰，确保流程的连续性、程序的可操作性。信息载体和传输应尽可能采用现代化手段，利用计算机及计算机网络，提高运行程序的先进性。

4. 规范的施工项目成本核算

建筑工程成本核算是在成本范围内，以货币为计量单位，以施工项目成本直接耗费为对象，在区分收支类别和岗位成本责任的基础上，利用一定的方法，正确组织施工项目成本核算，全面反映施工项目成本耗费的一个核算过程。它是施工项目成本管理的一个重要的组成部分，也是对施工项目成本管理水平的一个全面反映，因而规范的施工项目成本核算十分重要。

5. 严格的考核

建筑工程成本管理体系应包括严格的考核制度，考核包括施工项目成本考核和成本管理体系及其运行质量考核。建筑工程成本管理是施工项目施工成本全过程的实时控制，因此，考核也是全过程的实时考核，绝非工程项目施工完成后的最终考核。当然，工程项目施工完成后的施工成本的最终考核也是必不可少的，一般通过财务报告反映，但盖棺论定，为时晚矣，要以全过程的实时考核确保最终考核的通过。考核制度应包含在成本管理文件内。

二、建筑工程成本管理体系的建立原则

1. 全面控制原则

全面控制包括全员和全过程控制。对于项目总承包企业而言，建筑工程的成本管理始于项目启动，止于项目建成交付使用，项目成本管理包括项目投标成本估算、项目设计、项目施工成本计划、项目设备材料采购与施工分包、项目施工安装以及竣工验收结算等各阶段的成本管理，当然，具体内容则应按照承发包合同约定的范围而有所不同。按照全过程成本管理的原则，企业应以施工安装阶段的成本为核心，充分考虑各个过程之间的相互影响和相互作用，以及这种相互作用对工程项目总成本的影响。

2. 开源与节流相结合的原则

成本控制的目的是提高经济效益，其途径包括降低成本支出和增加预算收入两个方面。这就需要在成本形成过程中，一方面"以收定支"，定期进行成本核算和分析，以便及时发现成本节超的原因；另一方面，加强合同管理及时办理合同价款的结算，以提高项目成本的管理水平。

3. 目标管理原则

目标管理是进行任何一项管理工作的基本方法和手段，成本控制也应遵循这一原则。即目标设定、分解→目标的责任到位和执行→检查目标的执行结果→评价和修正目标，从而形成目标管理的计划、实施、检查、处理循环。

4. 责、权、利相结合的原则

责、权、利相结合是成本控制得以实现的重要保证。实践证明，只有责、权、利相结合，才能使成本控制真正落到实处。

三、建筑工程成本管理体系的内容

建筑工程成本管理体系是一个完整的有机体系，围绕着建筑工程项目成本形成过程，对成本目标的优化在成本预测体系、成本控制体系、信息流通体系三条线上交叉进行保证，同时也是计划、实施、检查和处理四个科学管理环节（PDCA 循环）在成本管理中的应用和具体化。

1. PDCA 循环简介

PDCA 循环最早是由美国统计学家、品质管理专家戴明博士提出的，因此，改进管理质量的渐进性循环原理，也称为"戴明循环"。PDCA 是英语单词 Plan(计划)、Do(实施)、Check(检查)和 Action(处理)的第一个字母，PDCA 循环就是按照这样的顺序进行质量管理，并且循环不止地进行下去的科学程序，是全面进行质量管理的基本方法之一。

PDCA 循环的要点是：一切工作都应包括四个阶段。

(1)计划(Plan)：即为完成项目目标而编制的一个可操作的运转程序和作业计划。主要工作内容包括：明确工作目标，并按工作分解结构原理将工作层层分解，确立每项作业的具体目标；明确实现目标的具体操作过程；确定过程顺序和相互作用；为运行和控制过程确定准则和方法；明确保证必须的资源和信息以有效支持过程运行；在以上工作的基础上作出详细工作计划；对工程项目计划进行评审、批准。

(2)实施(Do)：实施过程就是资源投入到成果实现的过程，主要就是协调人力和其他资源以执行工程项目计划。在这个过程中，工程项目管理班子必须对存在于工程项目中的各种技术和组织界面进行管理，并做好记录，包括人力和其他资源的投入、活动过程、成果的评审和确认等记录。

(3)检查(Check)：就是通过对进展情况进行不断的监测和分析，以预防质量不合格、预防工期拖延、预防费用超支，确保工程目标的实现。

(4)处理(Action)：处理措施包含两个方面：一方面是客观情况变化，必须采取必要的措施，调整计划，特别是变更影响到费用、进度、质量、风险等方面，必须作出相应的变更；另一方面，通过分析发现管理工作有缺陷就提出改进管理的措施，使管理工作持续改进。

PDCA 循环适用于企业、车间、小组、个人等各个环节的工作。整个企业按 PCDA 循环顺序进行工作，落实到各基层单位、各生产环节，也要求各基层单位、各生产环节按 PDCA 循环顺序进行工作。

PDCA 循环在成本的管理保证体系中也是不断进行的。每循环一次，就实现一定的目标，解决一定的问题，使成本管理目标不断优化。在成本管理保证体系中，整个企业是一个大的 PDCA 循环，企业各级、各部门又都有自己的成本管理体系，依次有更小的 PDCA 循环，直到落实到每一个人，同时下一级的 PDCA 循环又是上一级的具体落实。在整个企业内部形成大环套小环、环环相切、彼此协调、相互促进的局面，使企业全体人员都参与，对全面及全过程的成本管理进行控制保证，以实现成本管理目标的优化，进而使企业整体经营效益得到提高。

2. 成本预测体系

在企业经营整体目标指导下，通过成本的预测、决策和计划确定目标成本，目标成本再进一步分解到企业各层次、各部门，以及生产各环节，形成明确的成本目标，层层落实，保证成本管理控制的具体实施。这样就构成了成本管理保证体系中的"计划(P)"环节。

3. 成本控制体系

围绕着工程项目，企业从纵向上(各层次)和横向上(各部门以及全体人员)，根据分解的成本目标，对成本形成的整个过程进行控制，具体内容包括：在投标过程中对成本预测、决策和成本计划的事前控制，对施工阶段成本计划实施的事中控制和交工验收成本结算评价的事后控制。根据各阶段、各条线上成本信息的反馈,对成本目标的优化控制进行监督并及时纠正发生的偏差,使施工项目成本限制在计划目标范围内,以实现降低成本的目标,体现成本管理保证体系中的"实施(D)"环节。

4. 信息流通体系

信息流通体系是对成本形成过程中有关成本信息(计划目标、原始数据资料等)进行汇总、分析和处理的系统。企业各层次、各部门及生产各环节对成本形成过程中实际成本信息进行收集和反馈,用数据及时、准确地反映成本管理控制中的情况,这就是成本管理保证体系中的"检查(C)"环节。反馈的成本信息经过分析处理,对企业各层次、各部门以及生产各环节发出调整成本偏差的调节指令,保证降低成本目标按计划得以实现,这就是成本管理保证体系的"处理(A)"环节。

四、建筑工程成本管理体系组织层次与职责

建筑工程成本管理是企业全员、全过程的管理。建筑工程成本管理可分为公司管理、项目管理和岗位管理三个层次,对应有相应的职责内容。

1. 公司管理层次

"公司"指的是直接参与经营管理的一级机构,并不一定是《中华人民共和国公司法》所指的法人公司,各企业可以根据自己的管理体制决定它的名称。"公司"是工程施工项目的直接组织者和领导者,可以在上级公司的领导和授权下独立开展经营和施工管理活动,对施工项目成本管理负责领导、组织、监督和考核的责任。

公司管理层次的工作职责包括:公司层次的组织机构主要是设计和建立企业成本管理体系,组织体系的运行,行使管理职能、监督职能。负责确定项目施工责任成本,对成本管理过程进行监督,负责奖罚兑现的审计工作。因此,策划、工程、计划、预算、技术、人事、劳资、财务、材料、设备、审计等有关部门中都要设置相应的岗位,参与成本管理体系工作。

公司管理层次应制定相应的工程项目施工成本管理办法(程序),包括:项目施工责任成本的确定及核算办法(程序);物资管理或控制办法(程序);成本核算办法(程序);成本的过程控制及审计;成本管理业绩的确定及奖罚办法。

2. 项目管理层次

项目管理层次的组织机构是一个承上启下的结构,是公司层次与岗位层次之间联系的纽带。项目层次实际上是通常所讲的项目经理部的领导层,一般由项目经理部经理、项目总工程师、项目经济师等组成。在项目经理部中,要根据工程规模、特点及公司有关部门的要求设置相应的机构,主要有成本核算、预算统计、物资供应、工程施工等部门,它们在项目经理的领导下,行使双重职能,即在完成自身工作的前提下,行使部分监督核查岗位人员工作情况的职能。

公司管理层次对施工项目成本的管理是宏观的,项目管理层次对施工项目成本的管理则是具体的,是对公司管理层次施工项目成本管理工作意图的落实。项目管理层次既要对公司管理层次负责,又要对岗位管理层次进行监督、指导。因此,项目管理层次是施工项目成本管理的主体,项目管理层次成本管理工作的好坏是公司施工项目成本管理工作成败的关键。

项目管理层次的具体工作职责包括：遵守公司管理层次制定的各项制度、办法，接受公司管理层次的监督和指导；在公司施工项目成本管理体系中，建立本项目的施工成本管理体系，并保证其正常运行；根据公司制定的施工项目成本目标制定本项目的目标成本和保证措施、实施办法；分解成本指标，落实到岗位人员身上，并监督和指导岗位成本的管理工作。

项目管理层次应制定相应的工程项目施工成本管理办法（程序），包括：目标成本的确定办法（程序）；材料及机具管理办法（程序）；成本指标的分解办法及控制措施；各岗位人员的成本职责；成本记录的整理及报表程序。

3. 岗位管理层次

岗位管理层次的组织机构即项目经理部岗位的设置。由项目经理部根据公司人事部门的工程施工管理办法及工程项目的规模、特点和实际情况确定。具体人员可以由项目经理部在公司的持证人员中选定。在项目经理部岗位人员由公司调剂的情况下，项目经理部有权提出正当理由，拒绝接受项目经理部认为不合格的岗位工作人员。项目管理岗位人员可兼职，但必须符合规定，持证上岗。项目经理部岗位人员负责完成各岗位的业务工作和落实制度规定的本岗位的成本管理职责和成本降低措施，是成本管理目标能否实现的关键所在。

岗位人员负责具体的施工组织，原始数据的收集、整理等工作，负责劳务分包及其他分包队伍的管理，因此，岗位人员在日常工作中要注意把管理工作向劳务分包及其他分包队伍延伸，只有共同做好管理工作，才能确保目标的实现。

岗位管理层次应制定相应的工程项目施工成本管理办法（程序），包括：岗位人员日常工作规范（标准）；成本目标的落实措施。

五、建立建筑工程成本管理体系的要求

建立建筑工程成本管理体系，是为了发挥企业整体优势和机构协调的作用，借以指导、推动、保证项目施工成本管理的正常进行。成本管理体系中的有关部门和岗位的设置要符合施工企业的特点和实际情况。要做到在符合经济管理客观需要和科学、合理的条件下，设置管理部门和管理岗位。建立建筑工程成本管理体系的具体要求如下：

1. 正确处理公司管理层次与项目管理层次的关系

开展项目施工成本管理工作，是企业根据行业特点作出的正确决策，也是施工企业在市场经济条件下，在与国外同行竞争过程中，在否定了过去的不合理的项目施工成本管理模式的情况下，而作出的经验总结。因而在建立成本管理体系时，要正确处理公司管理层次与项目管理层之间的关系。公司管理层次与项目管理层次间的关系是委托与被委托关系。项目经理部是受企业法人委托，针对某一工程项目进行施工管理，行使企业赋予的权利和义务；对工程项目施工过程全面负责的项目施工管理者。由于工程项目的一次性特点，决定了项目经理部是企业为履约合同而成立的一次性临时管理机构。

对于企业来讲，要为工程项目顺利施工创造一个良好的内外环境，包括项目经理部的组织形式、内部模拟市场、要素的管理与供应，奖罚与分配机制等。这都是企业需要研究解决的问题。企业营造了环境，授权项目经理部在现场组织施工。环境的优劣，关系到项目经理部开展工作的难易和结果的好坏。然而，环境条件较差，经过项目经理部的努力，可以得到好的结果；相反，环境条件优越，项目经理部工作不得力，也得不到好的结果。因此，既不要过分夸大项目经理部在企业工程项目施工中的管理地位，也不能简单否定项

目经理部在施工管理中的积极作用。一个理性的企业，要学会应用已熟知的行政管理措施，更要学会用价值规律和市场经济法则中的方法和手段，来处理企业层次与项目层次之间的管理上和利益上的各种关系。

2. **正确处理项目管理层次和劳务分包层次的关系**

项目管理层次与劳务分包层次的关系，从理论上来讲，是工程施工要素配置中的经济行为。从实践上来讲，劳务分包层次一般由企业从过去的施工队或工区中调整而成，或企业通过市场向社会有关单位或劳务中介机构招聘，并通过资格预审后招标而产生的交易行为。因此，项目经理部在对人力要素管理中，有权在企业提供的人力要素范围内，选择合格劳务和分包单位。施工过程中项目经理部按项目规模大小和特点确定需要的人力质量和数量，与其建立分包合约关系；也有权按合同的约定条款与其办理初步结算。合约规定的内容一旦完成，项目就要与其脱离关系，因此，对于企业的内部劳务，项目管理层次与其实质上是企业内部模拟市场条件下的一种经济关系，所以不存在上下级或行政隶属关系。

3. **完善项目施工成本管理的内部配套工作**

项目经理部是一次性的临时机构，因此，项目的成本收益也是一次性的。它无法像企业那样从众多商业行为中获得抵御市场风险能力和相应的风险收益；再者，企业拥有固定的资源和要素，项目经理部只能对供应到本工程项目的要素拥有支配权和处置权。因此，企业要为项目施工成本管理完成内部配套工作。其内容包括：建立内部模拟要素市场；剥离项目施工成本中的市场风险；建立项目施工成本管理体制，完善企业在项目施工成本管理中建立的内部约束、激励机制。

4. **配套完善其他的管理系统**

由于成本管理纵向贯穿从工程投标、施工准备、施工、竣工结算的全过程，横向覆盖企业的经营、技术、物资、财务等管理部门及项目经理部等现场管理部门，涉及面广、周期长，是一项综合性的管理工作，因此，在建立项目施工成本管理体系的过程中，要注意以成本管理系统为中心，相应配套完善相关的管理系统主要包括以下内容：

（1）以确定项目施工责任成本和项目施工成本责任范围为主要任务，建立以预算合约部门牵头，生产、技术、劳资等部门参加的项目施工成本测算管理系统。

（2）以确定项目施工成本核算岗位责任和协调成本管理工作为主要任务的企业成本决策和成本管理考核系统。

（3）以落实项目施工成本支出和消耗为主要任务，以财务部门牵头，物资、设备、劳动等门参加的项目施工成本核算的管理系统。

（4）以建立健全企业内部模拟市场管理为主要任务，以物资部门牵头，设备、劳动等部门参加的工程施工内部要素市场管理系统。

（5）以工程各项专业管理为主要任务的企业生产，经济管理系统。

5. **认真解决项目施工成本管理工作中出现的问题**

项目施工成本管理是一个动态过程，项目施工成本管理在实施过程中由于生产管理和经济活动的变化，会出现一些计划和预测时未能考虑到的、未能准确定位的、随机发生的必须解决的问题。如项目施工成本责任总额的调整、工期调整、要素供应中出现的问题、对外索赔问题，以及市场波动对项目施工成本的影响等。因此，企业与项目经理部在实行项目施工成本管理中一定要在动态中解决问题，保证项目施工成本管理工作的正常进行。

第五节　建筑工程成本管理的措施与步骤

一、建筑工程成本管理的措施

建筑工程成本管理的最终目的在于降低项目成本，提高经济效益。在竞争日益激烈的建筑市场中，建筑企业应更加重视建筑工程项目的成本管理。按照责任明确的要求，建筑工程成本管理应当以能否对成本费用进行控制分别采取措施，概括起来包括组织措施、技术措施、经济措施和管理措施。

1. 组织措施

完善高效的组织是建筑工程成本管理的保障，可以最大限度的发挥各级管理人员的积极性和创造性，因此，必须建立完善的、科学的、分工合理的、责权利明确的组织机构和以项目经理为中心的成本控制体系。

企业应建立和完善项目管理层作为成本控制中心的功能和机制。成立以项目经理为第一责任人，由工程技术、物资结构、试验测量、质量管理、合同管理、财务等相关部门领导组成的成本管理领导小组，主要负责项目经理部的成本管理、指导和考核，进行项目经济活动分析，制定成本目标及其实现的途径与对策，同时制定成本控制管理办法及奖惩办法等。

在项目部建立一个以项目经理为中心的成本控制量化责任体系，在这个体系中按内部各岗位和作业层进行成本目标分解，明确各管理人员和作业层的成本责任、权限及相互关系。实施有效的激励措施和惩戒措施，通过责权利相结合，使责任人积极有效地承担成本控制的责任和风险。

2. 技术措施

采取技术措施是在施工阶段充分发挥技术人员的主观能动性，对标书中主要技术方案作必要的技术经济论证，以需求较为经济可靠的方案，从而降低工程成本，包括采用新材料、新技术、新工艺节约能耗，提高机械化操作等。

(1)进行经济合理的施工组织设计。经济合理的施工组织设计是编制施工预算文件，进行成本控制的依据，保证在工程的实施过程中能以最少的消耗取得最大的效益。施工组织设计要根据工程的建筑特点和施工条件等，考虑工期与成本的辩证统一关系，正确选择施工方案，合理布置施工现场；采用先进的施工方法和施工工艺，不断提高工业化、现代化水平；注意竣工收尾，加快工程进度，缩短工期。在工程中要随时收集实际发生的成本数据和施工形象进度，掌握市场信息，及时提出改善施工或变更施工组织设计，按照施工组织设计进度计划安排施工，克服和避免盲目突击赶工现象，消除赶工造成工程成本激增的情况。

(2)加强技术质量管理。主要是研究推广新产品、新技术、新结构、新材料、新机器及其他技术革新措施，制定并贯彻降低成本的技术组织措施，提供经济效果，加强施工过程的技术质量检验制度，提高工程质量，贯彻"至精、至诚、更优、更新"的质量方针，避免返工损失。

3. 经济措施

(1)材料费的控制。材料费一般占工程全部费用的65%～75%，直接影响工程成本和经济效益，主要应做好材料用量和材料价格控制两方面的工作来严格控制材料费。在材料用量方面：坚持按定额实行限额领料制度；避免和减少二次搬运等。在材料价格方面：在保质保量的前提下，择优购料；降低运输成本；减少资金占用；降低存货成本。

(2)人工费的控制。人工费一般占工程全部费用的10%左右，所占比例较大，所以要严格控制人工费，加强定额用工管理。主要是改善劳动组织、合理使用劳动力，提高工作效率；执行劳动定额，实行合理的工资和奖励制度；加强技术教育和培训工作；压缩非生产用工和辅助用工，严格控制非生产人员比例。

(3)施工机具使用费的控制。根据工程的需要，正确选配和合理利用机械设备，做好机械设备的保养修理工作，避免不正当使用造成机械设备的闲置，从而加快施工进度、降低机械使用费。同时还可以考虑通过设备租赁等方式来降低机械使用费。

(4)其他费用控制。主要是精减管理机构，合理确定管理幅度与管理层次，实行定额管理，制定费用分项分部门的定额指标，有计划地控制各项费用开支，对各项费用进行相应的审批制度。

4. 管理措施

(1)积极采用降低成本的管理新技术。如系统工程、工业工程、全面质量管理、价值工程等，其中价值工程是寻求降低成本途径的行之有效的管理方法。

(2)加强合同管理和索赔管理。合同管理和索赔管理是降低工程成本、提高经济效益的有效途径。项目管理人员应保证在施工过程严格按照项目合同进行执行，收集保存施工中与合同有关的资料，必要时可根据合同及相关资料要求索赔，确保施工过程中尽量减少不必要的费用支出和损失，从法律上保护自己的合法权益。

建筑工程成本管理是项目管理的核心内容，同时是衡量项目管理绩效的客观标尺。因此，在当前竞争日益激烈的情况下，必须树立强烈的成本管理意识，加强建筑工程的成本管理。

二、建筑工程成本管理的步骤

建筑工程的成本管理不单纯是某一方面的工作，而是贯穿在项目实施全过程中，在承揽项目之后，根据项目的特点及组织设计，编制人工、材料等资源需求计划，并对成本进行预测，在此基础上编制项目成本预算计划，根据成本计划及预算，对实施过程中的成本进行控制。具体操作步骤包括成本预测与决策、成本计划、成本控制、成本核算、成本分析和成本考核。

1. 成本预测与决策

项目成本预测是根据成本信息和工程项目的具体情况，运用一定方法，对未来的成本水平及其发展趋势作出科学的估计，其实质就是在施工前对成本进行核算。通过成本预测，可以使项目经理部在满足建设单位和企业要求的前提下，选择成本低、效益好的最佳成本方案，并能够在项目成本形成过程中，针对薄弱环节，加强成本控制，克服盲目性，提高预见性。因此，项目成本预测是项目成本决策与计划的依据。

建筑工程成本决策是对工程施工生产活动中与成本相关的问题作出判断和选择的过程。

2. 成本计划

项目成本计划是项目经理部对项目施工成本进行计划管理的工具。它是以货币形式编制工程项目在计划期内的生产费用、成本水平、成本降低率以及为降低成本所采取的主要措施和规划的书面方案,它是建立项目成本管理责任制、开展成本控制和核算的基础。一般来说,一个项目成本计划应包括从开工到竣工所必需的施工成本,它是降低项目成本的指导文件,是设定目标成本的依据。

3. 成本控制

项目成本控制是指在施工过程中,对影响项目成本的各种因素加强管理,并采取各种有效措施,将施工中实际发生的各种消耗和支出严格控制在成本计划范围内,随时揭示并及时反馈,严格审查各项费用是否符合标准,计算实际成本和计划成本之间的差异并进行分析,消除施工中的损失浪费现象,发现和总结先进经验。通过成本控制,使之最终实现甚至超过预期的成本节约目标。项目成本控制应贯穿在工程项目从招标投标阶段开始直到项目竣工验收的全过程,它是企业全面成本管理的重要环节。

4. 成本核算

项目成本核算是指项目施工过程中所发生的各种费用所形成的项目成本的核算。一是按照规定的成本开支范围对施工费用进行归集,计算出施工费用的实际发生额;二是根据成本核算对象,采用适当的方法,计算出该工程项目的总成本和单位成本。项目成本核算所提供的各种成本信息,是成本预测、成本计划、成本控制、成本分析和成本考核等各个环节的依据。因此,加强项目成本核算工作,对降低项目成本、提高企业的经济效益有积极的作用。

5. 成本分析

项目成本分析是在成本形成过程中,对项目成本进行的对比评价和剖析总结工作,它贯穿于项目成本管理的全过程,也就是说项目成本分析主要利用工程项目的成本核算资料(成本信息),与目标成本(计划成本)、预算成本以及类似的工程项目的实际成本等进行比较,了解成本的变动情况,同时也要分析主要技术经济指标对成本的影响,系统地研究成本变动的因素,检查成本计划的合理性,并通过成本分析,深入揭示成本变动的规律,寻找降低项目成本的途径,以便有效地进行成本控制。

6. 成本考核

成本考核是指在项目完成后,对项目成本形成中的各责任者,按项目成本目标责任制的有关规定,将成本的实际指标与计划、定额、预算进行对比和考核,评定项目成本计划的完成情况和各责任者的业绩,并依此给予相应的奖励和处罚。通过成本考核,做到有奖有惩,赏罚分明,才能有效地调动企业的每一个职工在各自的岗位上努力完成目标成本的积极性,为降低项目成本和增加企业的积累作出自己的贡献。

综上所述,项目成本管理中的每一个环节都是相互联系和相互作用的。成本预测是成本决策的前提,成本计划是成本决策所确定目标的具体化。成本控制则是对成本计划的实施进行监督,保证决策的成本目标实现,而成本核算又是成本计划是否实现的最后检验,它所提供的成本信息又对下一个项目成本预测和决策提供基础资料。成本考核是实现成本目标责任制的保证和实现决策目标的重要手段。

加强建筑工程成本管理的建议

本章小结

成本一般是指为进行某项生产经营活动(如材料采购、产品生产、劳务供应、工程建设等)所发生的全部费用。建筑工程成本可分为直接成本和间接成本。加强建筑工程成本管理对提高市场竞争力和提高建筑工程企业的经济效益具有重要意义。为保证建筑工程成本管理的实施，应建立健全成本管理体系，建筑工程成本管理可分为公司管理、项目管理和岗位管理三个层次，应按照经济管理客观需要，并在科学、合理的条件下，设置管理部门和管理岗位。按照责任明确的要求，建筑工程成本管理应当以能否对成本费用进行控制分别采取措施，概括起来包括组织措施、技术措施、经济措施和管理措施。具体操作步骤包括成本预测与决策、成本计划、成本控制、成本核算、成本分析和成本考核。

思考与练习

一、填空题

1. 按成本与产量的关系，成本可划分为_____和_____。
2. 根据建筑工程项目从设计到完成全过程的阶段划分，建筑工程项目成本可分为_____、_____、_____及_____。
3. 计算人工费时，_____是指施工企业平均技术熟练程度的生产工人在每工作日(国家法定工作时间内)按规定从事施工作业应得的日工资总额。
4. 建筑工程成本管理的最终目的在于_____。

二、选择题

1. 下列关于成本的描述错误的是(   )。
   A. 广义成本是指为制造产品而发生的支出，包括为生产产品所耗费的直接人工、直接材料、其他直接费用及其他制造费用
   B. 产品成本是以货币形式表现的、生产产品的全部耗费或花费在产品上的全部生产费用
   C. 产品成本是为生产产品所耗费的资金总和
   D. 产品成本是企业在一定时期内为生产一定数量的合格产品所支出的生产费用
2. (   )是产品产量的微量变化所引起的成本总额的变动数。
   A. 沉没成本   B. 边际成本   C. 机会成本   D. 标准成本

三、问答题

1. 简述成本的作用。
2. 什么是措施项目费？其包括哪些内容？
3. 影响建筑工程成本的因素是什么？
4. 建筑工程成本管理的任务是什么？
5. 建立建筑工程成本管理体系的要求是什么？

第二章　建筑工程成本预测与决策

知识目标

了解建筑工程成本预测与成本决策的概念和作用，熟悉建筑工程成本预测与成本决策的程序和方法，掌握量本利分析、敏感分析和概率分析在成本预测与决策阶段的应用。

能力目标

通过本章内容的学习，能够按程序完成成本预测与决策，并掌握量本利分析、敏感分析和概率分析在成本预测与决策阶段的应用。

第一节　建筑工程成本预测

一、成本预测的概念与作用

1. 成本预测的概念

成本预测，就是依据成本的历史资料和有关信息，在认真分析当前各种技术经济条件、外界环境变化及可能采取的管理措施的基础上，对未来的成本与费用及其发展趋势所做的定量描述和逻辑推断。

项目成本预测是通过成本信息和工程项目的具体情况，运用一定的专业方法对未来的成本水平及其发展趋势作出科学的估计，其实质是工程项目在施工前对成本进行的估算。成本预测，使项目经理部在满足业主和企业要求的前提下，确定工程项目降低成本的目标，克服盲目性，提高预见性，为工程项目降低成本提供决策与计划的依据。

2. 成本预测的作用

（1）成本预测是投标决策的依据。建筑施工企业在选择投标项目过程中，往往需要根据项目是否盈利、利润大小等诸因素确定是否对工程投标。这样，在投标决策时，就要估计项目施工成本的情况，通过与施工图概预算进行比较，才能分析出项目是否盈利、利润大小等。

(2) 成本预测是编制成本计划的基础。计划是管理的第一步，因此，编制可靠的计划具有十分重要的意义。但要编制出正确可靠的成本计划，必须遵循客观经济规律，从实际出发，对成本作出科学的预测。只有这样，才能保证成本计划不脱离实际，切实起到控制成本的作用。

(3) 成本预测是成本管理的重要环节。成本预测是在分析各种经济与技术要素对成本升降影响的基础上，推算其成本水平变化的趋势及其规律性，预测实际成本。它是预测和分析的有机结合，是事后反馈与事前控制的结合。通过成本预测，有利于及时发现问题，找出成本管理中的薄弱环节，采取措施，控制成本。

二、成本预测的程序

科学、准确的预测必须遵循合理的预测程序。成本预测程序如图 2-1 所示。

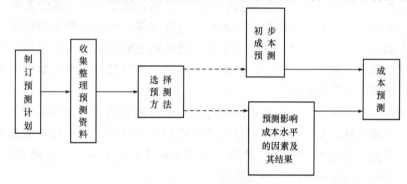

图 2-1 成本预测程序

1. 制订预测计划

制订预测计划是预测工作顺利进行的保证。预测计划的内容主要包括组织领导及工作布置、配合的部门、时间进度、收集材料范围等。

2. 收集整理预测资料

根据预测计划，收集预测资料是进行预测的重要条件。预测资料一般有纵向资料和横向资料。纵向资料是指企业成本费用的历史数据，据此分析其发展趋势；横向资料是指同类工程项目、同类施工企业的成本资料，据此分析所预测项目与同类项目的差异，并作出估计。

预测资料的真实性与正确性决定了预测工作的质量，因此，需要对收集的资料进行细致的检验和整理。

3. 选择预测方法

成本的预测方法可以分为定性预测法和定量预测法两种。定性预测法是根据经验和专业知识进行判断的一种预测方法。常用的定性预测法有管理人员判断法、专业人员意见法、专家意见法及市场调查法等。定量预测法是利用历史成本费用资料以及成本与影响因素之间的数量关系，通过一定的数学模型来推测、计算未来成本的可能结果。

4. 初步成本预测

根据定性预测的方法及一些横向资料的定量预测，对成本进行初步估计。这一步的结果往往比较粗糙，需要结合现在的成本水平进行修正，才能保证预测结果的准确性。

5. 成本预测

根据初步成本预测以及对成本水平变化因素预测的结果，确定成本情况。

6. 分析预测误差

成本预测是对施工项目实施前的成本预计和推断，它往往会与实施过程中及其后的实际成本有出入，因而产生预测误差。预测误差的大小，反映预测准确程度的高低。如果误差较大，应分析产生误差的原因，并积累经验。

三、成本预测的方法

建筑工程项目成本预测的方法很多，应用最广泛的是定性预测和定量预测。

(一)定性预测

成本定性预测是根据已掌握的信息资料和直观资料，依靠具有丰富经验和分析能力的内行和专家，对施工项目的材料消耗、市场行情及成本等，作出性质上和程度上的推断和估计，把各方面的意见进行综合，作为预测成本变化的主要依据。由于定性预测主要依靠管理人员的素质和判断能力，因而，这种方法必须建立在对项目成本耗费的历史资料、现状及影响因素深刻了解的基础之上。

定性预测偏重于对市场行情的发展方向和施工中各种影响项目成本因素的分析，发挥专家经验和主观能动性，比较灵活，可以较快地提出预测结果。但进行定性预测时，也要尽可能地收集数据，运用数学方法，其结果通常也是从数量上测算。这种方法简便易行，在资料不多、难以进行定量预测时最为适用。

在项目成本预测过程中，经常采用的定性预测方法主要有专家会议法、德尔菲法、主观概率法和经验评判法等。

1. 专家会议法

专家会议法是目前国内普遍采用的一种定性预测方法。它的优点是简便易行，信息量大，考虑的因素比较全面，参加会议的专家可以相互启发。例如，对材料价格市场行情预测，可请材料设备采购人员、计划人员、经营人员等；对工料消耗分析，可请技术人员、施工管理人员、材料管理人员、劳资人员等。这种方式的不足之处在于：参加会议的人数总是有限的，因此，代表性不够充分；会议上容易受权威人士或大多数人的意见影响，而忽视少数人的正确意见，即所谓的"从众现象"（一个人由于真实的或臆想的群体心理压力，在认知或行动上不由自主地趋向与多数人一致的现象）。

使用该方法，预测值经常出现较大的差异。因此，在这种情况下，一般采用预测值的平均数。

【例 2-1】 某建筑公司承建位于某市的商住楼的主体结构工程（框架-剪力墙结构）的施工（以下简称 A 工程），建筑面积为 10 000 m²，20 层，工期为 2008 年 1 月至 2010 年 2 月。公司在施工前进行 A 工程的成本预测工作。试采用专家会议法预测成本。

【解】 该公司召开由本公司的 9 位专业人员参加的预测会议，预测 A 工程的成本。各位专家的意见分别为 485、500、512、475、480、495、493、510、506（单位：元/m²）。由于结果相差较大，经反复讨论，意见集中在 480(3 人)、490(3 人)、510(3 人)，采用上述的方法确定预测成本(Y)为

$$Y=\frac{480\times3+490\times3+510\times3}{9}\approx493(元/m^2)$$

2. 德尔菲法

德尔菲法也叫作专家预测法，是一种国际上常用且被公认为可靠的技术测定方法，多用于技术预测领域。它的实质是采用函询调查的方式，向有关专家提出所要预测的问题，请他们在互不商量的情况下，背对背地各自作出书面答复，然后将收集的意见进行综合、整理和归类，并匿名反馈给各个专家，再次征求意见，如此经过多次反复后，就能对所需预测的问题取得较为一致的意见，从而得出预测结果。为了能体现各种预测结果的权威程度，可以针对不同专家预测结果，分别给予重要性权数，将他们对各种情况的评估作加权平均计算，从而得到期望平均值，作出较为可靠的判断。这种方法的优点是能够最大限度地利用各个专家的能力，相互不受影响，意见易于集中，且真实；其缺点是受专家的业务水平、工作经验和成本信息的限制，有一定的局限性。德尔菲法的主要程序如下：

(1)组织领导。开展德尔菲法预测，需要成立一个预测领导小组。领导小组负责草拟预测主题，编制预测事件一览表，选择专家，以及对预测结果进行分析、整理、归纳和处理。

(2)选择专家。选择专家是关键。专家一般是指掌握某一特定领域知识和技能的人。人数不宜过多，以10~20人为宜。为避免当面讨论时容易产生相互干扰等弊病，或者当面表达意见易受到约束，该方法以信函方式与专家直接联系，专家之间没有任何联系。

(3)预测内容。根据预测任务，制定专家应答的问题提纲，说明作出定量估计、进行预测的依据及其对判断的影响程度。

(4)预测程序：

1)提出要求，明确预测目标，书面通知被选定的专家或专门人员。要求每位专家说明有什么特别资料可用来分析这些问题以及这些资料的使用方法。同时，请专家提供有关资料，并请专家提出进一步需要哪些资料。

2)专家接到通知后，根据自己的知识和经验，对所预测事件的未来发展趋势提出自己的观点，并说明其依据和理由，书面答复主持预测的单位。

3)预测领导小组根据专家定性预测的意见，对相关资料加以归纳整理，对不同的预测值分别说明预测值的依据和理由(根据专家意见，但不注明哪个专家意见)，然后再寄给各位专家，要求专家修改自己原先的预测，并提出还有什么要求。

4)专家接到第二次信后，就各种预测的意见及其依据和理由进行分析，再次进行预测，提出自己修改的意见及其依据和理由。如此反复往返征询、归纳、修改，直到意见基本一致为止。修改的次数，根据需要决定。

【例2-2】 某公司指定由经营科组织和领导进行专家调查，对未来一年内建材价格变化进行预测。选择的专家分布在该市的建筑行业主管部门、建材业主管部门及建材企业、建设银行等，共10人。给专家发送的"征询函"的内容有：①征询的目的和要求，即要求专家预测2014年建材价格平均变化率；②向专家提供一些必要的资料供预测时参考，主要有2010年至2013年的建材价格行情、基建规模、物价指数和建材供求情况。经过四轮征询，专家的意见集中在8%(2人)、9%(2人)、9.5%(2人)、10.5%(2人)、11%(1人)和12%(1人)。采用平均法求得预测值(r)：

$r=(8\%\times2+9\%\times2+9.5\%\times2+10.5\%\times2+11\%\times1+12\%\times1)/10=9.7\%$

3. 主观概率法

主观概率法是与专家会议法或德尔菲法相结合的预测方法。首先，允许专家先提出几个预测值，并给出每个预测值的主观概率；然后，计算各个专家预测值的期望值；最后，对所有专家预测期望值求平均值，即为预测结果。

主观概率法计算公式如下：

$$E_i = \sum_{j=1}^{m} f_{ij} \cdot P_{ij} \tag{2-1}$$

$$E = \sum_{i=1}^{n} E_i / n \tag{2-2}$$

$$i = 1, 2, \cdots, n; j = 1, 2, \cdots, m$$

式中　F_{ij}——第 i 个专家所作出的第 j 个估计值；

P_{ij}——第 i 个专家对其第 j 个估计值评定的主观概率，$\sum_{j=1}^{m} P_{ij} = 1$；

E_i——第 i 个专家的预测值的期望值；

E——预测结果，即所有专家预测期望值的平均值；

n——专家数；

m——允许每个专家作出的估计值的个数。

4. 经验评判法

经验评判法，是指预测者凭借个人或群体的直觉、主观经验与综合判断能力，结合类似工程的有关数据及现有工程项目的技术资料对建筑工程项目成本进行综合分析与预测的一种方法。该方法是一种定性与定量相结合，以定性分析为主的预测方法。

经验评判法具有一定的科学性，能够在信息数据不充分和有些因素难以量化的情况下作出预测，而且简便易行，直接可靠，市场预测快速敏捷，预测费用低，能够使定量预测更加科学合理。但是，经验评判法对复杂的数量变动关系单凭人脑记忆和判断，容易出现疏漏和失误；另外，经验评判法的定量分析不够精确，经验判断容易受预测者的心理、情绪、知识结构、个人素质等因素的影响，会产生主观片面性。

为了克服经验评判法的不足，在运用该方法进行成本预测时，首先，应加强市场调研，努力掌握影响市场的各种因素的变化，为经验判断预测提供更多的依据；其次，要尽量使定性分析数量化，在定性分析的基础上作出定量估计；再次，要科学合理地组织预测过程，努力发挥集体的智慧；最后，可用多种判断方法进行预测，并在比较各种方法预测结果的基础上，得出合理的预测值。

(二)定量预测

定量预测偏重于数量方面的分析，重视预测对象的变化程度，能作出变化程度在数量上的准确描述；它主要把历史统计数据和客观实际资料作为预测的依据，运用数学方法进行处理分析，受主观因素的影响较少；它可以利用现代化的计算方法，来进行大量的计算工作和数据处理，求出适应工程进展的最佳数据曲线。但是它比较机械，不易灵活掌握，对信息资料质量要求较高。

定量预测时，通常需要积累和掌握历史统计数据。如果把某种统计指标的数值，按时间先后顺序排列起来，便得到一个动态数列，它便于研究统计指标发展变化的水平和速度。

这种预测，就是对时间序列进行加工整理和分析，利用数列所反映出来的客观变动过程、发展趋势和发展速度，进行外推和延伸，借以预测今后可能达到的水平。

定量预测基本上可以分为两类：一类是时间序列预测，它是以一个指标本身的历史数据的变化趋势，去寻找市场的演变规律来作为预测的依据，即把未来作为过去历史的延伸；另一类是回归预测，它是从一个指标与其他指标的历史和现实变化的相互关系中，探索它们之间的规律性联系来作为预测未来的依据。

定量预测的具体方法主要有简单平均法、回归分析法、指数平滑法、高低点法和量本利分析法等。

1. 定量预测的数学模型

(1) 时间关系模型：即预测对象与演变过程之间的时间关系数学模型，$y=f(t)$，简称为 $y-t$ 型。它是定时预测技术，用于研究预测对象的发展过程及其趋势，是用于研究内因的，或者说是一种笼统的轨迹研究，以平滑预测为代表。

(2) 因果关系模型：即预测对象与影响因素之间的因果关系数学模型，$y=f(x)$，简称为 $y-x$ 型。分析的是影响因素对预测对象的因果演变过程，是用于研究外因的，或者说是一种分解的因素研究，以回归预测模型为代表。

(3) 结构关系模型：即预测对象与预测对象之间的比例关系数学模型，在预测对象 y 之间互为函数，简称为 $y-y$ 型，如投入产出模型。回归分析也可用作结构关系模型，是一种结构分析，是从整体上来研究合理的布局。结构关系也是一种因果关系，当结构关系与时间因素相结合时，将构成动态结构关系模型。

2. 简单平均法定量预测

简单平均法又可分为算术平均法、加权平均法、几何平均法和移动平均法。

(1) 算术平均法。此法简单易行，如预测对象变化不大且无明显的上升或下降趋势时，应用较为合理，不过它只能应用于近期预测。

(2) 加权平均法。当一组统计资料中每一个数据的重要性不完全相同时，求平均数的最理想方法是将每个数的重要性用权数来表示。

(3) 几何平均法。把一组观测值相乘再开 n 次方，所得 n 次方根称为几何平均数。几何平均数一般小于算术平均数，而且数据越分散几何平均数越小。

(4) 移动平均法。移动平均法就是利用过去实际发生的数据求其平均值，在时间上往后移动，对下一周期进行预测，适用于做短期计划预测。

1) 简单移动平均法。其计算公式如下：

$$M_t = \frac{Y_{t-1}+Y_{t-2}+\cdots+Y_{t-N}}{N} \tag{2-3}$$

式中　M_t——一次移动平均值，即代表第 t 期的预测值；

　　　Y_t——各期（t，$t-1$，$t-2$，…）的实际数值；

　　　N——移动平均法的分段数据的项数。

上式可改写成：

$$M_t = M_{t-1} + \frac{Y_{t-1}+Y_{t-(N+1)}}{N} \tag{2-4}$$

此公式说明，在计算移动平均数时，只要在前一期移动平均数的基础上，加上一个修正项$[Y_{t-1}+Y_{t-(N+1)}]/N$，就可以求得所需要的移动平均数。

【例 2-3】 某建筑工程公司过去 12 个月的实际产值见表 2-1。分别取 $N=4$，$N=8$，采用简单移动平均法预测第 13 个月的产值。

表 2-1 某建筑工程公司过去 12 个月的实际产值

月数	产值 Y_i/万元	M_t $N=4$	M_t $N=8$	月数	产值 Y_i/万元	M_t $N=4$	M_t $N=8$
1	15			8	26		
2	30			9	24		
3	22			10	22		
4	25			11	24		
5	20			12	32		
6	27			13			
7	18						

【解】 当 $N=4$ 时，第 5 个月的预测值为

$M_5=(25+22+30+15)/4=23$（万元）

$M_6=23+(20-15)/4=24.25$（万元）

⋮

同理可求得 M_7，…，M_{13}，其计算结果见表 2-2。

当 $N=8$ 时，第 9 个月的预测值为

$M_9=(26+18+27+20+25+22+30+15)/8=22.875$（万元）

$M_{10}=22.875+(24-15)/8=24$（万元）

⋮

同理可求得 M_{11}，…，M_{13}，其计算结果见表 2-2。

表 2-2 某建筑工程公司第 5 个月开始的预测值

月数	产值 Y_i/万元	M_t $N=4$	M_t $N=8$	月数	产值 Y_i/万元	M_t $N=4$	M_t $N=8$
1	15	—	—	8	26	22.5	—
2	30	—	—	9	24	22.75	22.875
3	22	—	—	10	22	23.75	24
4	25	—	—	11	24	22.5	23
5	20	23	—	12	32	24	23.25
6	27	24.25	—	13		25.5	24.125
7	18	23.5	—				

根据表中实际值与预测值的对比分析得出以下结论：

(1) N 取值大，反应慢，对新数据缺乏适应性；N 取值小，反应灵敏，易把偶然因素当成趋势。

(2)数据点数多,N 取大些;数据点数少,N 取小些。

(3)凭累积的经验确定 N 的取值,时间序列若有周期性波动,取此周期为 N。

2)加权移动平均法。加权移动平均法就是在计算移动平均数时,并不同等对待各时间序列的数据,而是给近期的数据以较大的权重,使其对移动平均数有较大的影响,从而使预测值更接近实际。这种方法就是对每个时间序列的数据插上一加权系数。

其计算公式如下:
$$M_t = \frac{\alpha_1 Y_{t-1} + \alpha_2 Y_{t-2} + \cdots + \alpha_N Y_{t-N}}{N} \tag{2-5}$$

式中 M_t——第 t 期的一次加权移动平均数预测值;

α_i——加权系数,$\sum \alpha_i / N = 1$。

【例 2-4】 某建筑工程公司过去 12 个月的实际产值见表 2-3。分别取 $N=4$,采用加权移动平均法预测第 13 个月的产值。权重分别为 1.3、1.0、0.7、0.4。

表 2-3 某建筑工程公司过去 12 个月的实际产值

月数	产值 Y_i/万元	M_t $N=4$	月数	产值 Y_i/万元	M_t $N=4$
1	15		8	26	
2	30		9	24	
3	22		10	22	
4	25		11	24	
5	20		12	32	
6	27		13		
7	18				

【解】 第 5 个月的预测值为

$M_5 = (1.3 \times 25 + 1.0 \times 22 + 0.7 \times 30 + 0.4 \times 15)/4 = 20.375$(万元)

同理,计算出第 6~13 个月的预测值,其计算结果见表 2-4。

表 2-4 第 6~13 个月的预测值

月数	产值 Y_i/万元	M_t $N=4$	月数	产值 Y_i/万元	M_t $N=4$
1	15	—	8	26	18.6
2	30	—	9	24	19.675
3	22	—	10	22	20.3
4	25	—	11	24	19.5
5	20	20.375	12	32	19.1
6	27	19.6	13		22.65
7	18	20.35			

3. 回归分析法定量预测

在具体的预测过程中，经常会涉及几个变量或几种经济现象，并且需要探索它们之间的相互关系，如成本与价格及劳动生产率等都存在着一定的数量上的相互关系。对客观存在的现象之间相互依存关系进行分析研究，测定两个或两个以上变量之间的关系，寻求其发展变化的规律性，从而进行推算和预测，称为回归分析。在进行回归分析时，无论变量的个数有多少，必须先选择其中的一个变量作为因变量，而把其他变量作为自变量，然后根据已知的历史统计数据资料，研究测定因变量和自变量之间的关系。利用回归分析法进行预测，称为回归预测。

在回归预测中，所选定的因变量是指需要求得预测值的那个变量，即预测对象。自变量则是影响预测对象变化的，与因变量有密切关系的那个或那些变量。

回归分析有一元线性回归分析、多元线性回归分析和非线性回归分析等。这里仅介绍一元线性回归分析在成本预测中的应用。

(1)一元线性回归分析的基本原理。一元线性回归预测法是根据历史数据在直角坐标系上描绘出相应点，在各点间作一直线，使直线到各点的距离最小，即偏差平方和为最小，因而，这条直线就最能代表实际数据变化的趋势(或称倾向线)，将这条直线适当延长来进行预测是合适的(图2-2)。

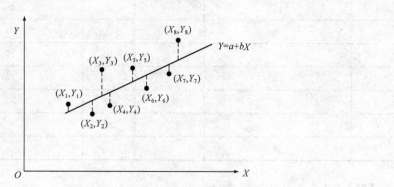

图2-2 一元线性回归预测法的基本原理

其基本公式如下：

$$Y=a+bX \tag{2-6}$$

式中　X——自变量；

　　　Y——因变量；

　　　a、b——回归系数，也称待定系数。

(2)一元线性回归分析的步骤。

1)根据X、Y两个变量的历史统计数据，把X与Y作为已知数，寻求合理的a、b回归系数，然后依据a、b回归系数来确定回归方程。这是运用回归分析法的基础。

2)利用已求出的回归方程中a、b回归系数的经验值，把a、b作为已知数，根据具体条件，测算Y值随着X值的变化而呈现的未来演变。这是运用回归分析法的目的。

(3)回归系数a和b的求解。求解回归直线方程式中a、b两个回归系数要运用最小二乘法。具体的计算方法不再叙述，其结果如下：

$$b = \frac{N\sum X_i Y_i - \sum Y_i \cdot \sum X_i}{N\sum X_i^2 - \sum X_i \cdot \sum X_i} \quad (2\text{-}7)$$

$$a = \frac{\sum Y_i - b\sum X_i}{N} \quad (2\text{-}8)$$

或

$$b = \frac{\sum X_i \cdot Y_i - \overline{X}_i \cdot \sum Y_i}{\sum X_i^2 - \overline{X}_i \cdot \sum X_i} \quad (2\text{-}9)$$

$$a = \overline{Y}_i - b\overline{X}_i \quad (2\text{-}10)$$

式中 X_i——自变量的历史数据；

Y_i——相应的因变量的历史数据；

N——所采用的历史数据的组数；

$\overline{X}_i$——X_i的平均值，$\overline{X}_i = \sum X_i/N$；

$\overline{Y}_i$——Y_i的平均值，$\overline{Y}_i = \sum Y_i/N$。

【例 2-5】某施工队 2008 年 3 至 9 月份成本核算资料见表 2-5。如果 2008 年 10 月份和 11 月份预算成本分别为 20 万元和 30 万元，分别预测 10 月份和 11 月份的实际成本。

表 2-5 某施工队成本核算资料 万元

月 份	3	4	5	6	7	8	9	合 计
预算成本 X	17.9	14.2	21.9	26	33.5	38.5	30	$\sum X = 182$
实际成本 Y	19.8	17.4	22.2	24.5	28.9	32.3	27.1	$\sum Y = 172.2$
X^2	320.41	201.64	479.61	676	1 122.25	1 482.25	900	$\sum X^2 = 5 182.16$
XY	354.42	247.08	486.18	637	968.15	1 243.55	813	$\sum XY = 4 749.38$

【解】将表 2-5 中的资料代入式(2-8)和式(2-7)计算 a 和 b：

$$a = \frac{\sum Y - b\sum X}{N} = \frac{172.2 - 0.60 \times 182}{7} = 9$$

$$b = \frac{N\sum XY - \sum X \cdot \sum Y}{N\sum X^2 - (\sum X)^2} = \frac{7 \times 4\,749.38 - 182 \times 172.2}{7 \times 5\,182.16 - 182^2} = 0.6$$

因此，回归方程为 $Y = 9 + 0.6X$。

如果 10 月份预算成本为 20 万元，即 $X = 20$，

则实际成本 $Y_{10} = 9 + 0.6 \times 20 = 21$（万元）

实际成本比预算成本将超支 1 万元。

如果 11 月份预算成本为 30 万元，即 $X = 30$，

则实际成本 $Y_{11} = 9 + 0.6 \times 30 = 27$（万元）

实际成本比预算成本会低 3 万元。

4. 指数平滑法定量预测

指数平滑法也叫作指数修正法，是在移动平均法基础上发展起来的一种预测方法，是移动平均法的改进形式。该方法能够较多的反映最新观察值的信息，同时也能反映大量历

史资料的信息，计算量较少，需要存储的历史数据也不多。使用移动平均法有两个明显的缺点：一是它需要有大量的历史观察值的储备；二是要用时间序列中近期观察值的加权方法来解决，因为最近的观察中包含着最多的未来情况的信息，所以必须相对地赋予比前期观察值更大的权数；即对最近期的观察值给予最大的权数，而对于较远的观察值就给予递减的权数。指数平滑法就是既可以满足这样一种加权法，又不需要大量历史观察值的一种新的移动平均预测法。

指数平滑法的计算公式如下：

$$F_t+1 = \alpha Y_t + (1-\alpha)F_t \tag{2-11}$$

式中 α——平滑系数，$0 \leq \alpha \leq 1$；

F_t——t 时期的预测值，也是 $t-1$ 时期的指数平滑值；

Y_t——t 时期的实际发生值。

【例 2-6】 某建筑工程公司过去 18 个月的实际产值见表 2-6。分别取 $\alpha=0.1$，$\alpha=0.5$，采用指数平滑法预测第 19 个月的产值。

表 2-6 某建筑工程公司过去 18 个月的实际产值

月数	产值 Y_i/万元	$\alpha=0.1$	$\alpha=0.5$	月数	产值 Y_i/万元	$\alpha=0.1$	$\alpha=0.5$
1	20			11	15		
2	30			12	28		
3	15			13	32		
4	24			14	38		
5	32			15	26		
6	30			16	36		
7	28			17	32		
8	26			18	34		
9	18			19			
10	22						

【解】 在计算式中 $Y_1, Y_2, \cdots, Y_{18}$ 分别代表 1，2，…，18 月份的实际产值，$F_1=Y_1=20$。

(1) $\alpha=0.1$ 时

$F_2 = \alpha Y_1 + (1-\alpha)F_1 = 0.1 \times 20 + (1-0.1) \times 20 = 20$

$F_3 = \alpha Y_2 + (1-\alpha)F_2 = 0.1 \times 30 + (1-0.1) \times 20 = 21$

⋮

$F_{19} = \alpha Y_{18} + (1-\alpha)F_{18} = 0.1 \times 34 + (1-0.1) \times 26.8 = 27.52$

(2) $\alpha=0.5$ 时

$F_2 = \alpha Y_1 + (1-\alpha)F_1 = 0.5 \times 20 + (1-0.5) \times 20 = 20$

$F_3 = \alpha Y_2 + (1-\alpha)F_2 = 0.5 \times 30 + (1-0.5) \times 20 = 25$

⋮

$F_{19} = \alpha Y_{18} + (1-\alpha)F_{18} = 0.5 \times 34 + (1-0.5) \times 31.58 = 32.79$

具体过程及计算结果见表 2-7。

表 2-7　指数平滑法预测值计算结果

月数	产值 Y_i/万元	$\alpha=0.1$	$\alpha=0.5$	月数	产值 Y_i/万元	$\alpha=0.1$	$\alpha=0.5$
1	20			11	15	22.86	22.22
2	30	20	20	12	28	22.07	18.61
3	15	21	25	13	32	22.66	22.31
4	24	20.4	20	14	38	23.59	27.16
5	32	20.76	22	15	26	25.03	26.58
6	30	21.88	27	16	36	25.13	26.29
7	28	22.69	27.5	17	32	26.22	31.15
8	26	23.22	27.75	18	34	26.80	31.58
9	18	23.50	26.88	19		27.52	32.79
10	22	22.95	22.44				

5. 高低点法定量预测

高低点发时成本预测的一种常用方法，它是根据统计资料中完成业务量（产量或产值）最高和最低两个时期的成本数据，通过计算总成本中的固定成本、变动成本和变动成本率来预测成本的。

其基本公式如下：

(1) 变动成本率 = $\dfrac{最高点总成本 - 最低点总成本}{最高点产值 - 最低点产值}$，即

$$b = \frac{Y_1 - Y_2}{X_1 - X_2} \tag{2-12}$$

(2) 总成本 = 固定成本 + 变动成本，即

$$Y = a + bX \tag{2-13}$$

【例 2-7】 某项目根据本企业同类项目的产值和成本历史统计数据（表 2-8），作出本项目成本的预测。该项目合同价为 1 950 万元。

表 2-8　某项目同类项目的产值和历史成本统计表

期数	1	2	3	4	5
施工产值/万元	1 700	1 720	1 750	1 820	2 000
总成本/万元	1 650	1 670	1 700	1 750	1 850

【解】 应用上面的公式

$$b = \frac{1\,850 - 1\,650}{2\,000 - 1\,700} = 0.666\,7$$

$$a = 1\,850 - 0.666\,7 \times 2\,000 = 516.67$$

从而，总成本公式为

$$Y = 516.67 + 0.666\,7X$$

该项目的预测成本为

$$Y = 516.67 + 0.666\,7 \times 1\,950 = 1\,816.74(万元)$$

即，预计该项目的成本为 1 816.74 万元。

第二节 建筑工程成本决策

一、建筑工程成本决策的概念

决策是对未来的行为确定目标,并从两个以上的行动方案中选择一个合理方案的分析判断过程,它是管理过程的核心,是执行各种管理职能的基础。

项目施工生产活动中的许多问题涉及成本,为了提高各项施工活动的可行性和合理性,或者为了提高成本管理方法和措施的有效性,在项目成本管理过程中,需要对涉及成本的有关问题作出决策。项目成本决策是对工程施工生产活动中与成本相关的问题作出判断和选择的过程,它是项目成本管理的重要环节,也是成本管理的重要职能,贯穿于施工生产的全过程。项目成本决策的结果直接影响到未来的工程成本,正确的成本决策对成本管理极为重要。

二、建筑工程成本决策的程序

合理的决策是一个包含许多基本要素的复杂过程,一般情况下,建筑工程成本决策可按以下程序进行:
(1)认识、分析问题。
(2)明确项目成本目标。
(3)情报信息收集与沟通。
(4)确认可行的替代方案。
(5)选择判断最佳方案的标准。
(6)建立成本、方案、数据和成果之间的相互关系。
(7)预测方案结果并优化。
(8)选择达到成本最低的最佳方案。
(9)决策方案的实施与反馈。

三、成本决策的内容

1. 短期成本决策

短期成本决策是对未来一年内有关成本问题作出的决策。其所涉及的大多是项目在日常施工生产过程中与成本相关的内容,通常对项目未来经营管理方向不产生直接影响,故短期成本决策又称战术性决策。与短期成本决策有关的因素基本上是确定的,因此,短期成本决策大多属于确定型决策和重复性决策。短期成本决策的内容主要包括:

(1)采购环节的短期成本决策。如不同等级材料的决策、经济采购批量的决策等。

(2)施工生产环节的短期成本决策。如结构件是自制还是外购的决策、经济生产批量的决策、分派追加施工任务的决策、施工方案的选择、短期成本变动趋势预测等。

(3)工程价款结算环节的短期成本决策。如结算方式、结算时间的决策等。

除上述内容以外,项目成本决策过程中,还涉及成本与收入、成本与利润等方面的问题,如特殊订货问题等。

2. 长期成本决策

长期成本决策是指对成本产生影响的时间在一年以上的问题所进行的决策。一般涉及诸如项目施工规模、机械化施工程度、工程进度安排、施工工艺、质量标准等与成本密切相关的问题。这类问题涉及的时间长、金额大,对企业的发展具有战略意义,故又称战略性决策。与长期成本决策有关的因素通常难以确定,大多数属于不确定决策和一次性决策。长期成本决策的内容主要包括:

(1)施工方案的决策。项目的施工方案是对项目成本有着直接、重大影响的长期决策行为。施工方案牵涉面广,不确定性因素多,对项目未来的工程成本将在相当长的时间内产生重大的影响。

(2)进度安排和质量标准的决策。工程项目进度的快慢和质量标准的高低也直接、长期影响着工程成本。在决策时应通盘考虑,要贯穿目标成本管理思想,在达到业主的工期和质量要求的前提下力求降低成本。

四、成本决策的目标与判断标准

1. 成本决策目标

成本决策的目标既是成本决策的出发点,又是成本决策的归宿点。总体而言,施工项目成本决策的目标是选择符合预期质量标准和工期要求的低成本方案。在决策过程中,由于所要解决的具体问题有所差别,其目标又有不同的表现形式。如对成本变动不影响收入的决策,成本决策目标可以简化为"成本最低";对于收入、成本均取决于成本决策结果的项目,则需要将成本变动与收入变动联系起来考虑,不能简单地强调成本最低。特别是当企业为了增强竞争实力、保持竞争优势、追求长期效益最大时,成本是相关问题的一个方面,要将成本与环境、成本与经济资源、成本与竞争等因素结合起来考虑。

2. 成本决策中的判断标准

成本决策中的判断标准是评价有关备选方案优劣程度的尺度,也是衡量决策目标实现程度的尺度。从理论上来讲,评价备选方案优劣的标准应与决策目标一致。在成本决策中,评价方案优劣如下:

(1)成本最低。成本最低是成本决策中常用的判断标准,它要求决策者从若干个备选方案中选择出预期成本最低的方案作为决策的结果,其适用于收入既定、成本决策结果只影响成本而不影响收入等其他因素的成本决策项目,如结构件是自制还是外购的决策。

在具体决策时,可灵活使用"成本"指标。当有关备选方案没有固定成本,只有变动成本时,或者既有固定成本,又有变动成本,但固定成本数额相等,则衡量各方案优劣程度的"标准"可简化为该方案的变动成本,即预期变动成本总额最小的可行性方案为最满意方案。但当有关备选方案既有固定成本,又有变动成本,且固定成本不一致时,衡量各方案优劣程度的"成本"标准应是方案的总成本,即预期总成本最小的可行性方案为最满意方案。

必须特别指出的是,在以"成本最低"为标准进行方案的抉择时,无论是以总成本为判断标准,还是以变动成本为判断标准,都必须强调成本的相关性,注意不同备选方案成本信息的可比性,否则,抉择分析结论的正确性将会受到影响,有时还会作出错误的判断。

(2)利润最大。对于成本决策结果不但决定未来成本水平,还会影响预计收入状况时,如是否加班加点,在决策时不仅需要考察方案的相关成本,还应密切关注与之相关的收入,以相关收入与相关成本的差额,即"利润"作为判断标准,要求决策者从若干个备选方案中选择出预期利润最大的方案作为决策的结果。在分析方案时,要注意各方案的利润均应根据该方案相关的预计收入与预计成本的差额计算。

(3)竞争优势。施工企业在其发展壮大阶段,为实现势力扩张、提高市场占有份额,增强竞争实力,保持竞争优势,往往以影响企业能否长期生存发展的"竞争优势"作为判断标准进行方案的选择。此外,还尽可能地考虑那些对企业产生重要影响的不可计量经济因素和非经济因素,一并作为判断标准,以选取"足够好"的方案。

五、成本决策的方法

1. 定型化决策

定型化决策的特点是在事物的客观自然状态完全肯定的状况下所作出的决策,具有一定的规律性。其方法比较简单,如单纯择优法(即直接择优决策方法)。

定型化决策看起来似乎很简单,有时也并不简单,因为决策人所面临的可供选择的方案数量可能很大,从中选择出最优方案往往很不容易。例如,一部邮车从一个城市到另外10个城市巡回一趟,其路线就有 $10×9×8×\cdots×3×2×1=3\,628\,800$ 条,要解决从中找出最短路线的问题,必须运用数学的线性规划方法才能解决。

2. 非定型化决策

非定型化决策的特点是:
(1)决策者期望达到一定的目标。
(2)被决策的事物具有两种以上客观存在的自然状态。
(3)各种自然状态可以用定量数据反映其损益值。
(4)具有可供决策人选择的两个以上方案。

3. 风险型决策

风险型决策方法除具有非定型决策的四个特点外,还有一个很重要的特点,即决策人对未来事物的自然状态变化情况不能肯定(可能发生,也可能不发生),但知道自然状态可能发生的概率。

风险型决策中自然状态发生的概率为

$$1 \geqslant P_i(Y_i) \geqslant 0 \tag{2-14}$$

$$\sum_{i=1}^{N} P_i(Y_i) = 1 \tag{2-15}$$

式中 Y_i——出现第 i 种情况下的损益数值;
P_i——第 i 种状态发生的概率;
N——自然状态数目。

由于这种决策问题引入了概率的概念,属于非确定的类型,因此这种决策具有一定的风险性。

风险情况下的决策标准主要有三个：期望值标准、合理性标准和最大可能性标准。

（1）期望值标准。损益期望值是按事件出现的概率计算出来的可能得到的损益数值，因并不是肯定能够得到的数值，所以叫作期望值。期望值的计算公式如下：

$$V = \sum_{i=1}^{N} Y_i P_i \tag{2-16}$$

式中　V——期望值；

P_i——第 i 种状态发生的概率；

Y_i——出现第 i 种情况下的损益数值。

用期望值标准来进行决策，就是以决策问题的损益表为基础，计算出每个方案的期望值，选择收益最大或损失最小的方案作为最优方案。

（2）合理性标准。合理性标准主要是在可参考的统计资料缺乏或不足的情况下采取的一种办法。正因为缺乏足够的统计资料，所以难以确切估计自然状态出现的概率。于是，可以假设各自然状态发生的概率相等。如果有 n 个自然状态，那么各个自然状态的概率就为 $1/n$。这种假设的理由是不充分的，所以一般又把它叫作理由不充分原理。

（3）最大可能性标准。最大可能性标准就是选择自然状态中事件发生的概率最大的一个，然后找出在这种状态下收益值最大的方案作为最优方案。

第三节　量本利分析法的应用

量本利分析，全称为产量成本利润分析，通过揭示产量、成本、利润之间的内在联系来确定企业的保本点、保利点，以此来挖掘企业的内在潜力，寻求扩大生产、降低成本、增加盈利、提高效益的新途径。它既是一种重要的预测方法，也是一种科学的决策方法。但是，量本利分析法也有其局限性。它必须在价格、销量无显著变化的基本假定下进行，否则，这种方法将无从解释和应用。在市场经济条件下，由于企业的生产经营是在风险和不确定情况下进行的，商品的销量往往是不确定的随机变量，在这种情况下，量本利分析的基本假定得不到满足，所以，无法进行简单的量本利分析。

建筑企业开展量本利分析的意义

一、量本利分析的基本原理

1. 量本利分析的基本数学模型

设某企业生产甲产品，本期固定成本总额为 C_1，单位售价为 P，单位变动成本为 C_2。并设销售量为 Q 单位，销售收入为 Y，总成本为 C，利润为 TP。则成本、收入、利润之间存在以下的关系：

$$C = C_1 + C_2 Q \tag{2-17}$$

$$Y = PQ \tag{2-18}$$

$$TP = Y - C = (P - C_2) \times Q - C_1 \tag{2-19}$$

2. 盈亏分析图和盈亏平衡点

以纵轴表示收入或成本，以横轴表示销售量，建立坐标图，并分别在图上画出成本线和收入线，称为盈亏分析图(图2-3)。

从图上看出，收入线与成本线的交点称为盈亏平衡点或损益平衡点。在该点上，企业该产品收入与成本正好相等，即处于不亏不盈或损益平衡状态，也称为保本状态。

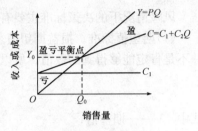

图2-3 盈亏分析图

3. 保本销售量和保本销售收入

保本销售量和保本销售收入，就是对应盈亏平衡点，销售量 Q 和销售收入 Y 的值，分别以 Q_0 和 Y_0 表示。由于在保本状态下，销售收入与生产成本相等，即

$$Y_0 = C_1 + C_2 Q_0 \tag{2-20}$$

因此，$P \times Q_0 = C_1 + C_2 Q_0$

$$Y_0 = PC_1/(P - C_2) = \frac{C_1}{(P - C_2)/P} \tag{2-21}$$

式中，$(P - C_2)$ 又称边际利润，$(P - C_2)/P$ 又称边际利润率，则

保本销售量=固定成本/(单位产品销售价-单位产品变动成本) (2-22)

保本销售收入=单位产品销售价×固定成本/(单位产品销售价-单位产品变动成本)

(2-23)

【例2-8】 设 $C_1 = 50\ 000$ 元，$C_2 = 10$ 元/件，$P = 15$ 元/件，求保本销售量和保本销售收入。

【解】 保本销售量 $Q_0 = 50\ 000/(15 - 10) = 10\ 000$(件)

保本销售收入 $Y_0 = 15 \times 10\ 000 = 150\ 000$(元)

二、量本利分析的因素特征

(1)量。在建筑工程项目成本管理中，量本利分析的量不是一般意义上单件工业产品的生产数量或销售数量，而是指一个施工项目的建筑面积或建筑体积(以 S 表示)。对于特定的施工项目，由于建筑产品具有"期货交易"特征，所以其生产量即是销售量，且固定不变。

(2)本(成本)。量本利分析是在成本划分为固定成本和变动成本的基础上发展起来的，所以进行量本利分析首先应从成本形态入手，即把成本按其与产销量的关系分解为固定成本和变动成本。在施工项目管理中，就是把成本按是否随工程规模大小而变化划分为固定成本(C_f)的关系和变动成本(C_v，这里指单位面积变动成本)。问题是确定 C_f 和 C_v，往往很困难，这是由于变动成本变化幅度较大，而且历史资料的计算口径不同。一个简便而适用的方法，是建立以 S 为自变量，C_t(总成本)为因变量的回归方程($C_t = C_f + C_v S$)，通过历史工程成本数据资料(以计算期价格指数为基础)用最小二乘法计算回归系数。

(3)利(价格)。不同的工程项目其单位平方价格是不相同的，但在相同的施工期间内，同结构类型的项目的单位平方价格则是基本接近的。因此，工程项目成本管理量本利分析中可以按工程结构类型建立相应的盈亏分析图和量本利分析模型。某种结构类型项目的单方价格可按实际历史数据资料计算并按物价上涨指数修正，或者和计算成本一样建立回归方程求解。量本利分析法的方法特征，与一般量本利分析方法不同的是：施工企业在建立了自己的各种结构类型工程的量本利盈亏分析图之后，对于特定的施工项目来说，其量(建筑面积)是固定不变的，从成本预测和定价方面考虑，变化的是成本(包括固定成本和变动成本)以及投标价。其作用在于为项目投标报价决策和制订项目施工成本计划提供依据。

三、量本利分析的方法特征

与一般量本利分析方法不同的是：施工企业在建立了自己的各种结构类型工程的盈亏分析图之后，对于特定的工程项目来说，其量(建筑面积)是固定不变的，从成本预测和定价方面考虑，变化的是成本(包括固定成本和变动成本)以及投标价。其作用在于为项目投标报价决策和制定项目施工成本计划提供依据。

【例 2-9】 A 公司施工的砖混结构工程的量本利分析模型：$C_1=138\,266$ 元，$C_2=211$ 元$/m^2$，当年的砖混结构工程的合同价为 410 元$/m^2$。据此建立 A 公司施工的砖混结构工程的量本利盈亏分析图如图 2-4 所示。

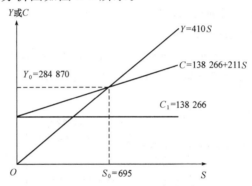

图 2-4 砖混工程量本利盈亏分析图

【解】 项目保本规模：

$$S_0=\frac{C_1}{P-C_2}=\frac{138\,266}{410-211}=695(m^2)$$

项目保本合同价：

$$Y_0=P\times C_1/(P-C_2)=410\times 138\,266/(410-211)=284\,870(元)$$

由量本利盈亏分析图中可以看出，A 公司承建的砖混工程项目的建筑面积不能低于 695 m^2，或者其合同价不能低于 284 870 元，否则不宜承建施工。如果承建施工，则会亏本。

对于现承建 K 工程项目(面积为 1 000 m^2)，通过量本利分析模型，可估算总成本。

总成本　　　　　$C=138\,266+211\times 1\,000=349\,266(元)$
可达到投标总价　　$Y=410\times 1\,000=410\,000(元)$
可达到的利润　　　$TP=410\,000-349\,266=60\,734(元)$

四、量本利分析方法在建筑工程成本预测中的应用

1. 目标成本的分析

(1)目标成本。一般指根据工程项目预算及同类项目成本情况确定的项目目标成本额，一般来说就是工程的预测成本，根据目标成本中固定成本和变动成本的组成，分析工料消

耗和控制过程，寻找降低率。利用盈亏平衡分析模型，可以分析和预测固定成本和变动成本的变化对目标成本的影响程度。

（2）固定成本和变动成本的变化对目标成本的影响：以例2-10来说明。

【例2-10】 从例2-9计算出K工程的预测成本（目标成本）为349 266元，其固定成本为138 266元，变动成本为211 000元。试分析固定成本和变动成本的变化对目标成本的影响。

【解】 ①变动成本变化对目标成本影响预测如图2-5(a)、(b)所示。

设单方变动成本变化率为α（增加为正，降低为负），则

目标成本 $C=C_1+C_2\times(1+\alpha)\times S$

若设 $\alpha=-5\%$，$C_k=138\,266+211\times(1-5\%)\times1\,000=338\,716(元)$

目标成本降低率=$(349\,266-338\,716)/349\,266=0.030\,2=3.02\%$

若设 $\alpha=-5\%$，$C_k=138\,266+211\times(1+5\%)\times1\,000=359\,816(元)$

②固定成本变化对目标成本影响预测如图2-5(c)所示：

设固定成本变化率为β（增加为正，降低为负），则

目标成本 $C=C_1\times(1+\beta)+C_2\times S$

若设 $\beta=-5\%$，$C_k=138\,266\times(1-5\%)+211\times1\,000=342\,353(元)$

目标成本降低率=$(349\,226-342\,353)/349\,226=1.97\%$

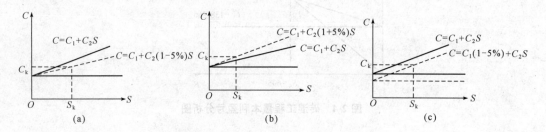

图2-5　固定成本和变动成本的变化对目标成本的影响

③固定成本和变动成本变化对目标成本的影响分析。一般工程的变动成本远远高于其固定成本，因此，寻求降低成本途径应从变动成本入手，取得的效益也比固定成本高。这从上面的实例计算中也可看出，变动成本降低5%，使得总成本降低3.02%，而固定成本降低5%仅使得总成本降低了1.97%。另一方面，由于固定成本不随工程规模变化，保证项目实施必须投入的费用，而变动成本随着规模而变化，成本项目内容也广泛，因此，降低变动成本比降低固定成本更易于实现。

2. 目标成市和定价策略

根据对目标成本的分析，预测并确定成本的降低额，则可以在满足利润不变的条件下降低标价。

【例2-11】 在例2-10中，从图2-5中可看出，变动成本降低5%，目标成本$C=338\,716$元。在保持利润不变的情况下，投标价为多少？

【解】 投标价可由原来的410 000元，降低为

410 000－(349 266－338 716)=399 450(元)

此外，如果预测到工程成本的增加，且企业不准备通过减少利润而取得工程，可以提高标价，保证企业赢得既定的利润。

【例 2-12】 在例 2-10 中，如预测到变动成本会增加 5%，在不减少利润的情况下，标价为多少？

【解】 总标价由 410 000 元提高为
$$359\ 816 + 60\ 734 = 420\ 550(元)$$

3. 预测目标利润

根据盈亏分析图和预测的目标成本，可以计算对象工程的目标利润，其公式为
$$目标利润(TP) = 预测投标总价(Y) - 预测目标成本(C) \tag{2-24}$$

【例 2-13】 预测 K 工程的目标利润。

【解】 K 工程的目标利润 $(TP) = 410\ 000 - 349\ 266 = 60\ 734(元)$

4. 有目标利润的盈亏平衡点计算

由于项目的规模不可能完全一样，因此不能用一个固定的目标利润。为便于量本利分析，可根据企业的经营状况和建筑市场行情确定各种结构类型项目的目标边际利润率。

目标边际利润率计算公式如下：
$$目标边际利润率(i) = \frac{单位造价(P) - 单位变动成本(C_2)}{单位造价(P)} \tag{2-25}$$

根据既定的目标边际利润率 (i)，可以确定工程的投标单价的最低额为
$$P = C_2/(1-i) \tag{2-26}$$

投标总价为
$$Y = C_2 \times S/(1-i) \tag{2-27}$$

根据企业确定的目标边际利润率，进行量本利分析。

项目保本规模
$$S_0 = C_1(1-i)/(C_2 \cdot i) \tag{2-28}$$

项目保本合同价
$$Y_0 = C_1/i \tag{2-29}$$

【例 2-14】 若 A 公司 2016 年度砖混结构工程的目标边际利润率定位为 50%，则保本项目规模和保本项目合同价分别为多少？

【解】 $i = 50\%$，$C_1 = 138\ 266$ 元，$C_2 = 211$ 元/m²，则
$$S_0 = 138\ 266 \times (1-50\%) \div 211 \div 50\% = 656(m^2)$$
$$Y_0 = 138\ 266 \div 50\% = 276\ 532(元)$$

根据目标边际利润率，确定投标价：
单价 $P = C_2/(1-i) = 211 \div (1-50\%) = 422(元/m^2)$
总价 $Y = C_2 \times S/(1-i) = 211 \times 656 \div (1-50\%) = 276\ 832(元)$

【例 2-15】 例 2-14 中，A 公司的目标边际利润率为 50%，则 K 工程的投标价为多少？

【解】 K 工程投标单方造价为 $P = 211/(1-50\%) = 422(元/m^2)$
投标总价为 $Y = 422 \times 1\ 000 = 422\ 000(元)$

第四节　敏感性分析及其应用

敏感性分析旨在研究和预测项目主要因素发生浮动时对经济评价指标的影响，分析最敏感的因素对评价指标的影响程度，确定经济评价指标出现临界值时各主要敏感因素变化的数量界限，为进一步测定项目评价决策的总体安全性，项目运行承受风险的能力等，提供定性分析的依据。

敏感性分析是盈亏平衡分析的深化，可用于财务评价，也可用于国民经济评价，考虑的因素有产量、销售价格、可变成本、固定成本、建设工期、外汇牌价、折旧率等，评价指标有内部收益率、利润、资本金、利润率、借款偿还期，也可分析盈亏平衡点对某些因素的敏感度。

一、敏感性分析的目的

(1)确定不确定性因素在什么范围内变化方案的经济效果最好，在什么范围内变化效果最差，以便对不确定性因素实施控制。

(2)区分敏感性大的方案和敏感性小的方案，以便选出敏感性小的，即风险小的方案。

(3)找出敏感性强的因素，向决策者提出是否需要进一步收集资料，进行研究，以提高经济分析的可靠性。

二、敏感性分析的内容

敏感性分析的做法通常是改变一种或多种不确定因素的数值，计算其对项目效益指标的影响，通过计算敏感度系数和临界点，估计项目效益指标对它们的敏感程度，进而确定关键的敏感因素。通常将敏感性分析的结果汇总于敏感性分析表，也可通过绘制敏感性分析图显示各种因素的敏感程度并求得临界点。

敏感性分析包括单因素敏感性分析和多因素敏感性分析。单因素敏感性分析是指每次只改变一个因素的数值来进行分析，估算单个因素的变化对项目效益产生的影响；多因素分析则是同时改变两个或两个以上因素进行分析，估算多因素同时发生变化的影响。为了找出关键的敏感性因素，通常多进行单因素敏感性分析。

敏感性分析一般只考虑不确定因素的不利变化对项目效益的影响，为了作图的需要也可考虑不确定性因素的有利变化对项目效益的影响。

三、敏感性分析的计算步骤

一般进行敏感性分析可按以下步骤进行：

(1)选定需要分析的不确定性因素。

(2)确定进行敏感性分析的经济评价指标。衡量项目经济效果的指标越多，敏感性分析的工作量越大，一般不可能对每种指标都进行分析，而只对几个重要的指标进行分析，如财务净现值、财务内部收益率、投资回收期等。由于敏感性分析是在确定性经济评价的基础上进行的，故选作敏感性分析的指标应与经济评价所采用的指标相一致，其中最主要的指标是财务内部收益率。

(3) 计算因不确定性因素变动引起的评价指标的变动值。一般就各选定的不确定性因素，设若干级变动幅度（通常用变化率表示），然后计算与每级变动相应的经济评价指标值，建立一一对应的数量关系，并用敏感性分析图或敏感性分析表的形式表示。敏感性分析图如图 2-6 所示。图中每一条斜线的斜率反映内部收益率对该不确定性因素的敏感程度，斜率越大敏感度越高。一张图可以同时反映多个因素的敏感性分析结果。每条斜线与基准收益率的相交点所对应的是不确定性因素变化率，图中 C_1、C_2、C_3 等即为该因素的临界点。

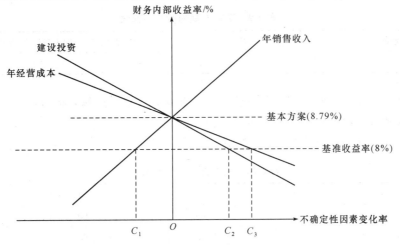

图 2-6 单因素敏感性分析图

(4) 计算敏感度系数并对敏感因素排序。敏感度系数是项目效益指标变化的百分率与不确定性因素变化的百分率之比。敏感度系数越高，表示项目效益对该不确定性因素的敏感程度越高，提示应重视该不确定性因素对项目效益的影响。敏感度系数计算公式如下：

$$E = \Delta A / \Delta F \tag{2-30}$$

式中　E——评价指标 A 对于不确定性因素 F 的敏感度系数；

　　　ΔA——不确定性因素 F 发生 ΔF 变化率时，评价指标 A 的相应变化率(%)；

　　　ΔF——不确定性因素 F 的变化率(%)。

敏感度系数的计算结果可能受到不确定性因素变化百分率取值不同的影响，即随着不确定性因素变化百分率取值的不同，敏感度系数的数值会有所变化。但其数值大小并不是计算该项指标的目的，重要的是各不确定性因素敏感度系数的相对值，借此了解各不确定性因素的相对影响程度，以选出敏感度较大的不确定性因素。因此，虽然敏感度系数有以上缺陷，但在判断各不确定性因素对项目效益的相对影响程度上仍然具有一定的作用。

(5) 计算变动因素的临界点。临界点是指不确定性因素的极限变化，即该不确定性因素使项目内部收益率等于基准收益率或净现值变为零时的变化百分率，当该不确定性因素为费用科目时，即为其增加的百分率；当其为效益科目时为降低的百分率。临界点也可用该百分率对应的具体数值表示。当不确定性因素的变化超过了临界点所表示的不确定性因素的极限变化时，项目内部收益率指标将会转而低于基准收益率，表明项目将由可行变为不可行。

临界点的高低与设定的基准收益率有关,对于同一个投资项目,随着设定基准收益率的提高,临界点就会变低(即临界点表示的不确定性因素的极限变化变小);而在一定的基准收益率下,临界点越低,说明该因素对项目效益指标影响越大,项目对该因素就越敏感。可以通过敏感性分析图求得临界点的近似值,但由于项目效益指标的变化与不确定性因素变化之间不是直线关系,有时误差较大,因此最好采用专用函数求解临界点。

四、敏感性分析在建筑工程成本预测中的应用

【例 2-16】 某项目基本方案的参数估算值见表 2-9,试进行敏感性分析(基准收益率 $i_c=8\%$)。

表 2-9 基本方案的参数估算表

因素	建设投资 I/万元	年销售收入 B/万元	年经营成本 C/万元	期末残值 L/万元	寿命 n/年
估算值	1 500	600	250	200	6

【解】 (1)以年销售收入 B、年经营成本 C 和建设投资 I 为拟分析的不确定因素。
(2)选择项目的财务内部收益率为评价指标。
(3)作出本方案的现金流量表(表 2-10)。

表 2-10 基本方案的现金流量表

年份	1	2	3	4	5	6
1 现金流入		600	600	600	600	800
1.1 年销售收入		600	600	600	600	600
1.2 期末残值回收						200
2 现金流出	1 500	250	250	250	250	250
2.1 建设投资	1 500					
2.2 年经营成本		250	250	250	250	250
3 净现金流量	−1 500	350	350	350	350	550

则方案的财务内部收益率 FIRR 由下式确定:

$$-I(1+FIRR)^{-1}+(B-C)\sum_{t=2}^{5}(1+FIRR)^{-t}+(B+L-C)(1+FIRR)^{-6}=0$$

$$-1\,500\times(1+FIRR)^{-1}+350\times\sum_{t=2}^{5}(1+FIRR)^{-t}+550\times(1+FIRR)^{-6}=0$$

采用试算法得:

$$FNPV(i=8\%)=31.08 \text{ 万元}>0$$
$$FNPV(i=9\%)=-7.92 \text{ 万元}<0$$

采用线性内插法可求得:

$$FIRR=8\%+\frac{31.08}{31.08+7.92}\times(9\%-8\%)=8.79\%$$

(4)计算销售收入、经营成本和建设投资变化对财务内部收益率的影响,结果见表 2-11。

表 2-11　因素变化对财务内部收益率的影响

不确定因素	变化率				
	－10%	－5%	基本方案	＋5%	＋10%
销售收入	3.01	5.94	8.79	11.58	14.30
经营成本	11.12	9.96	8.79	7.61	6.42
建设投资	12.70	10.67	8.79	7.06	5.45

财务内部收益率的敏感性分析图如图 2-6 所示。

(5) 计算方案对各因素的敏感度。

平均敏感度的计算公式如下：

对于方案而言，

$$年销售收入平均敏感度 = \frac{14.30 - 3.01}{20} \approx 0.56$$

$$年经营成本平均敏感度 = \frac{|6.42 - 11.12|}{20} \approx 0.24$$

$$建设投资平均敏感度 = \frac{|5.45 - 12.70|}{20} \approx 0.36$$

房地产项目经济中敏感分析存在的问题

各因素的敏感程度排序为：年销售收入＞建设投资＞年经营成本。

第五节　概率分析及其应用

概率分析又称风险分析，是通过研究各种不确定因素发生不同幅度变动的概率分布及其对方案经济效果的影响，对方案的净现金流量及经济效果指标作出某种概率描述，从而对方案的风险情况作出比较准确的判断。

利用这种分析，可以弄清楚各种不确定因素出现某种变化时，建设项目获得某种利益或达到某种目的的可能性的大小，或者获得某种效益的把握程度。

项目的风险来自影响项目效果的各种因素和外界环境的不确定性。利用敏感性分析可以知道某因素变化对项目经济指标有多大的影响，但无法了解这些因素发生这样变化的可能性有多大，而概率分析可以做到这一点。故有条件时，应对项目进行概率分析。

一、概率分析的步骤

概率分析一般按下列步骤进行：

(1) 选定一个或几个评价指标。通常是将内部收益率、净现值等作为评价指标。

(2) 选定需要进行概率分析的不确定因素。通常有产品价格、销售量、主要原材料价格、投资额以及外汇汇率等。针对项目的不同情况，通过敏感性分析，选择最为敏感的因素作为概率分析的不确定因素。

(3)预测不确定因素变化的取值范围及概率分布。单因素概率分析,设定一个因素变化,其他因素均不变化,即只有一个自变量;多因素概率分析,设定多个因素同时变化,对多个自变量进行概率分析。

(4)根据测定的风险因素取值和概率分布,计算评价指标的相应取值和概率分布。

(5)计算评价指标的期望值和项目可接受的概率。

(6)分析计算结果,判断其可接受性,研究减轻和控制不利影响的措施。

二、概率分析的方法及其在建筑工程成本预测中的应用

概率分析的方法有很多,这些方法大多是以项目经济指标(主要是 NPV)的期望值的计算过程和计算结果为基础的。这里仅介绍项目净现值的期望值和决策树法,计算项目净现值的期望值及净现值大于或等于零时的累计概率,以判断项目承担风险的能力。

1. 净现值的期望值

期望值是用来描述随机变量的一个主要参数。从理论上来讲,要完整地描述一个随机变量,需要知道它的概率分布的类型和主要参数,但在实际应用中,这样做不仅非常困难,而且也没有太大的必要。因为在许多情况下,我们只需要知道随机变量的某些主要特征就可以了,在这些随机变量的主要特征中,最重要并且最常用的就是期望值。

期望值是在大量重复事件中随机变量取值的平均值,换句话说,是随机变量所有可能取值的加权平均值,权重为各种可能取值出现的概率。

一般来讲,期望值的计算公式可表达为

$$E(X) = \sum_{i=1}^{N} X_i P_i \tag{2-31}$$

式中 $E(X)$——随机变量 X 的期望值;

X_i——随机变量 X 的各种取值;

P_i——X 取值 X_i 时所对应的概率值。

根据式(2-31),可以很容易地推导出项目净现值的期望值计算公式,具体如下:

$$E(NPV) = \sum_{i=1}^{N} NPV_i P_i \tag{2-32}$$

式中 $E(NPV)$——NPV 的期望值;

NPV_i——各种现金流量情况下的净现值;

P_i——对应于各种现金流量情况的概率值。

【例 2-17】 已知某投资方案各种因素可能出现的数值及其对应的概率见表 2-12。假设投资发生在年初,年净现金流量均发生在各年年末。已知标准折现率为 10%,试求其净现值的期望值。

表 2-12 投资方案变量因素值及其概率

投资额/万元		年净收益/万元		寿命期/年	
数值	概率	数值	概率	数值	概率
120	0.30	20	0.25	10	1.00
150	0.50	28	0.40		
175	0.20	33	0.35		

【解】 根据各因素的取值范围,共有9种不同的组合状态,根据净现值的计算公式,可求出各种状态的净现值及其对应的概率,见表2-13。

表2-13 方案所有组合状态的概率及净现值

投资额/万元	120			150			175		
年净收益/万元	20	28	33	20	28	33	20	28	33
组合概率	0.075	0.12	0.105	0.125	0.2	0.175	0.05	0.08	0.07
净现值/万元	2.89	52.05	82.77	−27.11	22.05	52.77	−52.11	−2.95	27.77

根据净现值的期望值计算公式,可求出:

$$E(NPV) = 2.89 \times 0.075 + 52.05 \times 0.12 + 82.77 \times 0.105 - 27.11 \times 0.125 + 22.05 \times 0.2 + \\ 52.77 \times 0.175 - 52.11 \times 0.05 - 2.95 \times 0.08 + 27.77 \times 0.07 \\ = 24.51 \text{ 万元}$$

投资方案净现值的期望值为24.51万元。

净现值的期望值在概率分析中是一个非常重要的指标,在对项目进行概率分析时,一般都要计算项目净现值的期望值及净现值大于或等于零时的累计概率。累计概率越大,表明项目承担的风险越小。

2. 决策树法

决策树法是在已知各种情况发生概率的基础上,通过构成决策树来求取净现值的期望值大于等于零的概率,评价项目风险、判断其可行性的决策分析方法。它是直观运用概率分析的一种图解方法。决策树法特别适用于多阶段决策分析。决策树是图论中用于决策的一种工具,它是以树的生长过程的不断分枝来表示事件发生的各种可能性,应用期望值准则来剪修以达到择优目的的一种决策方法。对于未来成本的发生水平存在两种以上的可能结果时,可采取决策树方法进行决策。

(1)决策树的基本结构形式。决策树是决策者对某个成本决策问题未来发展情况的可能性和可能结果所作出的预测在图形上的反映,其基本结构形式如图2-7所示。

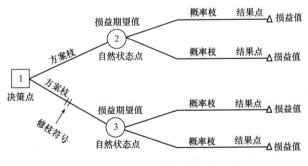

图2-7 决策树基本结构

(2)决策树的绘制。决策树一般由决策点、机会点、方案枝、概率枝等组成,其绘制方法如下:

首先确定决策点,决策点一般用"□"表示。然后从决策点引出若干条直线,代表各个备选方案,这些直线称为方案枝。方案枝后面连接一个"○"称为机会点。从机会点画出的各条直线,称为概率枝,代表将来的不同状态,概率枝后面的数值代表不同方案在不同状态下可获得的收益值。为了便于计算,对决策树中的"□"(决策点)和"○"(机会点)均进行编号。编号的顺序是从左到右,从上到下。

画出决策树后,就可以很容易地计算出各个方案的期望值并进行比选。下面通过实例来说明如何运用决策树法对方案进行比选。

【例 2-18】 某项目有两个备选方案 A 和 B,两个方案的寿命期均为 10 年,生产的产品也完全相同,但投资额及年净收益均不相同。方案 A 的投资额为 500 万元,其年净收益在产品销路好时为 150 万元,销路差时为 −50 万元;方案 B 的投资额为 300 万元,其年净收益在产品销路好时为 100 万元,销路差时为 10 万元。根据市场预测,在项目寿命期内,产品销路好的可能性为 70%,销路差的可能性为 30%。已知标准折现率 $i_c=10\%$,试根据以上资料对方案进行比选。

【解】 首先,画出决策树。此题中有一个决策点,两个备选方案,每个方案又面临着两种状态。由此,可画出其决策树,如图 2-8 所示。

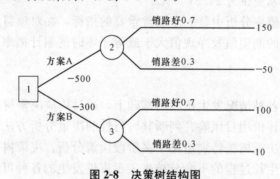

图 2-8 决策树结构图

然后,计算各个机会点的期望值:

机会点②的期望值 $=150\times(P/A,10\%,10)\times0.7+(-50)\times(P/A,10\%,10)\times0.3$
$\qquad =553(万元)$

机会点③的期望值 $=100\times(P/A,10\%,10)\times0.7+10\times(P/A,10\%,10)\times0.3$
$\qquad =448.50(万元)$

最后计算各个备选方案净现值的期望值:

方案 A 的净现值的期望值 $=553-500=53(万元)$

方案 B 的净现值的期望值 $=448.50-300=148.50(万元)$

因此,应该优先选择方案 B。

决策树法也可用于一般的概率分析,即用于判断项目的可行性及所承担风险的大小。

【例 2-19】 以例 2-17 的资料为基础,用决策树法判断项目的可行性及风险的大小。

【解】 绘出决策树图,如图 2-9 所示。

从图 2-9 中可求出,项目净现值的期望值为 24.51 万元,然后计算净现值大于或等于零的累计概率。可求出:$P(NPV\geqslant 0)=0.745$。

由于该项目的净现值的期望值为 24.51 万元,净现值大于或等于零的累计概率为 0.745,说明项目风险较小,是可行的。

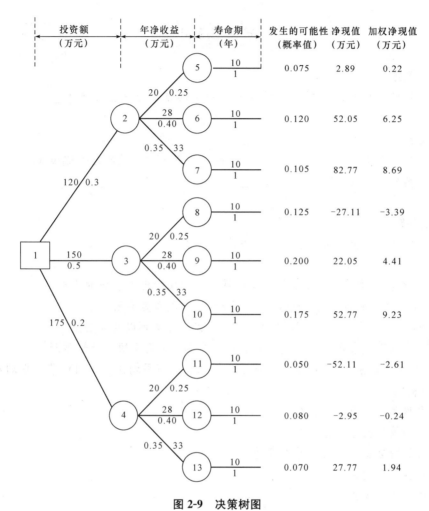

图 2-9 决策树图

本章小结

成本预测,就是依据成本的历史资料和有关信息,在认真分析当前各种技术经济条件、外界环境变化及可能采取的管理措施的基础上,对未来的成本与费用及其发展趋势所做的定量描述和逻辑推断,建筑工程项目成本预测的方法很多,应用最广泛的是定性、定量预测。

项目成本决策是对工程施工生产活动中与成本相关的问题作出判断和选择的过程,成本决策的方法包括定型化决策、非定型化决策和风险型决策。成本预测与决策阶段,应用广泛的分析方法包括量本利分析法、敏感性分析及概率分析。

思考与练习

一、填空题

1. 在项目成本预测的过程中，经常采用的定性预测方法主要有_____、_____、_____、_____。
2. 定量预测基本上可以分为_____和_____两类。
3. _____是指对成本产生影响的时间在一年以上的问题所进行的决策。
4. 量本利分析的因素特征包括_____、_____和_____。
5. 敏感性分析包括_____和_____。

二、选择题

1. 下列关于专家会议法的描述错误的是(   )。
   A. 专家会议法是目前应用较少
   B. 专家会议法具有简便易行，信息量大，考虑的因素全面的优点
   C. 专家会议法的不足之处在于参加会议的人数总是有限
   D. 专家会议法进行成本预测时，参加会议的专家可以相互启发
2. (   )利用过去实际发生的数据求其平均值，适用于短期计划预测。
   A. 算术平均法   B. 加权平均法   C. 几何平均法   D. 移动平均法

三、问答题

1. 成本预测的作用是什么？
2. 成本决策的程序是什么？
3. 什么是短期成本决策？其内容是什么？
4. 敏感性分析的目的是什么？
5. 概率分析的步骤是什么？

四、应用题

某建筑公司预承建某酒店工程的施工，该工程是钢筋混凝土框架剪力墙结构，建筑面积为 18 000 m²，计划投标报价为 1 950 万元。公司根据本企业近期同类施工项目的产值和成本历史统计资料，见表 2-14，作出该施工项目的成本预测。

表 2-14　统计资料

工程序号	1	2	3	4	5
施工产值 X/万元	1 700	1 720	1 750	1 820	2 000
总成本 Y/万元	1 650	1 670	1 700	1 750	1 850

第三章 建筑工程成本计划

知识目标

了解成本计划的特点,熟悉成本计划的概念、分类,掌握成本计划的组成、编制及建筑工程施工进度、施工质量成本分析,能够进行施工项目成本计划的风险分析及其修正。

能力目标

通过本章内容的学习,能够编制成本计划,并按要求进行建筑工程施工进度、施工质量成本分析,并进行施工项目成本计划的风险分析及其修正。

第一节 成本计划的概念、特点与分类

一、成本计划的概念及特点

1. 成本计划的概念

成本计划,是在多种成本预测的基础上,经过分析、比较、论证、判断之后,以货币形式预先规定计划期内项目施工的耗费和成本所要达到的水平,并且确定各个成本项目比预计要达到的降低额和降低率,提出保证成本计划实施所需要的主要措施方案。

项目成本计划是项目全面计划管理的核心,其内容涉及项目范围内的人、财、物和项目管理职能部门等方方面面。项目作为基本的成本核算单位,有利于项目成本计划管理体制的改革和完善,以及解决传统体制下施工预算与计划成本、施工组织设计与项目成本计划相互脱节的问题,为改革施工组织设计、创立新的成本计划体系创造有利条件和环境。改革、创新的主要措施,就是将编制项目质量手册、施工组织设计、施工预算或项目计划成本、项目成本计划有机结合,形成新的项目计划体系,将工期、质量、安全和成本目标高度统一,形成以项目质量管理为核心,以施工网络计划和成本计划为主体,以人工、材料、机械设备和施工准备工作计划为支持的项目计划体系。

2. 成本计划的特点

建筑工程成本计划在建筑工程成本管理中起着承上启下的作用,其主要具有以下特点:

(1)积极主动性。成本计划不仅仅是被动地按照已确定的技术设计、工期、实施方案和施工环境来预算工程的成本,而是更注重进行技术经济分析,从总体上考虑项目工期、成本、质量和实施方案之间的相互影响和平衡,以寻求最优的解决途径。

(2)动态控制的过程。项目不仅在计划阶段进行周密的成本计划,而且要在实施过程中将成本计划和成本控制合为一体,不断根据新情况,如工程设计的变更、施工环境的变化等,随时调整和修改计划,预测项目施工结束时的成本状况以及项目的经济效益,形成一个动态控制过程。

(3)采用全寿命周期理论。成本计划不仅针对建设成本,还要考虑运营成本的高低。一般而言,对施工项目的功能要求高、建筑标准高,则施工过程中的工程成本增加,但今后使用期内的运营费用会降低;反之,如果工程成本低,则运营费用会提高。通常,通过对项目全寿命期做总经济性比较和费用优化来确定项目的成本计划。

(4)成本目标的最小化与项目盈利的最大化相统一。盈利的最大化经常是从整个项目的角度分析的。经过对项目的工期和成本的优化选择一个最佳的工期,以降低成本,使成本的最小化与盈利的最大化取得一致。

计划成本与成本计划

二、成本计划的分类

建筑工程成本计划是一个不断深化的过程,在这个过程中,按其作用可分为竞争性成本计划、指导性成本计划、实施性成本计划三种。

1. 竞争性成本计划

竞争性成本计划是指工程项目投标及签订合同阶段的估算成本计划。它主要是以招标文件中法人合同文件、投标者须知、技术规程、设计图纸或工程量清单为依据,以有关价格条件说明为基础,结合工程实际情况等对本企业完成招标工程所需要支出的全部费用进行估算。

2. 指导性成本计划

指导性成本计划是指选派项目经理阶段的预算成本计划。它是以合同标书为依据,按照企业的预算定额标准制订的设计预算成本计划。

3. 实施性成本计划

实施性成本计划是指项目施工准备阶段的施工预算成本计划。它是以项目实施方案为依据,落实项目经理的责任目标,采用企业的施工定额通过施工预算的编制而形成的实施性成本计划。

第二节 成本计划的组成与分析

一、建筑工程成本计划的组成

建筑工程成本计划的内容包括直接成本计划和间接成本计划。如果项目设有附属生产单位(如加工厂、预制厂、机械动力站和汽车队等),成本计划还包括产品成本计划和作业成本计划。

1. 直接成本计划

建筑工程直接成本计划的指标应经过科学的分析预测确定，可以采用对比法、因素分析法等进行测定。施工项目降低直接成本计划主要反映工程成本的预算价值、计划降低额和计划降低率。一般包括以下几方面的内容。

(1) 总则。包括对施工项目的概述，项目管理机构及层次介绍，有关工程的进度计划、外部环境特点，对合同中有关经济问题的责任，成本计划编制中依据其他文件及其他规格也均应作适当的介绍。

(2) 目标及核算原则。包括施工项目降低成本计划及计划利润总额、投资和外汇总节约额（如有的话）、主要材料和能源节约额、货款和流动资金节约额等。核算原则是指参与项目的各单位在成本、利润结算中采用何种核算方式，如承包方式、费用分配方式、会计核算原则（权责发生制与收付实现制）、结算款所用币种等，如有不同，应予以说明。

(3) 降低成本计划总表或总控制方案。项目主要部分的分部成本计划，如施工部分，编写项目施工成本计划，按直接费、间接费、计划利润的合同中标数、计划支出数、计划降低额分别填入。如有多家单位参与施工时，要分单位编制后再汇总。

(4) 对施工项目成本计划中计划支出数估算过程的说明。要对材料、人工、机械费、运费等主要支出项目加以分解。以材料费为例，应说明：钢材、木材、水泥、砂石、加工订货制品等主要材料和加工预制品的计划用量、价格，模板摊销列入成本的幅度，脚手架等租赁用品计划付多少款，材料采购发生的成本差异是否列入成本等，以便在实际施工中加以控制与考核。

(5) 计划降低成本的来源分析。应反映项目管理过程计划采取的增产节约、增收节支和各项措施及预期效果。以施工部分为例，应反映技术组织措施的主要项目及预期经济效果。可依据技术、劳资、机械、材料、能源、运输等各部门提出的节约措施，加以整理、计算。

2. 间接成本计划

间接成本计划主要反映施工现场管理费用的计划数、预算收入数及降低额。间接成本计划应根据工程项目的核算期，以项目总收入费的管理费为基础，制定各部门费用的收支计划，汇总后作为工程项目的管理费用的计划。在间接成本计划中，收入应与取费口径一致，支出应与会计核算中管理费用的二级科目一致。间接成本的计划的收支总额，应与项目成本计划中管理费一栏的数额相符。各部门应按照节约开支、压缩费用的原则，制定"管理费用归口包干指标落实办法"，以保证该计划的实施。

3. 施工项目成本计划表

以上成本计划的内容可以通过成本计划任务表、技术组织措施表、降低成本计划表及施工现场管理费计划表来反映。

(1) 项目成本计划任务表。项目成本计划任务表主要是反映工程项目预算成本、计划成本、成本降低额、成本降低率的文件，见表3-1。成本降低额能否实现主要取决于企业采取的技术组织措施。因此，计划成本降低额这一栏要根据技术组织措施表和降低成本计划表来填写。

表 3-1 项目成本计划任务表

工程名称：　　　　　　　　　　　　　　　　　　　　　　　　　　　单位：
项目经理：　　　　　　　　　　　　　　　　　　　　　　　　　　　编制日期：

项目	预算成本	计划成本	计划成本降低额	计划成本减低率
1. 直接成本				
人工费				
材料费				
施工机具使用费				
措施费				
2. 间接成本				
施工管理费				
合计				

(2)技术组织措施表。技术措施表是预测项目计划期内施工工程成本各项直接费用计划降低额的依据，是提出各项节约措施和确定各项措施的经济效益的文件，见表3-2。其由项目经理部有关人员分别就应采取的技术组织措施预测它的经济效益，最后汇总编制而成。编制技术组织措施表的目的，是为了在不断采用新工艺、新技术的基础上提高施工技术水平，改善施工工艺过程，推广工业化和机械化施工方法，以及通过采纳合理化建议达到降低成本的目的。

表 3-2 技术组织措施表

工程名称：　　　　　　　　　　　　　　　　　　　　　　　　　　　单位：
项目经理：　　　　　　　　　　　　　　　　　　　　　　　　　　　编制日期：

措施项目	措施内容	涉及对象			降低成本来源		成本降低额				
		实物名称	单价	数量	预算收入	计划开支	合计	人工费	材料费	施工机具使用费	措施费

(3)降低成本计划表。降低成本计划表是根据企业下达给该项目的降低成本任务和该项目经理部自己确定的降低成本指标而制定出项目成本降低计划，见表3-3。它是编制成本计划任务表的重要依据。它是由项目经理部有关业务和技术人员编制的。其根据是项目的总包和分包的分工，项目中的各有关部门提供降低成本资料及技术组织措施计划。在编制降低成本计划表时，还应参照企业内外以往同类项目成本计划的实际执行情况。

表 3-3　降低成本计划表

工程名称：　　　　　　　　　　　　　　　　　　　　　　　　单位：
项目经理：　　　　　　　　　　　　　　　　　　　　　　　　编制日期：

分项工程名称	成本降低额					
	总计	直接成本				间接成本
		人工费	材料费	施工机具使用费	措施费	

（4）施工现场管理费计划表。施工现场管理费计划表见表 3-4。

表 3-4　施工现场管理费计划表

工程名称：　　　　　　　　　　　　　　　　　　　　　　　　单位：
项目经理：　　　　　　　　　　　　　　　　　　　　　　　　编制日期：

项目	预算收入	计划数	降低额
1. 工作人员工资			
2. 生产工人辅助工资			
3. 工资附加费			
4. 办公费			
5. 差旅交通费			
6. 固定资产使用费			
7. 工具用具使用费			
8. 劳动保护费			
9. 检验试验费			
10. 工程保养费			
11. 财产保险费			
12. 取暖、水电费			
13. 排污费			
14. 其他			
15. 合计			

二、建筑工程施工进度成本分析

为了便于在分部分项工程的施工中同时进行进度与成本的控制，掌握进度与成本的变化过程，可以按照横道图和网络图的特点分别进行处理分析。

1. 横道图进度计划与施工成本的同步分析

从横道图可以掌握到的信息包括：每道工序的进度与成本的同步关系，即施工到什么阶段，就将发生多少成本；每道工序的计划施工时间与实际施工时间（从开始到结束）之比（提前或拖期），以及对后道工序的影响；每道工序的计划成本与实际成本之比（节约或超支），以及对完成某一时期责任成本的影响；每道工序施工进度的提前或拖期对成本的影响程度；整个施工阶段的进度和成本情况。

通过进度与成本同步跟踪的横道图,要实现以计划进度和计划成本控制实际进度和实际成本,随着每道工序进度的提前或拖期,对每个分项工程的成本实行动态控制,以保证项目成本目标的实现。

【例 3-1】 某工厂需要修建 4 台设备的基础工程,施工过程包括基础开挖、基础处理和浇筑混凝土。因设备型号与基础条件等不同,使得 4 台设备(施工段)的施工过程有着不同的流水节拍,见表 3-5。

表 3-5 基础工程流水节拍

施工过程	施工段			
	设备 A	设备 B	设备 C	设备 D
基础开挖	2	3	2	2
基础处理	4	4	2	3
浇筑混凝土	2	3	2	3

问题:(1)确定流水步距、工期,并绘出其横道图。

(2)设备 A 租赁为 4 750 元/周,设备 B 租赁为 5 560 元/周,设备 C 租赁为 4 500 元/周,设备 D 租赁为 5 650 元/周,由于业主改变施工方案导致浇筑混凝土工程停工 1 周,试分析工期如何变化,施工设备租赁成本如何变化。

【解】 (1)从流水节拍的特点可以看出,本工程应按非节奏流水施工方式组织施工。

1)确定施工流向由设备 A→B→C→D,施工段数 $m=4$。

2)确定施工过程数 $n=3$,包括基础开挖、基础处理和浇筑混凝土。

3)采用"累加数列错位相减取大差法"求流水步距:

$$\begin{array}{rrrrr} & 2, & 5, & 7, & 9 \\ -) & & 4, & 8, & 10, & 13 \\ \hline \end{array}$$
$K_{1+2}=\max\{2,\quad 1,\quad -1,\quad -1,\quad -13\}=2$

$$\begin{array}{rrrrr} & 4, & 8, & 10, & 13 \\ -) & & 2, & 5, & 7, & 10 \\ \hline \end{array}$$
$K_{1+2}=\max\{4,\quad 6,\quad 6,\quad 5,\quad -10\}=6$

4)计算流水施工工期:

$$T=(2+6)+(2+3+2+3)=18(周)$$

5)绘制非节奏流水施工进度图,如图 3-1 所示。

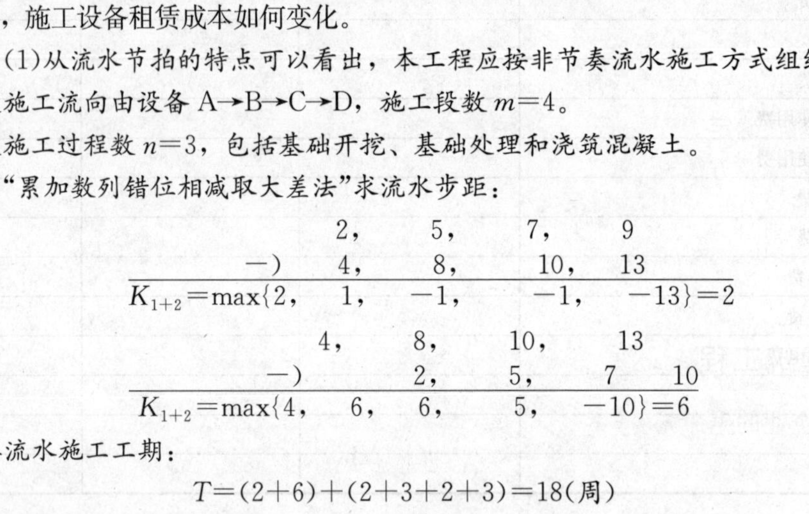

施工过程	施工进度 /周																	
	1	2	3	4	5	6	7	8	9	10	11	12	13	14	15	16	17	18
基础开挖	A		B			C		D										
基础处理				A				B			C		D					
浇筑混凝土									A		B			C		D		

$\sum K=2+6=8$ 周 $\sum t_n=(2+3+2+3)=10$ 周

图 3-1 设备基础工程流水职工横道图

(2)工期、设备租赁成本变化:

1)工期延长1周,$T=18+1=19$(周)

2)设备租赁成本增加$(4\ 750+5\ 560+4\ 500+5\ 650)=20\ 460$(元)

因此,施工单位因业主原因导致进度延后及成本增加,影响业主提出索赔。

2. 网络图计划的进度与成本的同步控制

网络图的表达方式有单代号网络图和双代号网络图两种:单代号网络图是指组织网络图的各项工作由节点表示,以箭线表示各项工作的相互制约关系。采用这种符号从左向右绘制而成的网络图;双代号网络图是指组成网络图的各项工作由节点表示工作的开始和结束,以箭线表示工作的名称,把工作的名称写在箭线上方,工作的持续时间(小时、天、周)写在箭线下方,箭尾表示工作的开始,箭头表示工作的结束。采用这种符号从左向右绘制而成的网络图。绘制网络图后,就可以从网络图中看到每道工序的计划进度与实际进度、计划成本与实际成本的对比情况,同时也可清楚地看出今后控制进度、控制成本的方向。

与横道图进度计划相比较,网络图计划的优点是:能够明确表达各项工作之间的逻辑关系;通过网络时间参数的计算,可以找出关键线路和关键工作;通过网络时间参数的计算,可以明确各项工作的机动时间;网络计划可以利用电子计算机进行计算、优化和调整。但网络图计划在计算劳动力、资源消耗量时比较困难,没有横道图计划一样直观明了,但可以通过绘制时标网络计划得以弥补。

在项目成本计划优化过程中,项目管理人员针对降低成本的目标提出各项施工改进措施,在成本分析的过程中,既要制定成本控制目标,又要制订出降低成本的计划,例如,在核算材料时在确定工程实体净消耗的基础上,合理确定材料损耗水平,提出各环节材料损耗的理想目标及方法,力争将成本控制在目标水平之下。在施工工艺中,则由技术人员和管理人员共同分析工艺中存在的可改进的环节,采用降低成本保证质量,提高施工效率的新工艺,从根本上改进成本控制目标。在项目施工前,项目管理人员就可依据施工项目成本管理计划,制订奖惩标准,激励施工人员投入成本控制工作。

三、建筑工程施工质量成本分析

质量是企业的生命,质量好的建筑物是无言的广告,然而很多施工企业为谋求高的利润而使用劣质不合格的材料,在施工中偷工减料,导致工程发生事故。这不仅仅有损企业的形象,更是对人民生命和财产的损害。因而施工企业的成本控制者应深刻理解质量与成本的关系,在施工管理过程中加强质量管理,避免因工程质量而带来的损失。

质量成本是指项目为保证和提高产品质量而支出的一切费用,以及未达到质量标准而产生的一切损失费用之和。质量成本分四类:一是施工项目内部故障成本,如返工、停工、降级复检等引起的费用,这一类费用是非正常费用,应当减少,并追究造成该费用发生当事人的责任;二是外部故障成本,如保修、索赔等引起的费用,这一类费用的发生要注意施工过程中的签证,会同监理、业主共同处理探讨并作详细的施工记录以便索赔和反索赔;三是质量检验费用,该项费用是不可避免会发生的,应按有关规定办理;四是质量预防费用,对事故要做好预防措施以免事故发生时不知从哪儿出这笔资金,转事后控制为事前控制。

研究建筑工程质量成本,首先要从质量成本核算开始,而后是质量成本分析和质量成本控制。

1. 质量成本核算

质量成本核算主要是指将施工过程中发生的质量成本费用，按照预防成本、鉴定成本、内部故障成本和外部故障成本的明细科目归集，然后计算各个时期各项质量成本的发生情况。质量成本的明细科目，可根据实际支付的具体内容来确定。一般预防成本下设置质量管理工作费、质量情报费、质量培训费、质量技术宣传费、质量管理活动费等子目；鉴定成本下设置材料检验试验费、工序监测和计量服务费、质量评审活动费等子目；内部故障成本下设置返工损失、返修损失、停工损失、质量过剩损失、技术超前支出和事故分析处理等子目；外部故障成本下设置保修费、赔偿费、诉讼费和因违反环境保护法而发生的罚款等子目。

进行质量成本核算的原始资料，主要来自会计账簿和财务报表，或利用会计账簿和财务报表的资料整理加工而得。但也有一部分资料需要依靠技术、技监等有关部门提供，如质量过剩损失和技术超前支出等。

2. 质量成本分析

质量成本分析就是将质量成本核算后的各种质量成本资料，按照质量管理工作要求进行分析比较，使之成为改进质量，提高经济效益的有力工具。主要包括质量成本总额分析、质量成本构成分析、内部故障成本和外部故障成本分析以及其他质量成本分析。通过质量成本分析可得到必要的信息，从而为调整、确定质量成本中各项费用的投入，达到既定质量目标提供可靠依据。在实际工作中，质量过高或过低都会造成浪费，不能使企业获得好的经济效益。因此，必然控求最佳质量水平和最佳成本水平。为了使企业产品质量和成本达到最佳质量水平，就应围绕企业经营目标分析企业内外各种影响因素。

四、建筑工程施工项目成本计划的风险分析及其修正

1. 建筑工程施工项目成本计划的风险分析

在编制施工项目成本计划时，不可避免地会考虑一定的风险因素。因为，目前我国是以社会主义市场经济为经济体制改革的目标，市场调节成为配置社会资源的主要方式，通过价格杠杆和竞争机制，使有限的资源配置到效益好的方面和企业去，这就必将促进企业间的竞争、加大风险。在成本计划编制中可能存在着导致成本支出加大，甚至形成亏损的因素，包括：由于技术上、工艺上的变更，造成施工方案的变化；交通、能源、环保方面的要求带来的变化；原材料价格变化、通货膨胀带来的连锁反应；工资及福利方面的变化；气候带来的自然灾害；可能发生的工程索赔、反索赔事件；国际国内可能发生的战争、骚乱事件；国际结算中的汇率风险等。

对上述各可能风险因素在成本计划中都应做不同程度的考虑，一旦发生变化能及时修正计划。

2. 建筑工程施工项目成本计划的修正

(1)建筑工程成本计划中降低施工项目成本的可能途径降低施工项目成本可从以下几方面考虑：

1)加强施工管理，提高施工组织水平主要是正确选择施工方案，合理布置施工现场；采用先进的施工方法和施工工艺，不断提高工业化、现代化水平；组织均衡生产，搞好现场调度和协作配合；注意竣工收尾，加快工程进度，缩短工期。

2)加强技术管理，提高工程质量主要是研究推广新产品、新技术、新结构、新材料、

新机器及其他技术革新措施，制订并贯彻降低成本的技术组织措施，提高经济效果，加强施工过程的技术质量检验制度，提高工程质量，避免返工损失。

3）加强劳动工资管理，提高劳动生产率主要是改善劳动组织，合理使用劳动力，减少窝工浪费；执行劳动定额，实行合理的工资和奖励制度；加强技术教育和培训工作，提高工人的文化技术水平和操作熟练程度；加强劳动纪律，提高工作效率，压缩非生产用工和辅助用工，严格控制非生产人员比例。

4）加强机械设备管理，提高机械使用率主要是正确选配和合理使用机械设备，搞好机械设备的保养修理，提高机械的完好率、利用率和使用效率，从而加快施工进度、增加产量、降低机械使用费。

5）加强材料管理，节约材料费用主要是改进材料的采购、运输、收发、保管等方面的工作，减少各个环节的损耗，节约采购费用；合理堆置现场材料，组织分批进场，避免和减少二次搬运；严格材料进场验收和限额领料制度；制订并贯彻节约材料的技术措施，合理使用材料，尤其是三大材，大搞节约代用，修旧利废和废料回收，综合利用一切资源。

6）加强费用管理，节约施工管理费主要是精减管理机构，减少管理层次，压缩非生产人员，实行定额管理，制定费用分项分部门的定额指标，有计划地控制各项费用开支。

7）积极采用降低成本的新管理技术，如系统工程、工业工程、全面质量管理、价值工程等，其中价值工程是寻求降低成本途径的行之有效的方法。

(2)降低成本措施效果的计算。降低成本的技术组织措施项目确定后，要计算其采用后预期的经济效果。这实际上也是降低成本目标保证程度的预测。

1）由于劳动生产率提高，超过平均工资增长而使成本降低。

2）由于材料、燃料消耗降低而使成本降低。成本降低率＝材料、燃料等消耗降低率×材料成本占工程成本的比重。

3）由于多完成工程任务，使固定费用相对节约而使成本降低。成本降低率＝(1－1/生产增长率)×固定费用占工程成本的比重。

4）由于节约管理费而使成本降低。成本降低率＝管理费节约率×管理费占工程成本的比重。

5）由于减少废品、返工损失而使成本降低。成本降低率＝废品返工损失降低率×废返工损失占工程成本的比重。机械使用费和其他直接费的节约额，也可以根据要采用的措施计算出来。将以上各项成本降低率相加，就可以测算出总的成本降低率。

成本计划中降低成本的途径

第三节 成本计划的编制

一、编制成本计划的意义与作用

成本计划是成本管理和成本会计的一项重要内容，是企业生产经营计划的重要组成部分。施工项目成本计划是施工项目成本管理的一个重要环节，是实现降低施工项目成本任务的指导性文件。从某种意义上来说，编制施工项目成本计划也是施工项目成本预测的继续。如果对承包项目所编制的成本计划达不到目标成本要求时，就必须组织施工项目管理人员重新研究降低成本的途径，再重新编制成本计划。一次次修改成本计划直至最终确定计划，实际上意味着进行了一次次的成本预测；编制成本计划的过程也是一次动员施工项目经理部全体职工，挖掘降低成本潜力的过程；同时，也是检验施工技术质量管理、工期管理、物资消耗和劳动力消耗管理等效果的全过程。

各个施工项目成本计划汇总到企业，又是事先规划企业生产技术经营活动预期经济效果的综合性计划，是建立企业成本管理责任制、开展经济核算和控制生产费用的基础。

从更大的方面来看，成本计划还是整个国民经济计划的有机组成部分，对综合平衡有着重要作用。

成本计划的作用体现在以下几个方面：
(1)是对生产耗费进行控制、分析和考核的重要依据。
(2)是编制核算单位其他有关生产经营计划的基础。
(3)是国家编制国民经济计划的一项重要依据。
(4)可以动员全体职工深入开展增产节约、降低产品成本的活动。
(5)是建立企业成本管理责任制、开展经济核算和控制生产费用的基础。

二、建筑工程成本计划编制依据

建筑工程成本计划是一项非常重要的工作，不只是财务部门，其他各部门也应该共同协作进行编制，其主要编制依据如下：

(1)承包合同。合同文件除包括合同文本外，还包括招标文件、投标文件、设计文件等，合同中的工程内容、数量、规格、质量、工期和支付条款等都将对工程的成本计划产生重要的影响，因此，承包方在签订合同前应进行认真的研究与分析，在正确履约的前提下降低工程成本。

(2)项目管理实施规划。以工程项目施工组织设计文件为核心的项目实施技术方案与管理方案，是在充分调查和研究现场条件及有关法规条件的基础上制订的，不同实施条件下的技术方案和管理方案，将导致工程成本的不同。

(3)可行性研究报告和相关设计文件。
(4)生产要素的价格信息。
(5)反映企业管理水平的消耗定额(企业施工定额)以及类似工程的成本资料等。

三、建筑工程成本计划编制原则

成本计划编制前，要提出编制目标成本计划的具体要求，主要由项目经理部负责编制，报组织管理层批准，自下而上分级编制并逐层汇总，以此来反映各成本项目指标和降低成本指标。编制成本计划时应遵循以下原则。

1. 合法性原则

编制项目成本计划时，必须严格遵守国家的有关法令、政策及财务制度的规定，严格遵守成本开支范围和各项费用开支标准。任何违反财务制度的规定，随意扩大或缩小成本开支范围的行为，必然使计划失去考核实际成本的作用。

2. 先进可行性原则

成本计划既要保持先进性，又必须切实可行。否则，就会因计划指标过高或过低而失去应有的作用。这就要求编制成本计划必须以各种先进的技术经济定额为依据，并针对施工项目的具体特点，采取切实可行的技术组织措施作保证。只有这样，才能使制定的成本计划既有科学根据，又有实现的可能；也只有这样，成本计划才能起到促进和激励的作用。

3. 弹性原则

编制成本计划，应留有充分余地，使计划保持一定的弹性。在计划期内，项目经理部的内部或外部的技术经济状况和供产销条件，很可能发生一些在编制计划时未预料到的变化，尤其是材料的市场价格。只有充分考虑这些变化的发展，才能更好地发挥成本计划的作用。

4. 可比性原则

成本计划应与实际成本、前期成本保持可比性。为了保证成本计划的可比性，在编制计划时应注意所采用的计算方法，应与成本核算方法保持一致（包括成本核算对象，成本费用的汇集、结转、分配方法等），只有保证成本计划的可比性，才能有效地进行成本分析，才能更好地发挥成本计划的作用。

5. 统一领导、分级管理原则

编制成本计划，应遵循统一领导、分级管理的原则，采取走群众路线的工作方法。应在项目经理的领导下，以财物和计划部门为中心，发动全体职工总结降低成本的经验，找出降低成本的正确途径，使成本计划的制订和执行具有广泛的群众基础。

6. 从实际情况出发的原则

编制成本计划必须从企业的实际情况出发，充分挖掘企业内部潜力，使降低成本指标既积极可靠，又切实可行。工程项目管理部门降低成本的潜力在于正确选择施工方案，合理组织施工，提高劳动生产率，改善材料供应，降低材料消耗，提高机械设备利用率，节约施工管理费用等。但要注意，不能为降低成本而偷工减料，忽视质量，不对机械设备进行必要的维护修理，片面增加劳动强度，加班加点，或减掉合理的劳保费用，忽视安全工作等。

7. 与其他计划结合的原则

编制成本计划，必须与工程项目的其他各项计划如施工方案、生产进度、财务计划、资料供应及耗费计划等密切结合，保持平衡，即成本计划一方面要根据工程项目的生产、技术组织措施、劳动工资、材料供应等计划来编制，另一方面又影响着其他各种计划指标。在制订其他计划时，应考虑满足降低成本的要求，与成本计划密切配合，而不能单纯考虑每一种计划本身的需要。

四、建筑工程成本计划编制程序

编制成本计划的程序时，因项目的规模大小、管理要求不同而不同。大中型项目一般采用分级编制的方式，即先由各部门提出部门成本计划，再由项目经理部汇总编制全项目工程的成本计划；小型项目一般采用集中编制方式，即由项目经理部先编制各部门成本计划，再汇总编制全项目的成本计划。项目成本计划编制程序如图 3-2 所示。

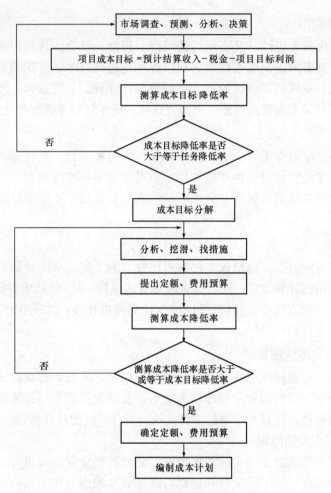

图 3-2　项目成本计划编制程序

五、建筑工程成本计划编制方法

成本计划的核心是确定目标成本,这是成本管理要达到的目的。建筑工程成本计划的编制方法有如下几种。

1. 计划成本法

计划成本法通常分为施工预算法、技术节约措施法、成本习性法、按实计算法。

(1)施工预算法。施工预算法是指以施工图中的工程实物量,套以施工工料消耗定额,计算工料消耗量,并进行工料汇总,然后统一以货币形式反映其施工生产耗费水平。以施工工料消耗定额所计算的施工生产耗费水平,基本是一个不变的常数。一个工程项目要实现较高的经济效益(即较大幅度地降低成本水平),就必须在这个常数基础上采取技术节约措施,以降低单位消耗量和价格等来达到成本计划的成本目标水平。因此,采用施工预算法编制成本计划时,必须考虑结合技术节约措施计划,以进一步降低施工生产耗费水平。用公式表示为

施工预算法的计划成本=施工预算施工生产耗费水平(工料消耗费用)-技术节约措施计划节约额　　　　　　　　　　　　　　　　　　　　　　　　　(3-1)

【例3-2】 某工程项目按照施工预算的工程量,套用施工工料消耗定额,所计算消耗费用为580.98万元,技术节约措施计划节约额为20.64万元。试计算其计划成本。

【解】 工程项目计划成本＝580.98－20.64＝560.34(万元)

(2)技术节约措施法。技术节约措施法是指以工程项目计划采取的技术组织措施和节约措施所能取得的经济效果为项目成本降低额,然后求工程项目的计划成本的方法。用公式表示为

工程项目计划成本＝工程项目预算成本－技术节约措施计划节约额(成本降低额) (3-2)

【例3-3】 某工程项目造价为571.38万元,扣除计划利润和税金以及企业管理独立费,经计算其预算成本为465.78万元,该工程项目的技术节约措施节约额为31.23万元。试计算其计划成本。

【解】 工程项目计划成本＝465.78－31.23＝434.55(万元)

(3)成本习性法。成本习性法是固定成本和变动成本在编制成本计划中的应用,主要按照成本习性,将成本分成固定成本和变动成本两类,以此计算计划成本。具体划分可采用按费用分解的方法。

1)材料费:与产量有直接联系,属于变动成本。

2)人工费:在计时工资形式下,生产工人工资属于固定成本,因为不管生产任务完成与否,工资照发,与产量增减无直接联系。如果采用计件超额工资形式,其计件工资部分属于变动成本,奖金、效益工资和浮动工资部分,也应计入变动成本。

3)机械使用费:其中,有些费用随产量增减而变动,如燃料费、动力费等,属变动成本;有些费用不随产量变动,如机械折旧费、大修理费、机修工和操作工的工资等,属于固定成本。此外,还有机械的场外运输费和机械组装拆卸、替换配件、润滑擦拭等经常修理费,由于不直接用于生产,也不随产量增减成正比例变动,而是在生产能力得到充分利用、产量增长时,所分摊的费用就少些;在产量下降时,所分摊的费用就要多一些,所以这部分费用为介于固定成本和变动成本之间的半变动成本,可按一定比例划为固定成本和变动成本。

4)措施费:水、电、风、汽等费用以及现场发生的其他费用,多数与产量发生联系,属于变动成本。

5)施工管理费:其中大部分在一定产量范围内与产量的增减没有直接联系,如工作人员工资、生产工人辅助工资、工资附加费、办公费、差旅交通费、固定资产使用费、职工教育经费、上级管理费等,基本上属于固定成本。检验试验费、外单位管理费等与产量增减有直接联系,则属于变动成本范围。此外,劳动保护费中的劳保服装费、防暑降温费、防寒用品费,劳动部门都有规定的领用标准和使用年限,基本上属于固定成本范围。技术安全措施费、保健费,大部分与产量有关,属于变动成本。工具用具使用费中,行政使用的家具费属固定成本。工人领用工具,因管理制度不同而不同,有些企业对机修工、电工、钢筋、车工、钳工、刨工的工具按定额配备,规定使用年限,定期以旧换新,属于固定成本;而对瓦工、木工、抹灰工、油漆工的工具采取定额人工数,定价包干,则又属于变动成本。

将成本按习性划分为固定成本和变动成本后,可用下列公式计算:

工程项目计划成本＝工程项目变动成本总额＋工程项目固定成本总额 (3-3)

【例3-4】 某工程项目,经过分部分项测算,测得其变动成本总额为512.71万元,固定成本总额为60.11万元。试计算其计划成本。

【解】 工程项目计划成本=512.71+60.11=572.82(万元)

(4)按实计算法。按实计算法就是工程项目经理部有关职能部门(人员)以该项目施工图预算的工料分析资料作为控制计划成本的依据,根据工程项目经理部执行施工定额的实际水平和要求,由各职能部门归口计算各项计划成本。

1)人工费的计划成本,由项目管理班子的劳资部门(人员)计算。

$$人工费的计划成本 = 计划用工量 \times 实际水平的工资率 \qquad (3-4)$$

式中,计划用工量=$\sum$(分项工程量×工日定额);工日定额可根据实际水平,考虑先进性,适当提高定额。

2)材料费的计划成本,由项目管理班子的材料部门(人员)计算。

$$材料费的计划成本 = \sum(主要材料的计划用量 \times 实际价格) + \sum(装饰材料的计划用量 \times$$
$$实际价格) + \sum(周转材料的使用量 \times 使用期 \times 租赁价格) + \sum(构$$
$$配件的计划用量 \times 实际价格) + 工程用水的水费 \qquad (3-5)$$

3)机械使用费的计划成本,由项目管理班子的机械管理部门(人员)计算。

$$机械使用的计划成本 = \sum(施工机械的计划台班数 \times 规定的台班单价)$$

或机械使用的计划成本=$\sum$(施工机械计划使用台班数×

$$机械租赁费) + 机械施工用电的电费 \qquad (3-6)$$

4)措施费的计划成本,由项目管理班子的施工生产部门和材料部门(人员)共同计算。

计算的内容包括现场二次搬运费、临时设施摊销费、生产工具用具使用费、工程定位复测费以及场地清理费等项费用的测算。

5)间接费用的计划成本,由工程项目经理部的财务成本人员计算。

一般根据工程项目管理部内的计划职工平均人数,按历史成本的间接费用以及压缩费用的人均支出数进行测算。

2. 定率估算法

当项目过于庞大或复杂,可采用定率估算法编制成本计划。即先将工程项目分为少数几个分项,然后参照同类项目的历史数据,采用数学平均法计算分项目标成本降低率,然后算出分项成本降低额,汇总后得出整个项目成本降低额和成本降低率,编制项目成本计划。

分项目标成本降低率确定时,可采用加权平均法或三点估算法。

(1)加权平均法。如某项工程的给水设备安装分项工程,2010—2013年的参照资料见表3-6。

表3-6 给水设备安装分项工程成本降低率资料表

年度	建筑面积 b/m^2	给水设备安装分项工程成本降低率 $a/\%$	权数 c
2010	40 427	6.42	0.4
2011	50 278	5.33	0.5

续表

年度	建筑面积 b/m^2	给水设备安装分项工程成本降低率 $a/\%$	权数 c
2012	33 115	7.06	0.6
2013	45 350	4.42	0.7

将上列数据整理后,可按建筑面积加权平均,计算该分项工程成本目标降低率,即

成本目标降低率 $=\sum(ab)/\sum(b)$

$=(6.42×40\ 427+5.33×50\ 278+7.06×33\ 115+4.42×45\ 350)/$
$(40\ 427+50\ 278+33\ 115+45\ 350)$
$=5.685\ 2(\%)$

为了体现对近期参考值的重视程度大一些,还可以计入年份权数。如表中的资料可按近大远小原则将2010—2013年资料的权数 c 定为0.4、0.5、0.6、0.7,然后加权平均。

成本目标降低率 $=\sum(abc)/\sum(bc)$

$=(6.42×40\ 427×0.4+5.33×50\ 278×0.5+7.06×33\ 115×0.6+$
$4.42×45\ 350×0.7)/(40\ 427×0.4+50\ 278×0.5+33\ 115×0.6+$
$45\ 350×0.7)$
$=5.578\ 7(\%)$

(2)三点估算法。三点估算法是在上述计算的基础上,进一步考虑了估算的可靠性,突出平均值的作用。具体步骤是:

1)求出总体平均值 X(降低率)。由上文得知计算结果 $X=5.578\ 7\%$。

2)求出落后面(低于平均值)的平均值 A。本例中有2个工程属于落后面,其平均值为

$A=\sum(ab)/\sum(b)$

$=(5.33×50\ 278+4.42×45\ 350)/(50\ 278+45\ 350)$
$=4.898\ 4(\%)$

3)求出先进面(高于平均值)的平均值 B。本例中有2各工程属于先进面,其平均值为

$B=\sum(ab)/\sum(b)$

$=6.42×40\ 427+7.06×33\ 115)/(40\ 427+33\ 115)$
$=6.708\ 2(\%)$

4)应用公式计算:

成本降低率 $=(A+B+4X)/4$

$=(4.898\ 4+6.708\ 2+4×5.578\ 7)/4$
$=8.480\ 4(\%)$

可以看出,三点估算法把总体平均值的权数扩大了4倍,使定率的把握性更大。为排除异常现象,测算时还可用去掉最高率和最低率的方法。

采用定率估算法的前提,是必须事先掌握有较充分的同类项目的成本数据,如果参照数据过少,可能导致最终结果出现偏差。

3. 定额估算法

在概预算编制力量较强、定额比较完备的情况下,特别是施工图预算与施工预算编制经验比较丰富的施工企业,工程项目的成本目标可由定额估算法产生。施工图预算是以施工为依据,按照预算定额和规定的取费标准以及图样工程量计算出项目成本,反映为完成施工项目建筑安装任务所需的直接成本和间接成本。它是招标投标中计算标底的依据、评标的尺度,是控制项目成本支出、衡量成本节约或超支的标准,也是施工项目考核经营成果的基础。施工预算是施工单位(各项目经理部)根据施工定额编制的,作为施工单位内部经济核算的依据。

应用定额估算法编制建筑工程成本计划按下列步骤进行。

(1)根据已有投标、预算资料,求出中标合同价与施工图预算的总价格差以及施工图预算与施工预算的总价格差。

(2)对施工预算未能包括的项目,参照定额进行估算。

(3)对实际成本与定额差距大的子项,按实际支出水平估算出实际与定额水平之差。

(4)考虑价格因素、不可预见和工期制约等风险因素,进行测算调整。

(5)综合计算项目的成本降低额和降低率。

4. 直接估算法

以施工图和施工方案为依据,以计划人工、机械、材料等消耗量和实际价格为基础,由项目经理部各职能部门(或人员)归口计算各项计划成本,据此估算项目的实际成本,确定目标成本。

应用直接估算法编制建筑工程成本计划按下列步骤进行。

(1)将施工项目主机分解为便于估算的小项,按小项自下而上估算。

(2)进行汇总,得到整个施工项目的估算数据。

(3)最后考虑风险和物价的影响,予以调整。

六、建筑工程成本计划编制方式

施工成本计划的编制以成本预测为基础,关键是确定目标成本。计划的制定需结合施工组织设计的编制过程,通过不断地优化施工技术方案和合理配置生产要素,进行工、料、机消耗的分析,制定一系列节约成本和挖潜措施,确定施工成本计划。一般情况下,施工成本计划总额应控制在目标成本的范围内,并使成本计划建立在切实可行的基础上。

施工总成本目标确定之后,还需通过编制详细的实施性施工成本计划把目标成本层层分解,落实到施工过程的每个环节,有效地进行成本控制。施工成本计划的编制方式有以下几种。

1. 按施工成本组成编制施工成本计划

施工成本可以按成本组成分解为直接成本(又称直接费)和间接成本(又称间接费),直接成本又可进一步分解为人工费、材料费、施工机械使用费和措施费,如图3-3所示。可以编制按施工成本组成分解的施工成本计划。

2. 按项目组成编制施工成本计划

大、中型工程项目通常是由若干单项工程构成的,而每个单项工程包括了多个单位工程,每个单位工程又是由若干个分部分项工程所构成。因此,首先要把项目总施工成本分解到单项工程和单位工程中,再进一步分解为分部工程和分项工程,如图3-4所示。

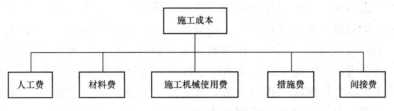

图 3-3 按施工成本组成分解

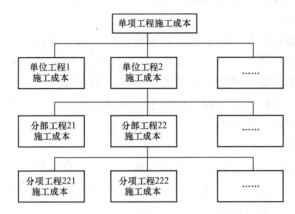

图 3-4 按项目组成分解

在完成施工项目成本目标分解之后,接下来就要具体地分配成本,编制分项工程的成本支出计划,从而得到详细的成本计划表,见表 3-7。

表 3-7 分项工程成本计划表

分项工程编码 1	工程内容 2	计量单位 3	工程数量 4	计划综合单价 5	本分项总计 6

在编制成本支出计划时,要在项目总的方面考虑总的预备费,也要在主要的分项工程中安排适当的不可预见费,避免在具体编制成本计划时,可能发现个别单位工程或工程量表中某项内容的工程量计算有较大出入,使原来的成本预算失实,并在项目实施过程中对其尽可能地采取一些措施。

3. 按工程进度编制施工成本计划

编制按工程进度的施工成本计划,通常可利用控制项目进度的网络图进一步扩充而得到。即在建立网络图时,一方面确定完成各项工作所需花费的时间,另一方面同时确定完成这一工作的合适的施工成本支出计划。在实践中,将工程项目分解为既能方便地表示时间,又能方便地表示施工成本支出计划的工作是不容易的,通常如果项目分解程度对时间控制合适的话,则对施工成本支出计划可能分解过细,以至于不可能对每项工作确定其施工成本支出计划;反之亦然。因此,在编制网络计划时,在充分考虑进度控制对项目划分要求的同时,还要考虑确定施工成本支出计划对项目划分的要求,做到二者兼顾。

通过对施工成本目标按时间进行分解,在进度计划基础上,可获得项目进度计划的横道图或时标网络图,并在此基础上编制成本计划。其表示方式有两种:一种是依据横道图或时标网络图,借助直方图表示的成本计划;另一种是利用 S 形曲线(又称成长曲线或时间—成本累积曲线)表示。

每一条 S 形曲线都对应某一特定的工程进度计划。因为在进度计划的非关键路线中存在许多有时差的工序或工作,因而 S 形曲线(成本计划值曲线)必然包括在由全部工作都按最早开始时间和全部工作都按最迟必须开始时间开始的曲线所组成的"香蕉图"内。项目经理可根据编制的成本支出计划来合理安排资金,同时项目经理也可以根据筹措的资金来调整 S 形曲线,即通过调整非关键路线上的工序项目的最早或最迟开工时间,力争将实际的成本支出控制在计划的范围内。

一般而言,所有工作都按最迟开始时间开始,对节约贷款利息是有利的,但同时,也降低了项目按期竣工的保证率,因此,项目经理必须合理地确定成本计划,达到既节约成本支出,又能控制项目工期的目的。

以上三种编制施工成本计划的方式并不是相互独立的。在实践中,往往是将这几种方式结合起来使用,从而可以取得扬长避短的效果。

本章小结

成本计划,是在多种成本预测的基础上,经过分析、比较、论证、判断之后,以货币形式预先规定计划期内项目施工的耗费和成本所要达到的水平,并且确定各个成本项目比预计要达到的降低额和降低率,提出保证成本计划实施所需要的主要措施方案。项目成本计划是项目全面计划管理的核心,其内容涉及项目范围内的人、财、物和项目管理职能部门等方方面面。建筑工程成本计划的内容包括直接成本计划和间接成本计划。成本计划的核心是确定目标成本,这是成本管理要达到的目的。建筑工程成本计划的编制方法有成本计划法、定率估算法、定额估算法和直接估算法。

思考与练习

一、填空题

1. 成本计划按其作用可分为_____、_____、_____三种。
2. 建筑工程直接成本计划的指标应经过科学的分析预测确定,可以采用_____、_____等进行测定。
3. 间接成本计划主要反映施工现场管理费用的_____、_____及_____。

4. 网络图的表达方式有_____和_____两种。

5. _____是指项目为保证和提高产品质量而支出的一切费用，以及未达到质量标准而产生的一切损失费用之和。

二、问答题

1. 成本计划的特点是什么？
2. 横道图可以掌握那些信息？
3. 与横道图进度计划相比较，网络图计划的优点是什么？
4. 质量成本分为哪几类？
5. 成本计划的作用是什么？

三、应用题

某建筑公司收集钢筋混凝土施工项目框架子项的历史成本降低率资料见表3-8，试确定2019年同类施工项目框架子项的目标成本降低率。

表 3-8　框架子项成本降低率资料表

项目编号	完工时间	建筑面积	框架子项成本降低率/%	分类
1	2015	50 400	3.35	
2	2016	35 000	4.20	
3	2017	40 600	2.85	
4	2017	10 900	3.63	
5	2017	21 800	2.30	
6	2018	80 000	3.16	

第四章 建筑工程成本控制

知识目标

了解成本控制的目的、意义，熟悉成本控制的对象、组织及其职责、原则与依据，掌握成本控制的程序、步骤、方法，并掌握价值工程在成本控制中的应用。

能力目标

通过本章内容的学习，能够按程序进行成本控制，并能能够掌握价值工程在成本控制中的应用。

第一节 成本控制的概念、目的与意义

一、成本控制的概念

项目成本控制是指项目经理部在项目成本形成的过程中，为控制人工、机械、材料消耗和费用支出，降低工程成本，达到预期的项目成本目标，所进行的成本预测、计划、实施、核算、分析、考核、整理成本资料与编制成本报告等一系列活动。

项目成本控制是在成本发生和形成的过程中，对成本进行的监督检查。成本的发生和形成是一个动态的过程，这就决定了成本的控制也应该是一个动态过程，因此，也可称为成本的过程控制。

二、成本控制的目的与意义

建筑工程成本控制的目的在于降低项目成本，提高经济效益。然而项目成本的降低，除控制成本支出以外，还必须增加工程预算收入。因为，只有在增加收入的同时节约支出，才能提高施工项目成本的降低水平。

建筑工程成本控制的意义，主要体现在以下几个方面。

1. 成本控制是成本管理的重要环节

成本管理是一个包括成本预测、成本决策、成本计划、成本控制、成本核算、成本考核和成本分析等环节的有机总体。在这个总体中，成本控制是一个主要环节，它对于实现成本管理目标，具有重要的地位和作用。在成本管理中，如果只对工程成本进行预测和决策，提出计划成本目标，但对施工费用控制不力，出现"成本失控"，那么预测、决策、计划环节再好，再完善也无济于事，预定的成本目标也难以实现。在施工经营管理中，尽管成本核算、成本分析和成本考核工作都组织得不错。

成本控制与成本管理的本质区别

但是，如果对施工消耗和支出不进行严格的控制，不能防范施工损失浪费于未然，消耗多少算多少，支出多少算多少，那么成本核算、成本分析和成本考核也就不能发挥其应有的作用。因此，加强成本管理，关键就是要重视和抓好成本控制这一主要环节，积极做好成本控制的管理工作，以达到降低成本，提高经济效益的目的。

2. 成本控制是提高企业经营管理水平的重要手段

建筑工程成本是由施工消耗和经营管理支出组成的，它是反映企业各项施工技术经济活动的综合性指标，一切施工活动和经营管理水平，都将直接影响建筑工程成本的升降。因此，对成本进行控制，就要对施工生产、施工技术、劳动工资、物资供应、工程预算、财务会计等日常管理工作提出相应的要求，建立健全各项控制标准和控制制度。这样，就可以加强成本的控制工作，提高企业的经营管理水平，保证成本目标的实现。

3. 成本控制是实行企业经济责任制的重要内容

为了加强企业管理，建筑企业要实行成本管理责任制，并把成本管理责任制纳入企业经济责任制，作为它的一项重要内容。实行成本控制，需要把节约施工耗费和支出，降低成本的目标，具体落实到项目经理部及其所属施工班组，要求各项目经理部及管理环节对节约和降低成本承担经济责任。因此，做好成本控制工作，可以调动全体职工的积极性，主动献计献策，挖掘降低成本的一切潜力，把节约和降低成本的目标，变成广大职工的行动，纳入企业经济责任制的考核范围。

第二节 成本控制的对象、组织及其职责

一、成本控制的对象

1. 以工程成本形成的过程作为控制对象

根据对项目成本实行全面、全过程控制的要求，具体控制内容如下：

（1）在工程投标阶段，应根据工程概况和招标文件，进行项目成本的预测，提出投标决策意见。

（2）施工准备阶段，应结合设计图纸的自审、会审和其他资料（如地质勘探资料等），编制实施性施工组织设计，通过多方案的技术经济比较，从中选择经济合理、先进可行的施

工方案，编制明细的成本计划，对项目成本进行事前控制。

（3）施工阶段，利用施工图预算、施工预算、劳动定额、材料消耗定额和费用开支标准等对实际发生的成本费用进行控制。

（4）竣工交付使用及保修阶段，应对竣工验收过程发生的费用和保修费用进行控制。

2. 以项目的职能部门、施工队和生产班组作为控制对象

成本控制的具体内容是日常发生的各种费用和损失。这些费用和损失，都发生在各个职能部门、施工队和生产班组。因此，也应以职能部门、施工队和班组作为成本控制对象，接受项目经理和企业有关部门的指导、监督、检查和考评。

与此同时，项目的职能部门、施工队和班组还应对自己承担的责任成本进行自我控制，应该说，这是最直接、最有效的项目成本控制。

3. 以分部分项工程作为项目成本的控制对象

为了把成本控制工作做得扎实、细致，还应以分部分项工程作为项目成本的控制对象。在正常情况下，项目应该根据分部分项工程的实物量，参照施工预算定额，联系项目管理的技术素质、业务素质和技术组织措施的节约计划，编制包括工、料、机消耗数量以及单价、金额在内的施工预算，作为对分部分项工程成本进行控制的依据。

目前，边设计、边施工的项目比较多，不可能在开工之前一次编出整个项目的施工预算，但可根据出图情况，编制分阶段的施工预算。总的来说，无论是完整的施工预算，还是分阶段的施工预算，都是进行项目成本控制必不可少的依据。

4. 以对外经济合同作为成本控制对象

在社会主义市场经济体制下，工程项目的对外经济业务，都要以经济合同为纽带建立合约关系，以明确双方的权利和义务。在签订经济合同时，除要根据业务要求规定时间、质量、结算方式和履(违)约奖罚等条款外，还必须强调将合同的数量、单价、金额控制在预算收入以内。合同金额超过预算收入，就意味着成本亏损；反之，就能降低成本。

二、成本控制的组织及其职责

施工项目的成本控制，不仅仅是专业成本员的责任，所有的项目管理人员，特别是项目经理，都要按照自己的业务分工各负其责。所以要如此强调成本控制，一方面，是因为成本控制的重要性，是诸多国际指标中的必要指标之一；另一方面，还在于成本指标的综合性和群众性，既要依靠各部门、各单位的共同努力，又要由各部门、各单位共享低成本的成果。为了保证项目成本控制工作的顺利进行，需要把所有参加项目建设的人员组织起来，并按照各自的分工开展工作。

1. 建立以项目经理为核心的项目成本控制体系

项目经理负责制是项目管理的特征之一。实行项目经理负责制，就是要求项目经理对项目建设的进度、质量、成本、安全和现场管理标准化等全面负责，特别要把成本控制放在首位，因为成本失控，必然影响项目的经济效益，难以完成预期的成本目标，更无法向职工交代。

2. 建立项目成本管理责任制

项目管理人员的成本责任不同于工作责任。有时工作责任已经完成，甚至还完成得相当出色，但成本责任却没有完成。例如，项目工程师贯彻工程技术规范认真负责，对保证

工程质量起到了积极的作用，但往往强调了质量，忽视了节约，影响了成本。又如，材料员采购及时，供应到位，配合施工得力，值得赞扬，但在材料采购时就远不就近，就次不就好，就高不就低，既增加了采购成本，又不利于工程质量。因此，应该在原有职责分工的基础上，还要进一步明确成本管理责任，使每一个项目管理人员都有这样的认识：在完成工作责任的同时还要为降低成本精打细算，为节约成本开支严格把关。

各项目管理人员在处理日常业务中对成本应尽的职责如下：

(1) 合同预算员的成本控制职责。

1) 根据合同内容、预算定额和有关规定，充分利用有利因素，编好施工图预算，为增收节支把好第一关。

2) 深入研究合同规定的"开口"项目，在有关项目管理人员（如项目工程师、材料员）的配合下，努力增加工程收入。

3) 收集工程变更资料（包括工程变更通知单、技术核定单和按实结算的资料等），及时办理增加账，保证工程收入，及时收回垫付的资金。

4) 参与对外经济合同的谈判和决策，以施工图预算和增加账为依据，严格控制经济合同的数量、单价和金额，切实做到"以收定支"。

(2) 工程技术人员的成本控制职责。

1) 根据施工现场的实际情况，合理规划施工现场平面布置（包括机械布局，材料、构件的堆放场地，车辆进出现场的运输道路，临时设施的搭建数量和标准等），为文明施工、减少浪费创造条件。

2) 严格执行工程技术规范和以预防为主的方针，确保工程质量，减少零星修补，消灭质量事故，不断降低质量成本。

3) 根据工程特点和设计要求，运用自身的技术优势，采取实用、有效的技术组织措施和合理化建议，走技术与经济相结合的道路，为提高项目经济效益开拓新的途径。

4) 严格执行安全操作规程，减少一般安全事故，消灭重大人身伤亡事故和设备事故，确保安全生产，将事故损失降低到最低限度。

(3) 材料员的成本控制职责。

1) 材料采购和构件加工，要选择质高、价低、运距短的供应（加工）单位。对到场的材料、构件要正确计算、认真验收，如遇质量差、量不足的情况，要进行索赔。切实做到：一要降低材料、构件的采购（加工）成本；二要减少采购（加工）过程中的管理损耗，为降低材料成本走好第一步。

2) 根据项目施工的计划进度，及时组织材料、构件的供应，保证项目施工的顺利进行，防止因停工待料造成损失。在构件加工的过程中，要按照施工顺序组织配套供应，以免因规格不齐造成施工间隙，浪费时间，浪费人力。

3) 在施工过程中，严格执行限额领料制度，控制材料损耗；同时，还要做好余料的回收和利用，为考核材料的实际损耗水平提供正确的数据。

4) 钢管脚手和钢模板等周转材料，进出现场都要认真清点，正确核实并减少赔损数量；使用以后，要及时回收、整理、堆放，并及时退场，既可节省租费，又有利于场地整洁，还可加速周转，提高利用效率。

5) 根据施工生产的需要，合理安排材料储备，减少资金占用，提高资金利用效率。

(4)机械管理人员的成本控制职责。

1)根据工程特点和施工方案,合理选择机械的型号规格,充分发挥机械的效能,节约机械费用。

2)根据施工需要,合理安排机械施工,提高机械利用率,减少机械费成本。

3)严格执行机械维修保养制度,加强平时的机械维修保养,保证机械完好,随时都能保持良好的状态在施工中正常运转,为提高机械作业、减轻劳动强度、加快施工进度发挥作用。

(5)行政管理人员的成本控制职责。

1)根据施工生产的需要和项目经理的意图,合理安排项目管理人员和后勤服务人员,节约工资性支出。

2)具体执行费用开支标准和有关财务制度,控制非生产性开支。

3)管好行政办公用的财产物资,防止损坏和流失。

4)安排好生活后勤服务,在勤俭节约的前提下,满足职工群众的生活需要,安心为前方生产出力。

(6)财务成本人员的成本控制职责。

1)按照成本开支范围、费用开支标准和有关财务制度,严格审核各项成本费用,控制成本开支。

2)建立月度财务收支计划制度,根据施工生产的需要,平衡调度资金,通过控制资金使用,达到控制成本的目的。

3)建立辅助记录,及时向项目经理和有关管理人员反馈信息,以便对资源消耗进行有效的控制。

4)开展成本分析,特别是分部分项工程成本分析、月度成本综合分析和针对特定问题的专题分析,要做到及时向项目经理和有关项目管理人员反映情况,提出和解决问题的建议,以便采取针对性的措施来纠正项目成本的偏差。

5)在项目经理的领导下,协助项目经理检查、考核各部门、各单位乃至班组责任成本的执行情况,落实责、权、利相结合的有关规定。

3. 实行对施工队分包成本的控制

(1)对施工队分包成本的控制。在管理层与劳务层两层分离的条件下,项目经理部与施工队之间需要通过劳务合同建立发包与承包的关系。在合同履行过程中,项目经理部有权对施工队的进度、质量、安全和现场管理标准进行管理,同时按合同规定支付劳务费用。至于施工队成本的节约和超支,属于施工队自身的管理范畴,项目经理部无权过问,也不应该过问。这里所说的对施工队分包成本的控制,是指以下几方面。

1)工程量和劳动定额的控制。项目经理部与施工队的发包和承包,是以实物工程量和劳务定额为依据的。在实际施工中,由于业主变更使用需要等原因,往往会发生工程设计和施工工艺的变更,使工程数量和劳动定额与劳务合同互有出入,需要按实调整承包金额。对于上述变更事项,一定要强调事先的技术签证,严格控制合同金额的增加;同时,还要根据劳务费用增加的内容,及时办理增减账,以便通过工程款结算,从甲方那里取得补偿。

2)估点工的控制。由于建筑施工的特点,施工现场经常会有一些零星任务出现,需要施工队去完成。而这些零星任务,都是事先无法预见的,只能在劳务合同规定的定额用工以外另行估工或点工,这就会增加相应的劳务费用支出。为了控制估点工的数量和费用,可以采取以下方法：一是对工作量比较大的任务工作，通过领导、技术人员和生产骨干"三结合"讨论确定估工定额，使估点工的数量控制在估工定额的范围以内；二是按定额用工的一定比例(5%~10%)由施工队包干，并在劳务合同中明确规定。一般情况下，应以第二种方法为主。

3) 坚持奖罚分明的原则实践证明，项目建设的速度、质量、效益，在很大程度上都取决于施工队的素质和在施工中的具体表现。

因此，项目经理部除要对施工队加强管理以外，还要根据施工队完成施工任务的业绩，对照劳务合同规定的标准，认真考核，分清优劣，有奖有罚。在掌握奖罚尺度时，要以奖励为主，以激励施工队的生产积极性；但对达不到工期、质量等要求的情况，也要照章罚款并赔偿损失。这是一件事情的两个方面，必须以事实为依据，才能收到相辅相成的效果。

(2) 落实生产班组的责任成本。生产班组的责任成本就是分部分项工程成本。其中，实耗人工属于施工队分包成本的组成部分，实耗材料则是项目材料费的构成内容。因此，分部分项工程成本既与施工队的效益有关，又与项目成本不可分割。

生产班组的责任成本，应由施工队以施工任务单和限额领料单的形式落实给生产班组，并由施工队负责回收和结算。

签发施工任务单和限额领料单的依据为：施工预算工程量、劳动定额和材料消耗定额。在下达施工任务的同时，还要向生产班组提出进度、质量、安全和文明施工的具体要求，以及施工中应该注意的事项。以上这些，也是生产班组完成责任成本的制约条件。在任务完成后的施工任务单结算中，需要联系责任成本的实际完成情况进行综合考评。

由此可见，施工任务单和限额领料单是项目管理中最基本、最扎实的基础管理，它们不仅能控制生产班组的责任成本，还能使项目建设的快速、优质、高效建立在坚实的基础之上。

第三节 成本控制的原则与依据

一、建筑工程成本控制的原则

1. 项目全员成本控制原则

项目成本的全员控制，不是抽象概念，而是有系统的实质性内容的，其中包括各部门、各单位的责任网络和班组经济核算等。因此，要降低成本，达到成本控制的原则，就必须充分调动各部门每个职工控制成本和关心成本的积极性和主动性。

2. 项目全过程成本控制原则

项目成本的全过程控制，是指在工程项目确定以后，自施工准备开始，经过工程施工，到竣工交付使用后的保修期结束，其中每一项经济业务，都要纳入成本控制的轨道。因此，成本控制工作要随着项目施工进展的各个阶段连续进行，既不能疏漏，又不能时紧时松，要使项目施工一直处于有效控制之下。

3. 项目动态控制原则

项目施工是一次性行为,其成本控制应更重视事前控制和事中控制。

(1)施工阶段重在执行成本计划,落实降低成本措施,实行成本目标管理。

(2)建立灵敏的成本信息反馈系统,使成本责任部门(人员)能及时获得信息,纠正不利成本偏差。

(3)制止不合理开支,把可能导致损失和浪费的因素消灭在萌芽状态。

(4)竣工阶段成本盈亏已成定局,主要进行整个项目的成本核算、分析、考评。

4. 成本目标风险分担原则

成本目标风险原则即责、权、利相结合的原则,要使成本控制真正发挥及时有效的作用,必须严格按照经济责任制的要求,贯彻责、权、利相结合的原则。实践证明,只有责、权、利相结合的成本控制,才是名实相符的项目成本控制。

5. 开源与节流相结合原则

(1)施工生产既是消耗资源、财物、人力的过程,也是创造财富、增加收入的过程,其成本控制也应坚持增收与节约相结合的原则。因此,每发生一笔金额较大的成本费用,都要查一查有无与其相对应的预算收入,是否支出大于收入。

(2)作为合同签约依据,编制工程预算时,应"以支定收",保证预算收入;在施工过程中,要"以收定支",控制资源消耗和费用支出。

(3)每发生一笔成本费用,都要核查是否合理。

(4)经常性的成本核算时,要进行实际成本与预算收入的对比分析。

(5)抓住索赔时机,做好索赔,合理力争甲方给予经济补偿。

(6)严格控制成本开支范围、费用开支标准和有关财务制度,对各项成本费用的支出进行限制和监督。

(7)提高工程项目的科学管理水平,优化施工方案,提高生产效率,节约人、财、物的消耗。

(8)采取预防成本失控的技术组织措施,制止可能发生的浪费。

(9)施工的质量、进度、安全都对工程成本有很大的影响,因而成本控制必须与质量控制、进度控制、安全控制等工作相结合、相协调,避免返工(修)损失,降低质量成本,减少并杜绝工程延期违约罚款、安全事故损失等费用支出的发生。

(10)坚持现场管理标准化,堵塞浪费的漏洞。

二、成本控制的依据

建筑工程成本控制,通常是在成本发生和形成过程中,对成本进行的监督检查,以及时预防、发现和纠正偏差,达到保证企业生产经营的目的。建筑工程成本控制的主要依据如下:

(1)项目承包合同文件。项目成本控制要以工程承包合同为依据,围绕降低工程成本这个目标,从预算收入和实际成本两方面,努力挖掘增收节支潜力,以求获得最大的经济效益。

(2)项目成本计划。项目成本计划是根据工程项目的具体情况制订的施工成本控制方案,既包括预定的具体成本控制目标,又包括实现控制目标的措施和规划,是项目成本控制的指导文件。

(3)进度报告。进度报告提供了每一时刻工程实际完成量，工程施工成本实际支付情况等重要信息。施工成本控制工作正是通过实际情况与施工成本计划相比较，找出两者之间的差别，分析偏差产生的原因，从而采取措施改进以后的工作。此外，进度报告还有助于管理者及时发现工程实施中存在的隐患，并在事态还未造成重大损失之前采取有效措施，尽量避免损失。

(4)工程变更与索赔资料。在项目的实施过程中，由于各方面的原因，工程变更是很难避免的。工程变更一般包括设计变更、进度计划变更、施工条件变更、技术规范与标准变更、施工次序变更、工程数量变更等。一旦出现变更，工程量、工期、成本都将发生变化，从而使得施工成本控制工作变得更加复杂和困难。因此，施工成本管理人员应当通过对变更要求当中各类数据的计算、分析，随时掌握变更情况，包括已发生工程量、将要发生工程量、工期是否拖延、支付情况等重要信息，判断变更以及变更可能带来的索赔额度等。

除上述几种项目成本控制工作的主要依据以外，有关施工组织设计、分包合同文本等也都是项目成本控制的依据。

第四节　成本控制的程序、步骤和方法

一、成本控制的程序

成本发生和形成过程的动态性，决定了成本的过程控制必然是一个动态的过程。根据成本过程控制的原则和内容，重点控制的是进行成本控制的管理行为是否符合要求，作为成本管理业绩体现的成本指标是否在预期范围之内，因此，要搞好成本的过程控制，就必须有标准化、规范化的过程控制程序。成本控制的程序有两类：一类是管理控制程序；另一类是指标控制程序。管理控制程序是对成本全过程控制的基础；指标控制程序则是对成本进行过程控制的重点。

1. 管理控制程序

管理的目的是确保每个岗位人员在成本管理过程中的管理行为是按事先确定的程序和方法进行的。从这个意义上讲，首先要明白企业建立的成本管理体系是否能对成本形成的过程进行有效的控制；其次是体系是否处在有效的运行状态。管理控制程序就是为规范项目施工成本的管理行为而制定的约束和激励机制，其内容如下：

(1)建立项目施工成本管理体系的评审组织和评审程序。成本管理体系的建立不同于质量管理体系，质量管理体系反映的是企业的质量保证能力，由社会有关组织进行评审和认证；成本管理体系的建立是企业自身生存发展的需要，没有社会组织来评审和认证。因此，企业必须建立项目施工成本管理体系的评审组织和评审程序，定期进行评审和总结，以便持续改进。

(2)建立项目施工成本管理体系的运行机制。项目施工成本管理体系的运行具有"变法"的性质，往往会受到习惯势力的阻碍和管理人员素质跟不上的影响，有一个逐步推行的渐

进过程。一个企业的各分公司、项目部的运行质量往往是不平衡的。一般采用点面结合的做法,面上强制运行,点上总结经验,再指导面上的运行。因此,必须建立专门的常设组织,依照程序不间断地进行检查和评审。发现问题,总结经验,促进成本管理体系的保持和持续改进。

(3)目标考核,定期检查。管理程序文件应明确每个岗位人员在成本管理中的职责,确定每个岗位人员的管理行为,如应提供的报表、提供的时间和原始数据的质量要求等。

要把每个岗位人员是否按要求去行使职责作为一个目标来考核。为了方便检查,应将考核指标具体化,并设专人定期或不定期地检查。

应根据检查的内容编制相应的检查表,由项目经理或其委托人检查后填写检查表。检查表要由专人负责整理归档。表4-1是检查施工员工作情况的检查表(供参考)。

表 4-1　岗位工作检查表(施工员)

序　号	检　查　内　容	资　料	完成情况	备　注
1	月度用工计划			
2	月度材料需求计划			
3	月度工具及设备计划			
4	限额领料单			
5	其　他			

检查人(签字):　　　　　　　　　　　　　　　　　　　　　　　　日期:

(4)制定对策,纠正偏差。对管理工作进行检查的目的是保证管理工作按预定的程序和标准进行,从而保证项目施工成本管理能够达到预期的目标。因此,对检查中发现的问题,要及时进行分析,然后根据不同情况,及时采取对策。管理控制程序如图4-1所示。

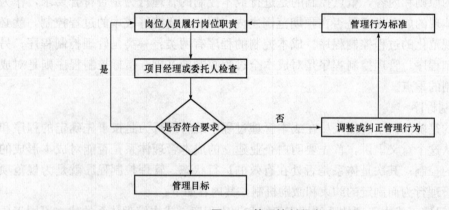

图 4-1　管理控制程序

2. 指标控制程序

项目的成本目标是进行成本管理的目的,能否达到预期的成本目标,是项目施工成本管理能否成功的关键。在成本管理过程中,对各岗位人员的成本管理行为进行控制,就是为了保证成本目标的实现。可见,项目的成本目标是衡量项目施工成本管理业绩的主要标志。项目成本目标控制程序如下:

(1)确定施工成本目标及月度成本目标。在工程开工之初,项目经理部应根据公司与项目签订的《项目承包合同》确定项目的成本管理目标,并根据工程进度计划确定月度成本计划目标。

(2)收集成本数据,监测成本形成过程。过程控制的目的就在于不断纠正成本形成过程中的偏差,保证成本项目的发生是在预定范围之内,因此,在施工过程中要定时收集反映施工成本支出情况的数据,并将实际发生情况与目标计划进行对比,从而保证成本整个形成过程在有效的控制之下。

(3)分析偏差原因,制定对策。施工过程是一个多工种、多方位立体交叉作业的复杂活动,成本的发生和形成是很难按预定的理想目标进行的,因此,需要对产生的偏差及时分析原因,分清是客观因素(如市场调价)还是人为因素(如管理失控),及时制定对策并予以纠正。

(4)用成本指标考核管理行为,用管理行为来保证成本指标。管理行为的控制程序和成本指标的控制程序是对项目施工成本进行过程控制的主要内容,这两个程序在实施过程中是相互交叉、相互制约又相互联系的。在对成本指标的控制过程中,一定要有标准规范的管理行为和管理业绩,并要把成本指标是否能够达到作为一个主要的标准。只有把成本指标的控制程序和管理行为的控制程序结合起来,才能保证成本管理工作有序、有成效地进行下去。图4-2所示是成本指标控制程序。

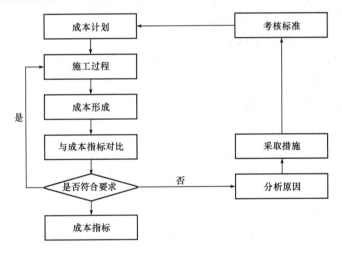

图4-2 成本指标控制程序

二、成本控制的步骤

在确定建筑工程成本计划之后,必须定期地进行建筑工程项目成本计划值与实际值的比较,当实际值偏离计划值时,分析产生偏差的原因,采取适当的纠偏措施,以确保建筑工程项目成本控制目标的实现,其步骤如下。

1. 比较

按照某种确定的方式将工程项目成本计划值与实际值逐项进行比较,以发现工程项目成本是否已超支。

2. 分析

在比较的基础上，对比较的结果进行分析，以确定偏差的严重性及偏差产生的原因。这一步是工程项目成本控制工作的核心，其主要目的在于找出产生偏差的原因，从而采取有针对性的措施，减少或避免相同原因的再次发生或减少由此造成的损失。

3. 预测

在工程项目成本形成过程中，按照完成情况估计完成项目所需的总费用，克服盲目性，提高预见性。

4. 纠偏

当工程项目的实际施工成本出现偏差时，应当根据工程的具体情况、偏差分析和预测的结果，采取适当的措施，以期达到使施工成本偏差尽可能小的目的。纠偏是工程项目成本控制中最具实质性的一步，只有通过纠偏，才能最终达到有效控制工程项目成本的目的。

三、建筑工程成本控制方法——挣值法

挣值法是用来分析目标实施与目标期望之间差异的一种方法。挣值法又称为赢得值法或偏差分析法。作为一项先进的项目管理技术，最初是美国国防部于1967年首次确立的。到目前为止国际上先进的施工企业已普遍采用挣值法进行工程项目的费用、进度综合分析控制。用挣值法进行费用、进度综合分析控制，基本参数有三项，即已完工作预算费用、计划工作预算费用和已完工作实际费用。

挣值法通过测量和计算已完成工作的预算费用与已完成工作的实际费用，将其计划工作的预算费用相比较得到的项目的费用偏差和进度偏差，从而达到判断项目费用和进度计划执行状况的目的。挣值法主要涉及三个基本参数和四个评价指标。

（一）挣值法的三个基本参数

1. 计划工作量的预算费用

计划工作量的预算费用（BCWS）是指项目实施过程中某阶段计划要求完成的工作量所需的预算工时和费用，主要反映计划应完成的工作量。BCWS的计算公式为

$$BCWS = 计划完成工作量 \times 预算单价 \tag{4-1}$$

2. 已完成工作量的实际费用

已完成工作量的实际费用（ACWP）是指项目实施过程中某阶段实际完成的工作量所消耗的工时或费用，主要反映项目执行的实际消耗指标。ACWP的计算公式为

$$ACWP = 已完成工作量 \times 合同单价 \tag{4-2}$$

3. 已完成工作量的预算费用

已完成工作量的预算费用（BCWP）是指项目实施过程中某阶段实际完成工作量按预算计算出来的工时或费用，由于业主正是根据这个值为承包人完成的工作量支付相应的费用，也就是承包人获得(挣得)的金额，故称赢得值或挣值。BCWP的计算公式为

$$BCWP = 已完成工作量 \times 预算单价 \tag{4-3}$$

（二）挣值法的四个评价指标

在挣值法的三个基本参数的基础上，可以确定挣值法的四个评价指标，它们也都是时间的函数。

1. 费用偏差(CV)

费用偏差 CV 计算公式为

费用偏差 CV＝已完工作量的预算费用(BCWP)－已完工作量的实际费用(ACWP)

(4-4)

当费用偏差 CV 为负值时，即表示项目运行超出预算费用；当费用偏差 CV 为正值时，表示项目运行节支，实际费用没有超出预算费用。

2. 进度偏差(SV)

进度偏差 SV 计算公式为

进度偏差 SV＝已完工作量的预算费用(BCWP)－计划工作量的预算费用(BCWS)

(4-5)

当进度偏差 SV 为负值时，表示进度延误，即实际进度落后于计划进度；当进度偏差 SV 为正值时，表示进度提前，即实际进度快于计划进度。

3. 费用绩效指数(CPI)

费用绩效指数(CPI)计算公式为

费用绩效指数 CPI＝已完工作量的预算费用(BCWP)/已完工作量的实际费用(ACWP)

(4-6)

当费用绩效指数 CPI<1 时，表示超支，即实际费用高于预算费用；当费用绩效指数 CPI>1 时，表示节支，即实际费用低于预算费用。

4. 进度绩效指数(SPI)

进度绩效指数(SPI)计算公式为

进度绩效指数 SPI＝已完工作量的预算费用(BCWP)/计划工作量的预算费用(BCWS)

(4-7)

当进度绩效指数 SPI<1 时，表示进度延误，即实际进度比计划进度拖后；当进度绩效指数 SPI>1 时，表示进度提前，即实际进度比计划进度快。

费用(进度)偏差反映的是绝对偏差，结果很直观，有助于费用管理人员了解项目费用出现偏差的绝对数额，并依此采取一定措施，制定或调整费支出计划和资金筹措计划。但是费用(进度)偏差有其不容忽视的局限性。如同样是 10 万元的费用偏差，对于总费用 1 000 万元的项目和总费用 1 亿元的项目而言，其严重性显然是不同的。因此，费用(进度)偏差只适合于对同一项目做偏差分析。费用(进度)绩效指数反应的是相对偏差，它不受项目层次的限制，也不受项目实施时间的限制，因而在同一项目和不同项目比较中均可采用。

在项目的费用、进度综合控制中引入赢得值法，可以克服过去进度、费用分开控制的缺点，即当我们发现费用超支时，很难立即知道是由于费用超出预算，还是由于进度提前。相反，当我们发现费用消耗低于预算时，也很难立即知道是由于费用节省，还是由于进度拖延。而引入赢得值法即可定量地判断进度、费用的执行效果。

在实际执行过程中，最理想的状态是已完工作实际费用(ACWP)、计划工作预算费用(BCWS)、已完工作预算费用(BCWP)三条曲线靠得很近、平稳上升，表示项目按预定计划目标进行。如果三条曲线离散度不断增加，则预示可能发生关系到项目成败的重大问题。

【例 6-1】 某工程项目进展到 8 周时，对前 7 周的工作进行统计，情况见表 4-2。

问题：(1)求出前 7 周的 BCWP 及 7 周末的 BCWP；

(2)计算 7 周末的 ACWP 及 BCWS;

(3)计算 7 周末的 CV、SV,并进行分析;

(4)计算 7 周末的 CPI、SPI,并进行分析。

表 4-2 某工程项目 7 周末执行情况

工作	计划完成工作预算费用/万元	已完工量/%	实际发生费用/万元	挣值
A	450	70	400	
B	500	80	500	
C	800	50	400	
D	120	100	120	
E	300	100	300	
F	700	60	500	
G	1 200	30	600	
合计				

【解】(1)计算前 7 周的 BCWP 及 7 周末的 BCWP,见表 4-3。

表 4-3 BCWP 计算表

工作	计划完成工作预算费用/万元	已完工作量/%	实际发生费用/万元	挣值
A	450	70	400	315
B	500	80	500	400
C	800	50	400	400
D	120	100	120	120
E	300	100	300	300
F	700	60	500	420
G	1 200	30	600	360
合计				2 315

(2)计算 7 周末的 ACWP 及 BCWS,见表 4-4。

表 4-4 7 周末 ACWP 及 BCWS 计算表

工作	计划完成工作预算费用/万元	已完工作量/%	实际发生费用/万元	挣值
A	450	70	400	315
B	500	80	500	400
C	800	50	400	400
D	120	100	120	120
E	300	100	300	300
F	700	60	500	420
G	1 200	30	600	360
合计	4 070		2 380	2 315

(3)计算 7 周末的 CV、SV,并进行分析。

CV=BCWP−ACWP=2 315−2 380=−65<0,费用超支

SV=BCWP−BCWS=2 315−4 070=−1 755<0,进度拖后

BCWS>ACWP>BCWP,说明企业效率低,需要增加高效人员的投入。

(4)计算 7 周末的 CPI、SPI,并进行分析。

CPI=BCWP/ACWP=2 315/2 380=0.973<1,费用超支

SPI=BCWP/BCWS=2 315/4 070=0.569<1,进度拖后

通过计算得出结论:实际发生的费用比已完成的预算多,但工作进度还很拖后,因此,项目状况不是很理想,需要加快进度并控制费用。

(三)挣值法分析的实际过程

挣值分析法通过三个基本参数的对比和四个评价指标的计算分析,可以对工程项目的实际进展情况作出明确的测定和衡量,有利于对工程项目进行有效控制,也可以清楚地反映出项目工程管理和工程技术水平的高低。因此,使用挣值分析法进行成本、进度综合控制,必须定期监控以上参数。也就是说,在项目开始之前,必须为在整个项目工期内如何和何时使用资金作出预算和计划,项目开始后,必须监督项目实际成本和工作绩效以确保项目成本、进度都在控制范围之内,其具体步骤如下。

1. 制订项目成本预算和计划

在对建筑工程项目进行成本管理时,首先要对项目制订详细的成本预算,要把成本预算分解到每个分项工程上,要尽量分解到详细的实物工作量层次,为各个分项工程建立起一个总预算成本。制订项目成本预算的第二步是将每一总预算成本分配到各个分项工程的整个工期中去,每期的成本计划依据各个分项工程的各分项工作量进度计划来确定。当每一分项工程所需完成的工程量分配到工期的每个区间(这个区间可定义为工程管理和控制的报表时段),就能确定出工程在何时需用多少预算。这一数字通过截止到某期的过去每期预算成本累加,即得出累计计划预算成本 BCWS,它反映了到某期为止按计划进度完成的工程预算值,将其作为项目成本、进度绩效的基准。

2. 收集项目实际成本

在建筑工程项目的执行过程中,通常会通过合同委托各分项工程或工作包的工作给相关工程承包商。根据合同工程量及价格清单就会形成承付工程款。承包商在完成相应的分项工程或工作包的实物工程量以后,要按合同进度进行支付工程款。在项目每期对已发生成本进行汇总,即累计已完工程量与合同单价之积,就形成了累计实际成本 ACWP。

3. 计算项目已完成工作的预算费用

仅仅监控建筑工程项目的预算成本和实际成本并不能准确地监控项目的实际状况,有时甚至会导致得出错误的结论和决策。因此,BCWP 值是整个项目期间必须确定的重要参数。对项目每期已完工程量与预算单价之积进行累计,即可确定 BCWP 值。费用(进度)偏差反映的是绝对偏差,结果很直观,有助于费用管理人员了解项目费用出现偏差的绝对数额,并依此采取一定措施,制订或调整费用支出计划和资金筹措计划。但是,绝对偏差有其不容忽视的局限性。如同样是 10 万元的费用偏差,对于总费用 1 000 万元的项目和总费用 1 亿元的项目而言,其严重性显然是不同的。因此,费用(进度)偏差仅适合于对同一项

目作偏差分析。费用(进度)绩效指数反映的是相对偏差，它不受项目层次的限制，也不受项目实施时间的限制，因而在同一项目和不同项目比较中均可采用。

在项目的费用、进度综合控制中引入挣值法，可以克服过去进度、费用分开控制的缺点，即当我们发现费用超支时，很难立即知道是由于费用超出预算，还是由于进度提前。相反，当发现费用低于预算时，也很难立即知道是由于费用节省，还是由于进度拖延。而引入挣值法即可定量地判断进度、费用的执行效果。

挣值法在实际运用过程中，最理想的状态是 ACWP、BCWS、BCWP 三条曲线靠得很近、平稳上升，表示项目按预定计划目标前进。如果三条曲线离散度不断增加，则预示可能发生关系到项目成败的重大问题。

经过对比分析，如果发现项目某一方面已经出现费用超支，或预计最终将会出现费用超支，则应将它提出并作进一步的原因分析。原因分析是费用责任分析和提出费用控制措施的基础，费用超支的原因是多方面的，包括宏观因素(如总工期拖延、物价上涨、工作量大幅度增加)、微观因素(如分项工作效率低、协调不好、局部返工)、内部原因(如管理失误，不协调，采购了劣质材料，工人培训不充分，材料消耗增加，事故、返工)、外部原因(如上级、业主的干扰，设计的修改，阴雨天气，其他风险等)及技术、经济、管理、合同等方面的原因。

原因分析可以采用因果关系分析图进行定性分析，在此基础上又可利用因素差异分析法进行定量分析，以提出解决问题的建议。

四、建筑工程成本控制方法——偏差分析法

(一)偏差分析的表达方法

常用的偏差分析的表达方法有表格法、横道图法和曲线法。

1. 表格法

表格法是进行偏差分析最常用的一种方法。它将项目编号、名称、各费用参数以及费用偏差数综合归纳入一张表格中，并且直接在表格中进行比较。由于各偏差参数都在表中列出，使得费用管理者能够综合地了解并处理这些数据。

用表格法进行偏差分析具有如下优点：

(1)灵活、适用性强。可根据实际需要设计表格，进行增减项。

(2)信息量大。可以反映偏差分析所需的资料，从而有利于费用控制人员及时采取针对性措施，加强控制。

(3)表格处理可借助于计算机，从而节约大量数据处理所需的人力，并大大提高速度。

表 4-5 是用表格法进行偏差分析的例子。

表 4-5 施工成本偏差分析表

项目编码	(1)	041	042	043
项目名称	(2)	木门窗安装	钢门窗安装	铝合金门窗安装
单位	(3)			
计划单位成本	(4)			

续表

项目编码	(1)	041	042	043
拟完工程量	(5)			
拟完工程计划施工成本	(6)=(4)×(5)	30	30	40
已完工程量	(7)			
已完工程计划施工成本	(8)=(4)×(7)	30	40	40
实际单位成本	(9)			
其他款项	(10)			
已完工程实际施工成本	(11)=(7)×(9)+(10)	30	50	50
施工成本局部偏差	(12)=(11)−(8)	0	10	10
施工成本局部偏差程度	(13)=(11)÷(8)	1	1.25	1.25
施工成本累计偏差	$(14)=\sum(12)$			
施工成本累计偏差程度	$(15)=\sum(11)\div\sum(8)$			
进度局部偏差	(16)=(6)−(8)	0	−10	0
进度局部偏差程度	(17)=(6)÷(8)	1	0.75	1
进度累计偏差	$(18)=\sum Y:6Y(16)$			
进度累计偏差程度	$(19)=\sum(6)\div\sum(8)$			

2. 横道图法

用横道图法进行费用偏差分析,是用不同的横道标识已完工作量的预算费用(BCWP)、计划工作量的预算费用(BCWS)和已完工作量的实际费用(ACWP),横道的长度与其金额成正比例,如图 4-3 所示。

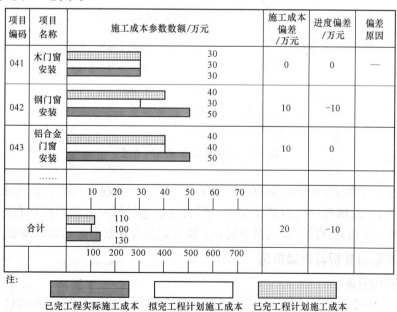

图 4-3 横道图法的施工成本偏差分析

横道图法具有形象、直观、一目了然等优点，它能够准确表达出费用的绝对偏差，而且能一眼感受到偏差的严重性。但这种方法反映的信息量少，一般在项目的较高管理层应用。

3. 曲线法

曲线法又称赢值法，是用项目成本累计曲线来进行施工成本偏差分析的一种方法，如图 4-4 所示。

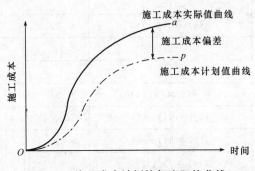

图 4-4　施工成本计划值与实际值曲线

图中 a 表示施工成本实际值曲线，p 表示施工成本计划值曲线，两条曲线之间的竖向距离表示施工成本偏差。

在用曲线法进行施工成本偏差分析时，首先要确定施工成本计划值曲线。施工成本计划值曲线是与确定的进度计划联系在一起的。同时，也应考虑实际进度的影响，应当引入三条施工成本参数曲线，即已完工程实际施工成本曲线 a、已完工程计划施工成本曲线 b 和拟完工程计划施工成本曲线 p，如图 4-5 所示。

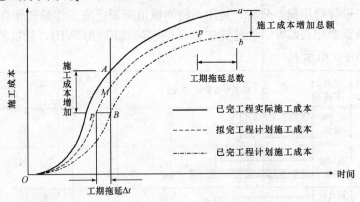

图 4-5　三种施工成本参数曲线

图中曲线 a 与曲线 b 的竖向距离表示施工成本偏差，曲线 b 与曲线 p 的水平距离表示进度偏差。图 4-5 反映的偏差为累计偏差。用曲线法进行偏差分析同样具有形象、直观的特点，但这种方法很难直接用于定量分析，只能对定量分析起一定的指导作用。

(二) 偏差原因分析与纠偏措施

1. 偏差原因分析

偏差分析的一个重要目的就是要找出引起偏差的原因，从而有可能采取有针对性的措施，减少或避免相同原因的再次发生。在进行偏差原因分析时，首先应当将已经导致和可能导致偏差的各种原因逐一列举出来。导致不同工程项目产生费用偏差的原因具有一定共性，因而可以通过对已建项目的费用偏差原因进行归纳、总结，为该项目采用预防措施提供依据。

一般来说，产生费用偏差的原因有以下几种，如图 4-6 所示。

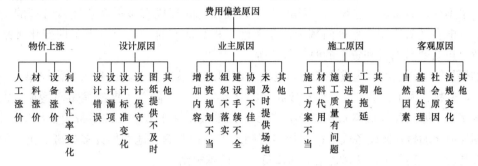

图 4-6 费用偏差原因

2. 纠偏措施

通常要压缩已经超支的费用，而不损害其他目标是十分困难的，一般只有当给出的措施比原计划已选定的措施更为有利，或使工程范围减少，或生产效率提高，成本才能降低，例如：

(1) 寻找新的、更好更省的、效率更高的设计方案；

(2) 购买部分产品，而不是采用完全由自己生产的产品；

(3) 重新选择供应商，但会产生供应风险，选择需要时间；

(4) 改变实施过程；

(5) 变更工程范围；

(6) 索赔，例如向业主、承(分)包商、供应商索赔以弥补费用超支。

五、建筑工程成本控制方法——工期－成本优化法

建筑工程项目追求的目标就是工期短、成本低、质量好。但是工期和成本是相互关联、相互制约的。在生产效率一定的条件下，要提高施工速度，缩短施工工期就必须集中更多的人力、物力于某项工程上，为此，势必要扩大施工现场的仓库、堆场、各种临时房屋、安装工具和附属加工企业的规模和数量，势必要增加施工临时供电、供水、供热等设施的能力，其结果将引起工程成本的增加。所以，在网络计划管理中，考虑工期－成本优化问题，是有现实意义的。

网络计划的总成本是由直接成本和间接成本组成的。直接成本随工期的缩短而增加；间接成本随工期的缩短而减少。故必定有一个总成本最小的工期 T。

(一) 成本和时间的关系

成本－成本优化，是指寻求工程总成本最低时的工期安排，或按要求工期寻求最低成本的计划安排的过程。

在建设工程施工过程中，完成一项工作通常可以采用多种施工进度方案。进度方案不同，所对应的总工期和总成本也就不同。为了能从多种方案中找出总成本最低的方案，首先应分析成本和时间之间的关系。

1. 工程成本与工期的关系

工程总成本由直接成本和间接成本组成。直接成本由人工费、材料费、施工机具使用费、措施费组成。施工方案不同,直接成本也就不同;如果施工方案一定,工期不同,直接成本也不同。直接成本会随着工期的缩短而增加。间接成本包括企业经营管理的全部费用,它一般会随着工期的缩短而减少。在考虑工程总成本时,还应考虑工期变化带来的其他损益,包括效益增量和资金的时间价值等。

如果具体分析成本的构成要素,则它们与时间的关系又各有其自身的变化规律。一般的情况是,材料、人工、机具等称作直接成本的开支项目,将随着工期的缩短而增加,因为工期越压缩则增加的额外成本费用也必定越多。如果改变施工方法,改用费用更昂贵的设备,就会额外地增加材料或设备成本;实行多班制施工,就会额外地增加许多夜班支出,如照明费、夜餐费等,甚至工作效率也会有所降低。工期越短则这些额外成本费用的开支也会越加急剧地增加。但是,如果工期缩短得不算太紧时,增加的成本还是较低的。对于通常称作间接成本的那部分费用,如管理人员工资、办公费、房屋租金、仓储费等,则是与时间成正比的,时间越长则花的费用也越多。这两种成本与时间的关系可以用图 4-7 所示表示出来。如果把两种费用叠加起来,我们就能够得到一条新的曲线,这就是总成本曲线。总成本曲线的特点是两头高而中间低。从这条曲线最低点的坐标可以找到工程的最低成本及与之相应的最佳工期,同时也能利用它来确定不同工期条件下的相应成本。

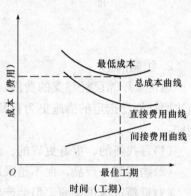

图 4-7 工程成本—工期的关系曲线

2. 工作直接成本与持续时间的关系

我们知道,在网络计划中,工期的长短取决于关键线路的持续时间,而关键线路是由许多持续时间和成本各不相同的工作所构成的。

为此必须研究各项工作的持续时间与直接成本的关系。一般情况下,随着工作时间的缩短,成本的逐渐增加,形成如图 4-8 所示的连续曲线。

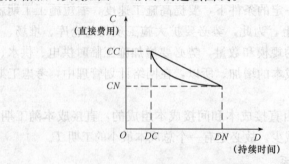

图 4-8 直接成本—持续时间曲线

DN—工作的正常持续时间;CN—按正常持续时间完成工作时所需的直接费用;
DC—工作的最短持续间间;CC—按最短持续时间完成工作时所需的直接费用

实际上直接成本曲线并不像图中的那样圆滑,而是由一系列线段所组成的折线,并且越接近最高成本(极限成本,用 CC 表示),其曲线越陡。确定曲线是一件很麻烦的事情,而且就工程而言，也不需要这样的精确，所以为了简化计算，一般都将曲线近似表示为直线，其斜率称为成本斜率，表示单位时间内直接成本的增加(或减少)量。

直接成本率可按公式(4-8)计算：

$$\Delta C_{i-j} = \frac{CC_{i-j} - CN_{i-j}}{DN_{i-j} - DC_{i-j}} \quad (4-8)$$

式中　ΔC_{i-j}——工作 $i-j$ 的直接成本率；
　　　CC_{i-j}——按最短持续时间完成工作 $i-j$ 时所需的直接成本；
　　　CN_{i-j}——按正常持续时间完成工作 $i-j$ 时所需的直接成本；
　　　DN_{i-j}——工作 $i-j$ 的正常持续时间；
　　　DC_{i-j}——工作 $i-j$ 的最短持续时间。

从公式(4-8)可以看出，工作的直接成本率越大，说明将该工作的持续时间缩短一个时间单位，所需增加的直接成本就越多；反之，将该工作的持续时间缩短一个时间单位，所需增加的直接成本就越少。因此，在压缩关键工作的持续时间以达到缩短工期的目的时，应将直接成本率最小的关键工作作为压缩对象。当有多条关键线路出现而需要同时压缩多个关键工作的持续时间时，应将它们的直接成本率之和(组合直接成本率)最小者作为压缩对象。

(二)工期—成本优化的目的

工期—成本优化的目的主要有两个：第一，寻求直接成本与间接成本总和(总成本)最低的工期安排 T_0，以及与此相适应的网络计划中各工作的进度安排；第二，在工期规定的条件下，寻求与此工期相对应的最低成本，以及与此相适应的网络计划中各工作的进度安排。

为达到上述目的，工期—成本优化的基本思路主要在于求出不同工期下的直接成本和间接成本总和。由于关键线路的持续时间是决定工期长短的依据，因此，缩短工期首先要缩短关键工作的持续时间。而各工作的直接费用率不同，即缩短单位持续时间所增加的直接成本不一样，因此，在关键工作中，首先应缩短直接费用率最小的关键工作的持续时间。

(三)工期—成本优化的步骤

工期—成本优化的基本方法就是从组成网络计划的各项工作的持续时间与成本关系，找出能使计划工期缩短而又能使的直接成本增加最少的工作，不断的缩短其持续时间，然后考虑间接成本随着工期缩短而减少的影响，把不同工期下的直接成本和间接成本分别叠加起来，即可求得工程成本最低是的相应最优工期和工期一定时间相应的最低工程成本。工期—成本优化的步骤为：

(1)计算出工程总成本，总直接成本即该工程全部工作直接成本的总和，总间接成本为间接成本变化率与工期的乘积。

(2)计算各项工作的直接费用率，即直接成本增加值与工期缩短值的比值，反映每缩短单位时间直接成本的增加值。

(3)找出网络的关键线路，并计算出计算工期。

(4)在网络计划中找出直接费用率最低的一项关键工作或一组关键工作，作为缩短持续时间的对象。

(5)缩短所找出的关键工作的持续时间,其缩短值必须保证该缩短持续时间的工作仍为关键工作,以及缩短后的持续时间不少于最短持续时间的原则。

(6)计算相应的直接成本变化值。

(7)计算工期变化带来的间接成本及其他损益,并在此基础上计算总成本。

(8)重复上述第(5)~(8)步骤,直到总成本不再降低为止,但应首先满足规定的工期。

【例 6-2】 已知网络计划如图 4-9 所示。试求出费用最少的工期。图中箭线上方为工作的正常费用和最短时间的费用(以千元为单位),箭线下方为工作的正常持续时间和最短的持续时间。已知间接费率为 120 元/天。

【解】 (1)简化网络图:简化网络图的目的是在缩短工期过程中,删去那些不能变成关键工作的非关键工作,使网络图简化,减少计算工作量。

首先,按持续时间计算,找出关键线路及关键工作,如图 4-10 所示。

其次,从图 4-10 中看,关键线路为 1—3—4—6,关键工作为 1—3、3—4、4—6。用最短的持续时间置换那些关键工作的正常持续时间,重新计算,找出关键线路及关键工作。重复本步骤,直至不能增加新的关键线路为止。

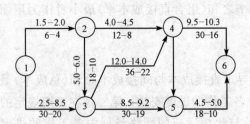

图 4-9 待优化网络计划

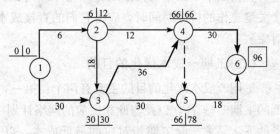

图 4-10 按正常持续时间计算的网络计划

经计算,图 4-10 中的工作 2—4 不能转变为关键工作,故删去它,重新整理成新的网络计划,如图 4-11 所示。

(2)计算各工作费用率:

按式(4-8)计算工作 1—2 的费用率 ΔC_{1-2} 为

$$\Delta C_{1-2} = \frac{CC_{1-2} - CN_{1-2}}{DN_{1-2} - DC_{1-2}} = \frac{2\,000 - 1\,500}{6 - 4} = 250(元/天)$$

其他工作费用率均按(6-8)式计算,将它们标注在图 4-11 中的箭线上方。

(3)找出关键线路上工作费用率最低的关键工作。在图 4-12 中,关键线路为 1—3—4—6,工作费用率最低的关键工作是 4—6。

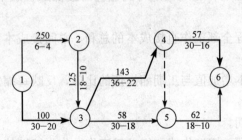

图 4-11 新的网络计划

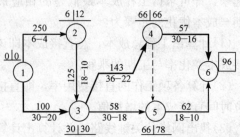

图 4-12 按新的网络计划确定关键线路

(4)确定缩短时间大小的原则是原关键线路不能变为非关键线路。

已知关键工作4—6的持续时间可缩短14天,由于工作5—6的总时差只有12天(96—18—66=12),因此,第一次缩短只能是12天,工作4—6的持续时间应改为18天,如图4-13所示。计算第一次缩短工期后增加费用 C_1 为

$$C_1 = 57 \times 12 = 684(元)$$

通过第一次缩短后,在图4-13中关键线路变成两条,即1—3—4—6和1—3—4—5—6。如果使该图的工期再缩短,必须同时缩短两关键线路上的时间。为了减少计算次数,关键工作1—3、4—6及5—6都缩短时间,工作5—6持续时间只能允许再缩短2天,故该工作的持续时间缩短2天。工作1—3持续时间可允许缩短10天,但考虑工作1—2和2—3的总时差有6天(12-0-6=6或30-18-6=6),因此工作1—3持续时间缩短6天,共计缩短8天,计算第二次缩短工期后增加的费用 C_2 为

$$C_2 = C_1 + 100 \times 6 + (57 + 62) \times 2 = 684 + 600 + 238 = 1\ 522(元)$$

(5)第三次缩短:

从图4-14上看,工作4—6不能再缩,工作费用率用∞表示,关键工作3—4的持续时间缩短6天,因工作3—5的总时差为6天(60-30-24=6),计算第三次缩短工期后,增加的费用 C_3 为

$$C_3 = C_2 + 143 \times 6 = 1\ 522 + 858 = 2\ 380(元)$$

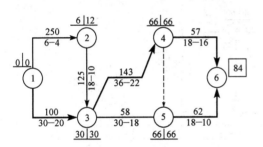
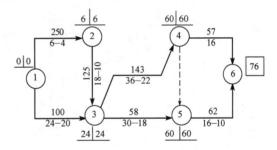

图4-13 第一次工期缩短的网络计划　　　　图4-14 第二次工期缩短的网络计划

(6)第四次缩短:

从图4-15上看,缩短工作3—4和3—5持续时间8天,因为工作3—4最短的持续时间为22天,第四次缩短工期后增加的费用 C_4 为

$$C_4 = C_3 + (143 + 58) \times 8 = 2\ 380 + 201 \times 8 = 3\ 988(元)$$

(7)第五次缩短:

从图4-16上看,关键线路有4条,只能在关键工作1—2、1—3、2—3中选择,只有缩短工作1—3和2—3(工作费用率为125+100)持续时间4天。工作1—3的持续时间已达到最短,不能再缩短,经过五次缩短工期,不能再减少了,不同工期增加直接费用计算结束,第五次缩短工期后共增加费用 C_5 为

$$C_5 = C_4 + (125 + 100) \times 4 = 3\ 988 + 900 = 4\ 888(元)$$

考虑不同工期增加费用及间接费用影响,见表4-6,选择其中组合费用最低的工期作最佳方案。

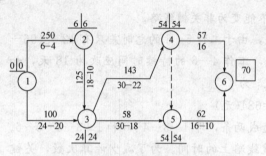
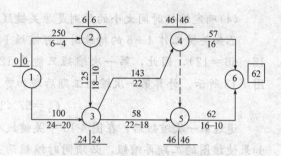

图 4-15 第三次工期缩短的网络计划　　　　　图 4-16 第四次工期缩短的网络计划

表 4-6　不同工期组合费用表

不同工期	96	84	76	70	62	58
增加直接费用	0	684	1 522	2 380	3 988	4 888
间接费用	11 520	10 080	9 120	8 400	7 440	6 960
合计费用	11 520	10 764	10 642	10 780	11 428	11 848

从表 4-6 中看，工期 76 天所增加费用最少，为 10 642 元。费用最低方案如图 4-17 所示。

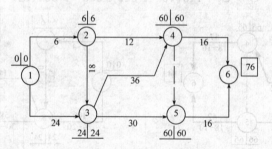

图 4-17　费用最低的网络计划

第五节　价值工程在建筑工程成本控制中的应用

一、价值工程的基本概念

价值工程中的"价值"是指评价某一对象所具备的功能与实现它的耗费相比，合理程度的尺度。这里的"对象"可以是产品，也可是工艺、劳务等。对产品来说，价值公式可表示为

$$V = \frac{F}{C} \tag{4-9}$$

式中 V——价值;
　　　F——功能;
　　　C——成本。

二、价值工程在项目成本控制中的意义

在项目成本控制中应用价值工程,可以分析功能与成本的关系,提高项目的价值系数;同时,通过价值分析来发现并消除工程设计中的不必要功能,达到降低成本、降低投资的目的。其具体意义包括:

(1)通过对工程设计进行分析的价值工程活动,可以更加明确建设单位的要求,更加熟悉设计要求、结构特点和项目所在地的自然地理条件,从而更利于施工方案的制订,更能得心应手地组织和控制项目施工。

(2)通过价值工程活动,可以在保证质量的前提下,为用户节约投资,提高功能,降低寿命周期成本,从而赢得建设单位的信任。不仅有利于甲乙双方关系的和谐与协作,还能提高自身的社会知名度,增强市场竞争能力。

(3)通过对工程设计进行分析的价值工程活动,还可以提高项目组织的素质,改善内部组织管理,降低不合理消耗等。

三、价值工程在项目成本控制中的应用步骤

应结合价值工程活动,制订技术先进、经济合理的施工方案,以实现项目成本控制。具体步骤如下:

(1)通过价值工程活动,进行技术经济分析,确定最佳施工方法。

(2)结合施工方法,进行材料使用的比选,在满足功能要求的前提下,通过代用、改变配合比、使用添加剂等方法降低材料消耗。

(3)结合施工方法,进行机械设备选型,确定最合适的机械设备的使用方案。如机械要选择功能最高的机械;模板要联系结构特点在组合钢模、大钢模、滑模等中选择最合适的一种。

(4)通过价值工程活动,结合项目的施工组织设计和所在地的自然地理条件,对降低材料的库存成本和运输成本进行分析,以确定最节约的材料采购和运输方案,以及合理的材料储备。

四、应用实例分析

在工程建设中,价值工程的应用是广泛的,下面以某厂贮煤槽筒仓工程施工组织设计为例说明其具体应用。

某厂贮煤槽筒仓工程是我国目前最大的群体钢筋混凝土结构的贮煤仓之一。其外观几何形式由三组24个直径11 m、壁厚200 mm的圆形薄壁连体筒仓组成。工程体积庞大,地质条件复杂,施工场地窄小,实物工程量多,工期长,结构复杂。设计储煤量为4.8万吨,预算造价近千万元。为保证施工质量,按期完成施工任务,施工单位决定在编制施工组织设计中开展价值工程活动。

1. 对象选择

该工程主体由三部分组成：地下基础、地表至 16 m 为框架结构并安装钢漏斗，16 m 以上为底环梁和筒仓。施工单位对这三部分主体工程分别就施工时间、实物工程量、施工机具占用、施工难度和人工占用等指标进行测算，结果表明筒仓工程在各指标中均占首位，情况见表 4-7。

表 4-7 某筒仓工程各项指标测算 %

工程名称指标	地下基础	框架结构、钢漏斗	底环梁、筒仓
施工时间	15	25	60
实物工程量	12	34	54
施工机具占用	11	33	56
人工占用	17	29	54
施工难度	5	16	79

能否如期完成施工任务的关键，在于能否正确处理筒仓工程面临的问题，能否选择符合本企业技术经济条件的施工方法。总之，筒仓工程是整个工程的主要矛盾，必须全力解决。价值工程人员决定以筒仓工程为研究对象，应用价值工程优化筒仓工程施工组织设计。

2. 功能分析

在对筒仓工程进行功能分析时，第一步工作是进行功能定义。筒仓的基本功能是提供储煤空间，其辅助功能主要是方便使用和外形美观。

功能分析的第二步工作是进行功能整理。在筒仓工程功能定义的基础上，根据筒仓工程内在的逻辑联系，采取剔除、合并、简化等措施对功能定义进行整理，绘制出筒仓工程功能系统图（图 4-18）。

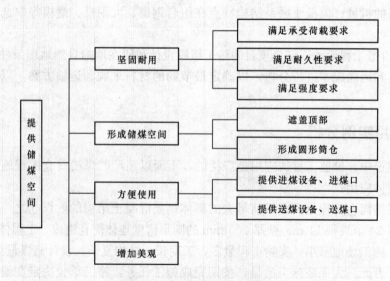

图 4-18 筒仓工程功能系统图

3. 功能评价和方案创造

根据功能系统图可以看出，施工对象是混凝土筒仓仓体。在施工阶段应用价值工程不同于设计阶段应用价值工程，重点不在于考虑如何实现形成储煤空间这个功能，而在于考虑怎样实现设计人员已设计出的圆形筒仓。也就是说，采用什么样的施工方法和技术组织措施来保质、保量地浇灌混凝土筒仓仓体，是应用价值工程编制施工组织设计中所要研究解决的中心课题。为此，价值工程人员同广大工程技术人员、经营管理人员和施工人员一道，积极思考，大胆设想，广泛调查，借鉴国内外成功的施工经验，提出了大量方案。最后根据既要质量好、速度快，又要企业获得可观经济效益的原则，初步筛选出滑模、翻模、大模板施工方案和合同外包方案作技术经济评价。

4. 施工方案评价

对施工方案进行评价的目的是发挥优势，克服和消除劣势，作出正确的选择。首先，价值工程人员运用给分定量法进行方案评价，评价情况见表4-8。

表4-8 运用给分定量法进行施工方案评价

指标体系	方案评价		方案			
	评分等级	评分标准	A	B	C	D
施工平台	(1)需要制作； (2)不需要制作	0 10	0	10	10	10
模 板	(1)制作专用模板； (2)使用标准模板； (3)不需制作模板	0 10 15	0	10	0	15
千斤顶	(1)需购置； (2)不需购置	0 10	0	10	10	10
施工人员	(1)多工种多人员； (2)少工种少人员； (3)无须参加	5 10 15	10	5	5	15
施工准备时间	(1)较长； (2)中等； (3)较短； (4)无须准备	5 10 15 20	5	15	10	20
受气候、机械等因素影响	(1)较大； (2)较小； (3)不受影响	5 10 15	5	10	10	15
总体施工时间	(1)拖延工期； (2)保证工期	0 10	10	0	0	0
施工难度	(1)复杂； (2)中等程度； (3)较简单； (4)无难度	5 10 15 20	5	15	10	20
方案总分			35	75	55	105

表 4-8 中的方案 A、B、C、D 分别代表滑模、翻模、大模板施工方案和合同外包方案。计算结果表明：合同外包方案得分最高，其次为翻模和大模板施工方案，得分最低的为滑模施工方案。对得分结果进行分析可以发现，合同外包方案之所以得分最高，是因为它与其他方案比较时，基本上没有费用支出。事实上，虽然在对每个指标进行比较时，合同外包方案没有费用支出，但是在向其他单位外包时却要花费总的费用。因此，简单地认为合同外包方案为最优方案是难以令人信服的。表 4-8 中设置的指标体系还不能充分证明合同外包方案和其他三个施工方案孰优孰劣，必须进一步评价。为此，价值工程人员还需用给分定量法进行方案评价，见表 4-9。

表 4-9　运用给分定量法进一步进行施工方案评价

指标体系	评分等级	评分标准	A	B	C	D
技术水平	(1)不清楚； (2)清楚	5 10	10	10	10	5
材　料	(1)需求量大； (2)需求量小	5 10	10	10	10	5
成　本	(1)很高； (2)较低	5 10	10	10	10	5
工程质量	(1)难以保证； (2)保证质量	5 10	10	10	10	5
安全生产	(1)尽量避免事故责任； (2)避免事故责任	5 10	5	5	5	10
施工力量	(1)需要参加； (2)不需要参加	5 10	5	5	5	10
方案总分			50	50	50	40

计算结果表明，虽然合同外包方案可以坐享其成，但权衡利弊后，认为还是利用本单位施工力量和生产条件，在保证工程质量和获得利润方面较为有利。因此，应舍弃合同外包方案，选择翻模施工方案。

为进一步证明上述评价的准确性，价值工程人员又通过计算各方案的预算成本和确定筒仓工程的成本目标，进而确定各方案的价值指数，以价值指数高低为判别标准来选择最佳施工方案。

通过计算，成本目标为 630 万元，各方案的预算成本及价值指数见表 4-10。

表 4-10　各方案的预算成本及价值指数比较

方　案	成本目标/元	预算成本/元	价值指数
A	6 300 000	>7 083 010	<0.88
B		6 303 465	0.999
C		6 607 496	0.95
D		>7 500 000	<0.84

计算结果也表明，翻模施工方案为最优方案。

5. 翻模施工方案的进一步优化

与其他施工方案比较，虽然翻模施工方案较优，但它本身也存在一些问题，仍须改进。价值工程人员针对翻模施工方案存在的多工种、多人员作业和总体施工时间长的问题，运用价值工程进一步进行优化。

经过考察，水平运输和垂直运输使大量人工耗用在无效益的搬运上。为减少人工耗费而提高工效，进而保证工期，价值工程人员可依据的提高价值的途径有：

(1)成本不增加，人员减少。

(2)成本略有增加，人员减少而工效大大提高。

(3)成本减少，人员总数不变而提高工效。

根据以上途径相应提出三个施工方案：

方案Ⅰ：单纯缩减人员。

方案Ⅱ：变更施工方案为单组流水作业。

方案Ⅲ：采用双组流水作业。

价值工程人员对以上三个方案运用给分定量法进行评价，方案Ⅲ为最优方案，即采用翻模施工方法双组流水作业，在工艺上采用二层半模板二层角架施工。

6. 效果总评

通过运用价值工程，使该工程施工方案逐步完善，施工进度按计划完成，产值大幅度增加，利润大幅度提高，工程质量好，被评为全优工程。从降低成本方面看，筒仓工程实际成本为577.2万元，与原滑模施工方案相比节约133.6万元，比大模板施工方案节约83.5万元，比合同外包方案节约172.8万元。与翻模施工方案原定预算成本相比，降低53.1万元，降低率为8.4%；与成本目标相比，降低52.8万元，降低率为8.3%，成效显著。

建筑工程成本的量化管理

本章小结

项目成本控制是指项目经理部在项目成本形成的过程中，为控制人工、机械、材料消耗和费用支出，降低工程成本，达到预期的项目成本目标，所进行的成本预测、计划、实施、核算、分析、考核、整理成本资料与编制成本报告等一系列活动。项目成本控制是在成本发生和形成的过程中，对成本进行的监督检查。成本控制的步骤为：比较—分析—预测—纠偏。成本控制的方法包括挣值法、偏差分析法和工期—成本优化法。

思考与练习

一、填空题

1. 成本控制的程序有_____和_____两类。

2. 挣值法是美国国防部于_____年首次确立的。
3. 常用的偏差分析的表达方法有_____、_____和_____。

二、问答题
1. 合同预算员的成本控制职责是什么？
2. 用表格法进行偏差分析的优点是什么？
3. 工期—成本优化的目的是什么？
4. 价值工程在项目成本控制中的意义是什么？
5. 价值工程在项目成本控制中的应用步骤是什么？

第五章 建筑工程成本核算

知识目标

了解成本核算的分类与意义,熟悉成本核算的概念、对象与层次、原则与要求,掌握成本核算的程序、方法、方案实施、成本核算会计报表及其分析。

能力目标

通过本章内容的学习,能够按程序完成成本核算,掌握成本核算会计报表的应用方法,并能够对其进行分析。

第一节 成本核算的概念、分类与意义

一、成本核算的概念

项目施工成本管理的核心分为两级成本核算,即企业的工程施工项目施工成本核算(即工程成本核算)和项目经理部的工程施工成本核算(即施工成本核算)。

工程成本与施工成本是一种包含与被包含的关系。工程成本是制作成本在施工企业所核算范围的准确概括,施工成本是施工要求根据自身管理水平、管理特点和各单位所确定的项目责任成本范围,以及根据每个项目的项目施工成本责任合同所确定的成本开支范围而确定。

工程成本核算的主要任务如下:

(1)执行国家有关成本开支范围,费用开支标准,工程预算定额和企业施工预算,成本计划的有关规定。控制费用,促使项目合理、节约地使用人力、物力和财力,是项目成本核算的先决条件和首要任务。

(2)正确、及时地核算施工过程中发生的各项费用,计算工程项目的实际成本。这是项目成本核算的主体和中心任务。

(3)反映和监督项目成本计划的完成情况，为项目成本预测和参与项目施工生产、技术和经营决策提供可靠的成本报告和有关资料，促进项目改善经营管理、降低成本、提高经济效益。这是项目成本核算的根本目的。

二、成本核算的分类

为了正确计算工程成本，首先要对工程成本进行合理分类。通常情况下，可按以下情况划分。

1. 按经济内容划分

按成本的经济内容可分为外购材料费、外购动力费、外购燃气费、工资（包括工资、奖金和各种工作效率的津贴、补贴等）、职工福利费、折旧费、利息支出、税金及其他支出。

这种分类方法可反映建筑企业在一定时期内资金耗费的构成和水平，可以为编制材料采购资金计划和劳动工资计划提供资料，也可以为制订物资储备资金计划及计算企业净产值和增加值提供资料。

2. 按经济用途划分

按成本的经济用途可分为直接人工费、直接材料费、机械使用费、其他直接费、施工间接费用、期间费用。

这种分类方法可正确反映工程成本的构成，便于组织成本的考核和分析，有利于加强企业的成本管理。

3. 按计入成本的方式划分

按计入成本核算对象的方式可分为直接成本和间接成本。直接成本指费用发生后可以直接计入各工程项目成本中的资金耗费，如能明确区分为某一工程项目耗用的材料、工资和施工机械使用费等；间接成本是指不能明确区分为某一个工程项目耗用，而需要先行归集，然后按规定的标准分配计入各项工程成本中的资金耗费，如施工间接费用。

4. 按与工程量的关系划分

按成本与工程的关系可分为变动成本与固定成本两种。这种分类对于组织成本控制，分析成本升降原因，以及作出某些成本决策都是十分必要的，要降低固定成本要从节约开支、减少耗费的绝对数着手。

5. 按成本形成的时间划分

按成本形成的时间可分为会计期成本和工程期成本。按会计期计算成本，可以将实际成本与预算进行对比，有利于各个时期的成本分析和考核，可以及时总结工程施工与管理的经验教训。按工程期计算成本，有利于分析某一工程项目在施工全过程中的经验和教训，从而为进一步加强工程施工管理提供依据。

三、成本核算的意义

成本核算时施工企业成本管理的一个极其重要的环节。认真做好成本核算工作，对于加强成本管理，促进增产节约，发展企业生产都有着重要的意义。具体可表现在以下几个方面：

(1)通过项目成本核算，将各项生产费用按照它的用途和一定程序，直接计入或分配计入各项工程，正确算出各项工程的实际成本，将它与预算成本进行比较，可以检查预算成本的执行情况。

(2)通过项目成本核算，可以及时反映施工过程中人力、物力、财力的耗费，检查人工费、材料费、机械使用费、措施费的耗用情况和间接费定额的执行情况，挖掘降低工程成本的潜力，节约活劳动和物化劳动。

(3)通过项目成本核算，可以计算施工企业各个施工单位的经济效益和各项承包工程合同的盈亏，分清各个单位的成本责任，在企业内部实行经济责任制，以便于学先进、找差距，开展社会主义竞赛。

(4)通过成本核算，可以为各种不同类型的工程积累经济技术资料，为修订预算定额、施工定额提供依据。

管理企业离不开成本核算，但成本核算不是目的，而是管好企业的一个经济手段。离开管理去讲成本核算，成本核算也就失去了它应有的重用性。

为了做好施工企业管理，发挥项目成本核算的作用，工程成本的计算必须正确及时，计算不正确，就不能据以考核分析各项消耗定额的执行情况，就不能保证企业再生产资金的合理补偿。计算不及时，就不能及时反映施工活动的经济效益，不能及时发现施工和管理中存在的问题。由于建筑安装工程生产属于单件生产，采用订单成本计算法，以及同一工地上各个工程耗用大堆材料而难以严格划分计算等原因，对大堆材料、周转材料等往往就要采用一定标准分配计入各项工程成本，这就使各项工程的成本带有一定的假定性。因此，对于工程成本计算的正确性，也必须从管理的要求出发，看它提供的成本资料能不能及时满足企业管理的需要。在计算工程项目成本时，必须防止简单化。如对施工期较长的建筑群工地，不能将工地上各项工程合并作为一个成本计算对象，而必须以单位工程或开竣工时期相近的各项单位工程作为一个成本计算对象。否则，就会形成"一锅煮"，不能满足成本管理的要求。当然，也要防止为算而算，脱离管理要求的倾向。烦琐的计算，不仅会使会计人员陷于埋头计算而不能深入工地和班组以便及时掌握施工生产动态，而且会影响工程成本核算的及时性，使提供的核算资料不能及时反映施工管理中存在的矛盾，不能为施工管理服务。因此，工程成本的计算必须从管理要求出发，在满足管理需要的前提下，分清主次，按照主要从细、次要从简、细而有用、简而有理的原则，采取既合理、又简便的方法，正确、及时地计算企业生产耗费，计算工程成本，发挥工程成本核算在施工企业管理中的作用。

第二节　成本核算的对象与组织形式

一、成本核算的对象

建筑工程项目成本核算对象是指在计算工程项目成本过程中，确定归集和分配生产费用的具体对象，即生产费用承担的客体。成本计算对象的确定，是设立明细分类账户、归集和分配生产费用以及正确计算工程项目成本的前提。

具体的成本核算对象主要应根据企业生产的特点加以确定，同时还应考虑成本管理上的要求。由于建筑产品用途的多样性，带来了设计、施工的单件性。每一建筑安装工程都有其独特的形式、结构和质量标准，需要一套单独的设计图纸，在建造时需要采用不同的施工方法和施工组织。即使采用相同的标准设计，但由于建造地点的不同，在地形、地质、水文以及交通等方面也会有差异。施工企业这种单件性生产的特点，决定了施工企业成本核算对象的独特性。

1. 法人层次核算对象

企业通常应当按照单项建造合同进行会计处理。但是，在某些情况下，为了反映一项或一组合同的实质，需要将单项合同进行分立或将数项合同进行合并。具体应符合下列规定：

（1）一项包括建造数项资产的建造合同，同时满足下列条件的，每项资产应当分立为单项合同：

1）每项资产均有独立的建造计划；

2）与客户就每项资产单独进行谈判，双方能够接受或拒绝与每项资产有关的合同条款；

3）每项资产的收入和成本可以单独辨认。

（2）追加资产的建造，满足下列条件之一的，应当作为单项合同：

1）该追加资产在设计、技术或功能上与原合同包括的一项或数项资产存在重大差异；

2）议定该追加资产的造价时，不需要考虑原合同价款。

（3）一组合同无论对应单个客户还是多个客户，同时满足下列条件的，应当合并为单项合同：

1）该组合同按一揽子交易签订；

2）该组合同密切相关，每项合同实际上已构成一项综合利润率工程的组成部分；

3）该组合同同时或依次履行。

2. 内部成本核算对象

项目经理部应根据财务制度和会计制度的有关规定，在企业职能部门的指导下，建立项目成本核算制，明确项目成本核算的原则、范围、程序、方法、内容、责任及要求，并设置核算台账，记录原始数据。成本核算对象、核算方法一经确定，不得随意改变，并应与项目管理目标成本的界定范围相一致。

成本核算对象一般应根据工程合同的内容、施工生产的特点、生产费用发生情况和管理上的要求来确定。成本核算对象划分要合理，在实际工作中，往往划分得过粗，把相互之间没有联系或联系不大的单项工程或单位工程合并起来，作为一个成本核算对象，不能反映独立施工的工程实际成本水平，不利于考核和分析工程成本的升降情况。当然，成本核算对象如果划分得过细，会出现许多间接费用需要分摊，增加核算工作量，又难以做到准确核算成本。

工程项目不等于成本核算对象。有时一个工程项目包括几个单位工程，需要分别核算。单位工程是编制工程预算、制订工程项目工程成本计划和建设单位结算工程价款的计算单位。按照分批（订单）法原则，工程项目成本一般应以每一独立编制施工图预算的单位工程为成本核算对象，但也可以按照承包工程项目的规模、工期、结构类型、施工组织和施工现场等情况，结合成本管理要求，灵活划分成本核算对象。一般来说有以下几种划分方法：

(1)一个单位工程由几个施工单位共同施工时,各施工单位都应以同一单位工程为成本核算对象,各自核算自行完成的部分。

(2)规模大、工期长的单位工程,可以将工程划分为若干部位,以分部位的工程作为成本核算对象。

(3)同一建设项目,由同一施工单位施工,并在同一施工地点,属同一结构类型,开竣工时间相近的若干单位工程,可以合并作为一个成本核算对象。

(4)改建、扩建的零星工程,可以将开竣工时间相接近,属于同一建设项目的各个单位工程合并作为一个成本核算对象。

(5)土石方工程、打桩工程,可以根据实际情况和管理需要,以一个单项工程为成本核算对象,或将同一施工地点的若干个工程量较少的单项工程合并作为一个成本核算对象。

成本核算对象确定后,各种经济、技术资料归集必须与此统一,一般不要中途变更,以免造成项目成本核算不实,结算漏账和经济责任不清的弊端。这样划分成本核算对象,是为了细化项目成本核算和考核项目经济效益,丝毫没有削弱项目经理部作为工程承包合同事实上的履约主体和对工程最终产品以及建设单位负责的管理实体的地位。

二、成本核算的组织形式

1. 成本核算组织

(1)以企业财会系统为依托,建立项目成本管理的控制网络组织,各项目经理部均设立经济核算部,负责本项目经理部的项目成本核算和管理,将成本管理指标自上而下地纵向层层分解到每个职工,形成纵向若干层次的项目成本管理系统。

(2)建立项目成本跟踪核实管理小组,由财务、经营、生产、材料等部门所组成,全面负责项目成本管理的组织实施工作。财务部的成本管理室作为跟踪核实小组的常设办事机构,负责日常工作。

(3)以机关职能科室为主体,将项目成本管理的机关管理指标,分解到有关职能部门,形成横向项目成本的多方位核算与管理体系。

2. 项目成本核算形式

推行施工项目管理,带动了企业内部的结构调整,由原来的公司、工程处、工程队三级管理、三级核算改为公司、项目经理部的两级管理、两级核算,减少了管理层次。根据施工项目管理的需要,通常可建立以下四种类型的核算形式。

(1)项目经理部为内部相对独立的综合核算单位。负责整个施工项目成本的归集、核算、编制竣工结算和项目成本分析,直接对公司负责。

(2)栋号作业承包队为施工直接费核算单位。主要负责承包合同规定的指标及项目成本的核算,编制月(季)度各项成本表和资料,直接对项目经理部负责。

(3)施工劳务队为内部劳务费核算单位。主要负责劳务费和劳务管理费核算,编制月(季)度劳务核算报表。

(4)机关各职能科(室)为内部管理费用限额节约价值型核算单位。主要负责与本系统业务有关的限额管理费用的核算。

施工项目成本核算的基本假定

第三节 成本核算的原则与要求

一、成本核算的原则

1. 确认原则

在项目成本管理中对各项经济业务中发生的成本,都必须按一定的标准和范围加以认定和记录。只要是为了经营目的所发生的或预期要发生的,并要求得到补偿的一切支出,都应作为成本来加以确认。正确的成本确认往往与一定的成本核算对象、范围和时期相联系,并必须按一定的确认标准来进行。这种确认标准具有相对的稳定性,主要侧重定量,但也会随着经济条件和管理要求的发展而变化。在成本核算中,往往要进行再确认,甚至是多次确认。如确认是否属于成本,是否属于特定核算对象的成本(如临时设施先算搭建成本,使用后算摊销费),以及是否属于核算当期成本等。

2. 分期核算原则

施工生产是连续不断的,项目为了取得一定时期的项目成本,就必须将施工生产活动划分若干时期,并分期计算各期项目成本。成本核算的分期应与会计核算的分期相一致,这样便于财务成果的确定。但要指出的是,成本的分期核算,与项目成本计算期不能混为一谈。无论生产情况如何,成本核算工作,包括费用的归集和分配等都必须按月进行。至于已完项目成本的结算,可以是定期的,按月结转;也可以是不定期的,等到工程竣工后一次结转。

3. 实际成本核算原则

要采用实际成本计价。采用定额成本或者计划成本方法的,应当合理计算成本差异,月终编制会计报表时,调整为实际成本。即必须根据计算期内实际产量(已完工程量)以及实际消耗和实际价格计算实际成本。

4. 权责发生制原则

凡是当期已经实现的收入和已经发生或应当负担的费用,无论款项是否收付,都应作为当期的收入或费用处理;凡不属于当期的收入和费用,即使款项已经在当期收付,都不应作为当期的收入和费用。权责发生制原则主要从时间选择上确定成本会计确认的基础,其核心是根据权责关系的实际发生和影响来确认企业的支出和收益。

5. 相关性原则

成本核算不只是简单的计算问题,而且要为项目成本管理目标服务,要与管理融为一体。因此,在具体成本核算方法、程度和标准的选择上,在成本核算对象和范围的确定上,应与施工生产经营特点和成本管理要求特性相结合,并与项目一定时期的成本管理水平相适应。正确地核算出符合项目管理目标的成本数据和指标,真正使项目成本核算成为领导的参谋和助手。无管理目标的成本核算是盲目和无益的,无决策作用的成本信息是没有价值的。

6. 一贯性原则

项目成本核算所采用的方法一经确定,不得随意变动。只有这样,才能使企业各期成本核算资料口径统一、前后连贯、相互可比。成本核算办法的一贯性原则体现在各个方面,如耗用材料的计价方法、折旧的计提方法、施工间接费的分配方法、未施工的计价方法等。坚持一贯性原则,并不是一成不变,如确有必要变更,要有充分的理由对原成本核算方法进行改变的必要性作出解释,并说明这种改变对成本信息的影响。如果随意变动成本核算方法,并不加以说明,则有对成本、利润指标、盈亏状况弄虚作假的嫌疑。

7. 划分收益性支出与资本性支出原则

划分收益性支出与资本性支出是指成本、会计核算应当严格区分收益性支出与资本性支出界限,以正确地计算当期损益。所谓收益性支出,是指该项目支出发生是为了取得本期收益,即仅仅与本期收益的取得有关,如工资、水电费支出等。所谓资本性支出,是指不仅为取得本期收益而发生的支出,同时该项支出的发生有助于以后会计期间的支出,如构建固定资产支出。

8. 及时性原则

及时性原则是指项目成本的核算、结转和成本信息的提供应当在所要求的时期内完成。需要指出的是,成本核算及时性原则并非是指成本核算越快越好,而是要求成本核算和成本信息的提供,以确保真实为前提,在规定时期内核算完成,在成本信息尚未失去时效的情况下适时提供,确保不影响项目其他环节核算工作的顺利进行。

9. 明晰性原则

明晰性原则是指项目成本记录必须直观、清晰、简明、可控,便于理解和利用,使项目经理和项目管理人员了解成本信息的内涵,弄懂成本信息的内容,有效地控制本项目的成本费用。

10. 配比原则

配比原则是指营业收入与其对应的成本、费用应当相互对应。为取得本期收入而发生的成本和费用,应与本期实现的收入在同一时期内确认入账,不得脱节,也不得提前或延后,以便正确计算和考核项目经营成果。

11. 重要性原则

重要性原则是指对于成本有重大影响的业务内容,应作为核算的重点,力求精确,而对于那些不太重要的琐碎的经济业务内容,可以相对从简处理。坚持重要性原则能够使成本核算在全面的基础上保证重点,有助于加强对经济活动和经营决策有重大影响和有重要意义的关键性问题的核算,达到事半功倍,简化核算,节约人力、财力、物力,提高工作效率的目的。

12. 谨慎原则

谨慎原则是指在市场经济条件下,在成本、会计核算中应当对项目可能发生的损失和费用作出合理预计,以增强抵御风险的能力。

二、成本核算的要求

为了达到建筑工程项目成本管理和核算目的,正确、及时地核算工程项目成本,提供对决策有用的成本信息,提高工程项目成本管理水平,在工程项目成本核算中要遵守以下基本要求。

1. 划清成本、费用支出和非成本、费用支出界限

划清不同性质的支出是正确计算工程项目成本的前提条件。划清成本、费用支出和非成本、费用支出界限是指划清不同性质的支出，即划清资本性支出和收益性支出与其他支出、营业支出与营业外支出的界限。这个界限，也就是成本开支范围的界限。企业为取得本期收益而在本期内发生的各项支出，根据配比原则，应全部作为本期的成本或费用。只有这样才能保证在一定时期内不会虚增或少记成本或费用。至于企业的营业外支出，是与企业施工生产经营无关的支出，所以不能构成工程成本。

2. 正确划分各种成本、费用的界限

各种成本、费用的界限是指对允许列入成本、费用开支范围的费用支出，在核算上应划清的几个界限。

(1) 划清工程项目工程成本和期间费用的界限。工程项目成本相当于工业产品的制造成本或营业成本。财务制度规定：为工程施工发生的各项直接支出，包括人工费、材料费、施工机具使用费、措施费，直接计入工程成本。为工程施工而发生的各项施工间接成本分配计入工程成本。同时又规定：企业行政管理部门为组织和管理施工生产经营活动而发生的管理费用和财务费用应当作为期间费用，直接计入当期损益。可见期间费用与施工生产经营没有直接联系，费用的发生基本不受业务量增减所影响。在"制造成本法"下，它不是工程项目成本的一部分。所以正确划清两者的界限，是确保项目成本核算正确的重要条件。

(2) 划清本期工程成本与下期工程成本的界限。根据分期成本核算的原则，成本核算要划分本期工程成本和下期工程成本。本期工程成本是指应由本期工程负担的生产耗费，无论其收付发生是否在本期，应全部计入本期的工程成本之中；下期工程成本是指不应由本期工程负担的生产耗费，无论其是否在本期内收付（发生），均不能计入本期工程成本。划清两者的界限，对于正确计算本期工程成本是十分重要的。实际上就是权责发生制原则的具体化，因此要正确核算各期的待摊费用和预提费用。

(3) 划清不同成本核算对象之间的成本界限，是指要求各个成本核算对象的成本，不得张冠李戴、互相混淆，否则就会失去成本核算和管理的意义，造成成本不实，歪曲成本信息，引起决策上的重大失误。

(4) 划清未完工程成本与已完工程成本的界限。工程项目成本的真实程度取决于未完工程和已完工程成本界限的正确划分，以及未完工程和已完工程成本计算方法的正确度。本期已完工程实际成本根据期初未完施工成本、本期实际发生的生产费用和期末未完施工成本进行计算。采取竣工后一次结算的工程，其已完工程的实际成本就是该工程自开工起至期末止所发生的工程累计成本。

上述几个成本费用界限的划分过程，实际上也是成本计算过程。只有划分清楚成本的界限，工程项目成本核算才能正确。这些费用划分得是否正确，是检查评价项目成本核算是否遵循基本核算原则的重要标志。但应该指出，不能将成本费用界限划分的做法过于绝对化，因为有些费用的分配方法具有一定的假定性。成本费用界限划分只能做到相对正确，片面地花费大量人力、物力来追求成本划分的绝对精确是不符合成本效益原则的。

3. 加强成本核算的基础工作

成本核算的基础工作主要包括：

(1)建立各种财产物资的收发、领退、转移、报废、清查、盘点、索赔制度;

(2)建立健全与成本核算有关的各项原始记录和工程量统计制度;

(3)制订或修订工时、材料、费用等各项内部消耗定额以及材料、结构件、作业、劳务的内部结算指导价;

(4)完善各种计量检测设施,严格计量检验制度,使项目成本核算具有可靠的基础。

4. 项目成本核算必须有账有据

成本核算中要运用大量数据资料,这些数据资料的来源必须真实、可靠、准确、完整、及时;一定要以审核无误,手续齐备的原始凭证为依据。同时,还要根据内部管理和编制报表的需要,按照成本核算对象、成本项目、费用项目进行分类、归集,因此要设置必要的账册,进行登记,并增设必要的成本辅助台账。

施工项目成本核算的内部条件

第四节 成本核算的程序与方法

一、成本核算的程序

建筑工程成本核算程序,是指工程项目在具体组织工程成本核算时应遵循的一般顺序和步骤。按照核算内容的详细程度,可分为工程成本的总分类核算程序和明细分类核算程序。

1. 总分类核算程序

(1)总分类科目的设置。为了核算工程成本的发生、汇总与分配情况,正确计算工程成本,项目经理部一般应设置以下总分类科目:

1)"工程施工"科目。属于成本类科目,用来核算施工项目在施工过程中发生的各项成本性费用。借方登记施工过程中发生的人工费、材料费、机械使用费、其他直接费,以及期末分配计入的间接成本;贷方登记结转已完工程的实际成本;期末余额在借方,反映未完工程的实际成本。

2)"机械作业"科目。属于成本类科目,用来核算施工项目使用自有施工机械和运输机械进行机械作业所发生的各项费用。借方登记所发生的各种机械作业支出;贷方登记期末按照受益对象分配结转的机械使用费实际成本;期末应无余额。从外单位或本企业其他内部独立核算单位租入机械时支付的机械租赁费,应直接计入"工程施工"科目的机械使用费成本项目中,不通过本科目核算。

3)"辅助生产"科目。属于成本类科目,用来核算企业内部非独立核算的辅助生产部门为工程施工、产品生产、机械作业等生产材料和提供劳务(如设备维修、结构件的现场制作、施工机械的装卸等)所发生的各项费用。借方登记发生的以上各项费用;贷方登记期末结转完工产品或劳务的实际成本;期末余额在借方,反映辅助生产部门在产品或未完工劳务的实际成本。

4)"待摊费用"科目。属于资产类科目,用来核算施工项目已经支付但应由本期和以后若干期分别负担的各项施工费用,如低值易耗品的摊销,一次支付数额较大的排污费、财产保险费、进出场费等。发生各项待摊费用时,登记本科目的借方;按受益期限分期摊销时,登记本科目的贷方;期末借方余额反映已经支付但尚未摊销的费用。

5)"预提费用"科目。属于负债类科目,用来核算施工项目预先提取但尚未实际发生的各项施工费用,如预提收尾工程费用,预提固定资产大修理费用等。贷方登记预先提取并计入工程成本的预提费用;借方登记实际发生或执行的预提费用;期末余额在贷方,反映已经计入成本但尚未发生的预提费用。

(2)工程成本在有关总分类科目间的归集结转程序。

1)将本期发生的各项施工费用,按其用途和发生地点,归集到有关成本、费用科目的借方。

2)月末,将归集在"辅助生产"科目中的辅助生产费用,根据受益对象和受益数量,按照一定方法分配转入"工程施工""机械作业"等科目的借方。

3)月末,将由本月成本负担的待摊费用和预提费用,转入其有关成本费用科目的借方。

4)月末,将归集在"机械作业"科目的各项费用,根据受益对象和受益数量,按照一定方法分配计入"工程施工"科目借方。

5)工程月末或竣工结算工程价款时,结算当月已完工程或竣工工程的实际成本,从"工程施工"科目的贷方,转入"工程结算成本"科目的借方。

2. 明细分类核算程序

上述工程成本总分类核算只能总括地反映施工项目在一定时期内发生的施工费用,为了进一步了解施工费用发生的详细情况和各个成本核算对象的实际成本,还必须设置有关明细分类账,进行工程成本的明细分类核算。

(1)明细分类账的设置。

1)按成本核算对象设置"工程成本明细账",并按成本项目设专栏归集各成本核算对象发生的施工费用。

2)按各管理部门设置"工程施工间接成本明细账",并按费用项目设专栏归集施工中发生的间接成本。

3)按施工队、车间或部门以及成本核算对象(如产品、劳务的种类)的类别设置"辅助生产明细账"。

4)按费用的种类或项目,设置"待摊费用明细账""预提费用明细账",以归集与分配各项有关费用。

5)根据自有施工机械的类别,设置"机械作业明细账"。

(2)工程成本在有关明细账间的归集和结转程序。

1)根据本期施工费用的各种凭证和费用分配表分别计入"工程成本明细账(表)""工程施工间接成本明细账""辅助生产明细账(表)""待摊费用明细账(表)""预提费用明细账(表)"和"机械作业明细账(表)"。

2)根据"辅助生产明细账(表)",按各受益对象的受益数量分配该费用,编制"辅助生产费用分配表",并据此登记"工程成本明细账(表)"等有关明细账。

3)根据"待摊费用明细账(表)"及"预提费用明细账(表)",编制"待摊费用计算表"及"预提费用计算表",并据此登记"工程成本明细账(表)"等有关明细账。

4)根据"机械作业明细账(表)"和"机械使用台账",编制"机械使用费分配表"。按受益对象和受益数量,将本期各成本核算对象应负担的机械使用费分别计入"工程成本明细账(表)"。

5)根据"工程施工间接成本明细账",按各受益对象的受益数量分配该费用,编制"间接成本分配表",并据此登记"工程成本明细账(表)"。

6)月末,根据"工程成本明细账(表)",计算出各成本核算对象的已完工程成本或竣工成本,从"工程成本明细账(表)"转出,并据此编制"工程成本表"。

二、成本核算的方法

建筑工程项目成本核算中,最常用的核算方法有会计核算方法、业务核算方法与统计核算方法,三种方法互为补充,各具特点,形成完整的项目成本核算体系。另外,比较常见的还有项目成本表格核算方法,这些方法配合使用,取长补短,使项目成本核算内容更全面,结论更权威。

(一)建筑工程项目成本会计核算方法

建筑工程项目成本会计核算方法是以传统的会计方法为主要手段,以货币为度量单位,以会计记凭证为依据,利用会计核算中的借贷记账法和收支全面核算的特点,对各项资金来源去向进综合系统完整地记录、计算、整理汇总的一种方法。有核算精确、逻辑性强、人为调节的可能因素较小、核算范围较大的特点,它建立在借贷记账法基础上,所以很严密。收和支,进和出,都有另一方做备案。不足的一面是专业人员的专业水平要求较高,要求成本会计师的专业水平和职业经验较丰富。

通过利用会计核算方法,具体核查在项运作过程中的各种内外往来支出,反映项目实施过程中货币的收支情况,以此利用会计核算得出的各种数据,进一步判断项目的经营成果及盈亏情况,及时做好资金调度筹集、管理运用,保证项目实施各个环节地正常运行。这种方法一般核算范围较大,核算程序严密、逻辑性强,人为因素较小,但是对相关的工作人员要求比较高,需要达到较高的专业水平并具有丰富的经验。

1. 建筑工程项目成本会计核算的方式

建筑工程项目成本会计核算法主要是依靠会计方法为主要手段进行核算,会计核算不仅核算项目施工直接成本,而且还要核算项目在施工生产过程中出现的债权债务、项目为施工生产而自购的料具和机具摊销、分包完成和分包付款等。

使用会计法核算项目施工成本,分为企业核算和项目核算等多种方式。项目施工成本在项目进行核算称为直接核算,在企业进行核算称为间接核算。采用何种方式应根据各单位的具体情况和条件,视在哪一个层次上进行核算更能有助于成本核算工作开展而确定。

(1)项目施工成本的直接核算。项目经理部设置会计核算部门。项目除及时上报规定的工程成本核算资料外,还要直接进行项目施工成本核算,编制会计报表,落实项目施工成本的盈亏。项目不仅是基层财务核算单位,而且是项目施工成本核算的主要承担者。直接核算的优点是可以将将核算放在项目上,便于及时了解项目各项成本情况,也可以减少一些扯皮现象的发生;其缺点是要求每个项目都要配有专业水平和工作能力较高的会计核算人员,目前一些单位还不具备这样的条件。

(2)项目施工成本的间接核算。项目经理部不设置专职的会计核算部门,由项目有关人员按期、按规定的程序和质量向财务部门提供成本核算资料,委托企业在本项目施工成本责任范围内进行施工成本核算，落实当期项目施工成本盈亏。间接核算的优点是可以使会计专业人员相对集中，一个成本会计师可以完成两个或两个以上的项目施工成本核算；其缺点是：第一，项目了解成本情况不方便，项目对核算结论信任度不高；第二，由于核算不在项目部，项目开展岗位成本责任核算就会失去人力支持和平台支持。

(3)项目施工成本列账核算。项目施工成本列账核算是介于直接核算和间接核算之间的一种方法。项目经理部组织相对直接核算，正规的核算资料留在企业的财务部门。项目每发生一笔业务，其正规资料由财务部门审核存档后，与项目施工成本员办理确认和签认手续。项目凭此列账通知作为核算凭证和项目施工成本收支的依据，对工程项目成本范围的各项收支进行完整的会计核算，编制项目施工成本报表，企业财务部门按期确认资料，对其审核。这时的列账通知单一式两联，一联给项目据以核算，另一联留财务审核之用。项目所编制的报表，企业财务不汇总，只作为考核之用。列账核算的正规资料在企业财务部门，其优点是方便档案保管，项目凭相关资料进行核算，也有利于项目开展项目施工成本核算和项目岗位成本责任考核；其缺点是企业和项目要核算两次，相互之间往返较多，比较烦琐。因此，列账核算更适用于较大工程项目。

2. 建筑工程项目成本收入会计核算

(1)项目施工成本责任总额的确定。由项目经理、项目预算人员、项目会计与公司经理或经理指定人员，依据项目施工成本收入范围，在一定的时间内确定项目施工成本责任总额。特殊工程项目，与业主的合同报价未能确定，相应的项目施工成本责任总额也不能确定，这种情况下可暂时不确定总额，先根据工程进度预报工程收入，在此基础上预报项目施工成本收入，组织项目施工成本核算，也不进行奖罚兑现，待与业主报价确定后，再确认其项目施工成本责任总额，相应地调整已报的工程收入和项目施工成本收入，确认成本盈亏并补兑现。

(2)月度项目施工成本收入。依据统计员编制的并经确认的工程收入和工程收入分析汇总表为基础，按比例分解法确定项目施工成本收入。由项目预算或统计员与企业预算报价部门确认其成本收入，企业财务部门将工程收入与项目成本收入之间的差额，以费用形式向项目划收入。

(3)月度工程收入收取费用中优惠和让利的账务处理。优惠和让利是企业在市场经济条件下实施竞争手段的经常性行为，会计核算和项目施工成本核算就会经常处理这些业务，对收取费用中涉及的让利和优惠业务处理见表5-1。

表5-1　会计核算和项目施工成本核算对收取费用中涉及的让利和优惠业务处理

序号	项目	内容
1	对按预算定额报价的工程项目处理	(1)在目前企业没有内部定额的情况下，按有关规定，当月的工程收入比照当地的定额分析收入。 (2)收入保证顺序是税金、预算成本、管理费用、财务费用、计划利润，遇有让利或优惠的项目时，其让利或优惠额按以上反顺序抵扣，如管理费用、财务费用、计划利润，还不足以抵扣，则在预算成本中抵扣。实际收取费用如投标报价未有这项收入时，企业则不收这项费用。这里要强调一点，即对收取的费用，企业和项目在一级科目和具体明细科目中的归集一定要保持一致，以保证费用和相关数据的抵减和汇总。 (3)项目统计员按已完工程量和取费标准编制工程收入和工程收入分析汇总表，经企业预算合约部门确认后，作为当期的企业和项目的工程收入核算依据。 (4)企业财务部门按经预算部门确认的工程收入和项目施工成本占投标报价收入比例，确定当月的项目施工成本收入额度。 (5)财务部门将不属于项目施工成本收入的部分公司经营收入，在区分收入明细后，向项目收取

续表

序号	项目	内容
2	对按国际标报价的工程项目处理	(1)按国际标的报价构成和计价内容(已扣除优惠和让利部分)确定当月的实物量完成,确定当期的工程收入。 (2)项目统计员将编制的工程收入和工程收入分析汇总,经企业预算合约部门确认后,作为当期的企业工程收入和项目施工成本收入的核算依据。 (3)企业财务部门按经预算部门确认的工程收入和项目施工成本收入占投标报价收入比例,确定当月的项目施工成本收入额度。 (4)财务部门将不属于项目施工成本收入的部分企业经营收入,在区分入明细后,向项目收取

3. 建筑工程项目成本支出会计核算

(1)项目施工成本核算资料的签认。项目施工成本核算资料来源渠道一般有3个,对其核算和签认,应分别采用不同的对策。

1)外界提供的原始单据。外界提供的原始单据,如外购料用具发票、交通费用、招待费用单据等,一般由项目先持有,项目应经项目经理签字后,由项目施工成本员报销,同时与其共同办理经济业务的列账和确认。

2)项目自制的成本核算资料原始单据。项目自制的成本核算资料原始单据,如工程量收入、分包预估资料、材料报表、租赁费用预估等,项目应将此单据先经过项目经理审签后,报至企业财务,共同列账确认。

3)企业财务根据项目施工成本责任合同内容而进行的摊销等自制凭证或划转的单据,如费用划收单、项目机械租赁费用、折旧计算单、摊销计算单等,财务应按规定自行填写后,交项目经理确认,项目施工成本员与企业财务共同确认后,列账核算。凡自制凭证都应一式多份,双方共同拥有,以方便双方共同确认。

(2)人工费成本核算资料的形成和流转。

1)自有职工工资。如项目会计人员只有一人,一般由项目劳资员上报审批"工资发放表"和"奖金发放表",项目核销人员持项目会计开具的内部结算票据,到企业领取现金并发放后,项目会计按"工资发放表"或"奖金发放表"、内部结算票据和项目劳资员提供的"人工工日和工资分配表",进行分部分项工程的生产人员工资分配。如项目会计由两人组成,则项目在劳资员上报审批"工资发放表"和"奖金发放表"基础上,直接发放工资,项目会计按"奖金发放表"、内部结算票据和项目劳资员提供的"人工工日和工资分配表"进行分部分项工程的生产人员工资分配。项目生产工人生产过程中耗费的劳动保护用品和低值易耗品,一般按标准在费用发生的当月时间直接计入人工费核销。

2)劳动分包预估。先由项目工长(或施工员)根据所管辖的分部分项工程量完成情况和分包合同,结合分包商提出的当期分包完成产值,提供分部分项工程的"劳动分包成本预估",经预算员根据工程收入审核,项目经理批准后,并由预算员报项目会计做账,计入项目施工成本核算支出。

3)专业分包预估。分包专业一般是包工包料性质,可由所管辖的工长(或施工员)结合分包商提出的当期分包完成产值,按月提供"分包成本预估",并进行成本核算类别划分。经项目预算员审核和项目经理审批后,项目会计按规定做账,计入成本支出。

4)分包成本决算。分包单位一旦完成合同工作内容则按规定进行决算，确认其最终收入。一般由分包单位提出，先经项目工长(或施工员)预审，预算员初审，项目经理审签后，再按各单位规定的程序报企业审核、批准。项目会计收到经企业审定的、项目认可的分包决算后按分包内容和成本类别做账，计入相应的成本支出，同时冲减原先相应的成本预估。

(3)材料费成本核算资料的形成和流转。

1)消耗的主辅材料、构件、半成品。各单位材料、构件管理人员在对其材料、构件的消耗过程中，要分清分部分项工程的消耗对象，并在此基础上，参考"工、料、机分析"和"未完施工"，正确编制材料报表和构件消耗报表，并报经项目经理。项目会计要认真计价，及时计入项目施工成本。

2)项目对外租赁的周转材料和工、器具费用。项目对外租赁的周转材料和工、器具费用是指按月转入经项目相关人员签字认可的租赁费用。项目会计接到列账通知单后，报项目经理审批后做账，计入项目施工成本支出。如租赁公司未能及时转账，项目要按内部租赁合同中的价格和租用量，由项目工长提出预估，经材料负责人审核后，报经项目经理审批，项目会计据此做账，先预估计入成本支出。接到租赁费列账单后，再按正确的租赁费用做账，同时冲回原先的预估。

3)摊销费用。有一些要按月由企业财务或项目会计直接进行摊销的费用，如"材料成本差异"和项目一些自购的小型工器具的摊销费用，这些费用先由项目会计按规定计算，交项目经理审批后再计入成本支出。

4)分包成本支出。此类费用有一些是包工包料，也有一些是项目对一些较难控制的低值易耗品费用，以合同形式包给劳务分包商。一般由项目工长先按本月的项目施工成本收入和分包完成情况，结合分包合同提出分包预估，经项目预算人员审核，项目经理审批后，项目会计入账，待正式的分包决算后再将决算值计入成本，同时冲回原先此类预估。分包决算及其计入成本的程序同"人工费"。

(4)机械成本核算资料的形成和流转。

1)内部租赁的机械设备。按企业转入并由项目相关人员签认的内部机械设备租赁费用报经理审批后入账。如企业未能及时转账，则由项目工长提出初估、项目机械管理员预估，经项目预算员审核、项目经理审批后，财务入账。一旦正式机械租赁费用结算单据由企业转到项目，项目会计要及时报项目经理审批后，按实际开支金额入账，同时冲回原先的预估。水电费的核算方式也同上。项目在企业有关部门同意下，直接对本企业以外的单位所租赁的机械设备采取平时预估、决算调整的方式，进行项目施工成本的会计核算。

2)项目自有的部分机械设备和工器具。由项目会计按有关规定先行折旧或摊销，落实使用对象并报项目经理审批后，计入相关项目施工成本。

3)分包的机械费用。采用平时预估、决算调整的方式进行。一般由项目工长先按本月的项目施工成本收入和分包完成情况，结合分包合同提出分包预估，经项目预算人员审核，项目经理审批后，项目会计入账，待正式的分包决算后再将决算值计入成本，同时冲回原先此类预估。分包决算值计入成本的程序同"人工费"。

(5)措施费成本核算资料的形成和流转。

1)项目将企业按规定计算并转入的，或直接由项目会计计算的项目所用的临时设施费用，在报项目经理审批后，直接做账计入相关项目施工成本。

2)二次搬运费等按发生的时间，由费用开支的责任人持单并报项目经理审批后，项目会计据以入账。

3)如属于分包内容的则按平时预估、决算调整的方式进行项目施工成本核算。分包内容计入成本的程序同"人工费"。

(6)间接成本费用核算资料的形成和流转。

1)管理人员工资的分配核算方法按"人工费"的相应方法和程序进行。

2)项目直接发生的办公费、差旅费、招待费用和其他合同明确的由项目承担的间接费用，在费用发生后，由责任人或经办人报项目经理审批后再办理核销。项目会计按规定的核算标准和费用划分标准进行项目施工成本核算。

3)分包成本中间接费用核算采取平时预估、决算调整的方法。平时核算中，一般由项目工长结合分包商提出的分包完成产值，按本月的项目施工成本收入和分包完成情况及分包合同提出分包预估，经项目预算人员审核，项目经理审批后，项目会计将属于间接费用的部分记入本明细，待正式分包决算后再将决算值计入成本，同时冲回原先此类预估。分包决算值计入成本的程序同"人工费"。

(7)其他费用核算说明。

1)项目施工成本核算外的一些工程成本核算业务的处理。由于项目施工成本核算包含在工程成本核算中，因此工程成本核算中一些与项目施工成本核算相关的业务，有时会经常出现，如坏账准备、工资附加费、养老统筹费、失业保险金等，这些业务要求以企业核算、项目提供数据的方式进行有关内容的核算。

2)某些不常发生，但必须是项目施工成本中负担的费用，往往是以项目承担、企业转账的方式出现，为使项目施工成本核算集中体现项目经理的核心地位和第一责任人的目的，原则规定凡是项目施工成本中支付的费用必须由项目经理签字认可后，项目会计方可入账；另外，凡是项目的成本支出，除一些特殊费用外(如临时设施费用、材料成本差异、排污费等)，应分清岗位成本责任人，便于落实项目岗位成本责任。

(二)建筑工程项目成本业务核算方法

建筑工程项目成本业务核算方法是对项目中的各项业务的各个程序环节，用各种凭证进行具体核算管理的一种方法，业务核算也是各业务部门因为业务工作需要而建立的核算制度，通过对各项业务活动建账建卡、详细记录发生业务活动的具体时间、地点、计量单位、发生金额、存放收发等情况，考察项目过程中各项业务的办理效率与成果，并及时作出相应调整。

业务核算方法的核算范围比会计核算的范围还要广，对已经发生的、正在发生的、甚至尚未发生的业务活动都要进行核算，并判断其经济效果。另外，业务核算每次只是对某一项业务进行单一核算，并不提供综合性的指标数据。业务核算的内容既有价值量，也包括实物量，是数与值的双重完整核算，为会计核算和统计核算提供各种原始凭证，是会计核算方法与统计核算方法运用的基础。

(三)建筑工程项目成本统计核算方法

建筑工程项目成本统计核算方法是建立在会计核算与业务核算基础之上的一种成本核算方法，利用会计核算和业务核算中提供的原始凭证及原始数据，用统计的方法记录、计算、整理汇总项目实施过程中的各种数据资料,其中,主要的统计内容有产值指标、物耗指标、质量指标、成本指标等,最后形成统计资料,分析整理揭示事物发展变化的原因及规律,并进行统计监督。

统计核算方法的计量尺度比会计核算方法要宽,既可以采用货币计量,也可以用实物或劳动量计量。统计核算的灵活性还表现在既可以提供绝对数指标,也可以提供相对数和平均数指标;既可以计算当前的实际水平,也可以预测未来的发展趋势。

(四)项目成本表格核算方法

建筑工程项目成本表格核算方法主要是建立在内部各项成本核算基础上,通过项目的各业务部门与核算单位定期采集相关信息、填制相应表格,使各种核算数据以一系列的表格形式存在,形成项目成本核算体系的一种方法。

表格核算方法是建立在对内部的各项成本信息及时采集基础之上的表格形式,具有简洁明了、易于操作、实时性较好的优点,其不足之处是覆盖范围较窄,若审核制度不严密,还有可能造成数据失实,精度较差。

表格核算法是建立在内部各项成本核算基础中上,各要素部门和核算单位定期采集信息,填制相应的表格,并通过一系列的表格,形成项目成本核算体系,作为支撑项目成本核算平台的方法。

表格核算法是依靠众多部门和单位支持,专业性要求不高。一系列表格,由有关部门和相关要素提供单位,按有关规定填写,完成数据比较、考核和简单的核算。它的优点是简洁明了,直观易懂,易于操作,实时性较好。其缺点在于:一是覆盖范围较窄,如核算债权债务等比较困难;二是较难实现科学的严密的审核制度,有可能造成数据失实,精度较差。

表格核算法一般有以下几个过程:

(1)确定项目责任成本总额。首先确定"项目成本责任总额",项目成本收入的构成。

(2)项目编制内控成本和落实岗位成本责任。在控制项目成本开支和落实岗位成本考核指标的基础上,制定"项目内控成本"。

(3)项目责任成本和岗位收入调整。工程施工过程中的收入调整和签证而引起的工程报价变化或项目成本收入的变化,而且后者更为重要。

(4)确定当期责任成本收入。在已确认的工程收入的基础上,按月确定本项目的成本收入。这项工作一般由项目统计员或合约预算人员与公司合约部门或统计部门,依据项目成本责任合同中有关项目成本收入确认的方法和标准进行计算。

(5)确定当月的分包成本支出。项目依据当月分部分项的完成情况,结合分包合同和分包商提出的当月完成产值,确定当月的项目分包成本支出,编制"分包成本支出预估表"。这项工作的一般程序是:由施工员提出,预算合约人初审,项目经理确认,公司合约部门批准。

(6)材料消耗的核算。以经审核的项目报表为准,由项目材料员和成本核算员计算后,确认其主要材料消耗值和其他材料消耗值。在分清岗位成本责任的基础上,编制材料耗用汇总表。由材料员依据各施工员开具的领料单而汇总计算的材料费支出,经项目经理确认后,报公司物资部门批准。

(7)周转材料租用支出的核算。以施工员提供的或财务转入项目的租费确认单为基础,由项目材料员汇总计算,在分清岗位成本责任的前提下,经公司财务部门审核后,落实周转材料租用成本支出，项目经理批准后，编制其费用预估成本支出，如果是租用外单位的周转材料，还要经过公司有关部门审批。

(8)水、电费支出的核算。以机械管理员或财务转入项目的租费确认单为基础，由项目成本核算员汇总计算，在分清岗位成本责任的前提下，经公司财务部门审核后，落实周转材料租用成本支出，项目经理批准后，编制其费用成本支出。

(9)项目外租机械设备的核算。所谓项目从外租入机械设备，是指项目从公司或公司从外部租入用于项目的机械设备，不管此机械设备具有公司的产权还是公司从外部临时租入用于项目施工，对于项目而言都是从外部获得，周转材料也是这个性质，真正属于项目拥有的机械设备，往往只有部分小型机械设备或部分大型工器具。

(10)项目自有机械设备、大小型工器具摊销、CI费用分摊、临时设施摊销等费用开支的核算。由项目成本核算按公司规定的摊销年限，在分清岗位成本责任的基础上，计算按期进入成本的金额。经公司财务部门审核并经项目经理批准后，按月计算成本支出金额。

(11)现场实际发生的措施费开支的核算。由项目成本核算按公司规定的核算类别，在分清岗位成本责任的基础上，按照当期实际发生的金额，计算进入成本的相关明细。经公司财务部门审核并经项目经理批准后，按月计算成本支出金额。

(12)项目成本收支核算。按照已确认的当月项目成本收入和各项成本支出，由项目会计编制，经项目经理同意，公司财务部门审核后，及时编制项目成本收支计算表，完成当月的项目成本收支确认。

(13)项目成本总收支的核算。首先由项目预算合约人员与公司相关部门根据项目成本责任总额和工程施工过程中的设计变更，以及工程签证等变化因素，落实项目成本总收入。由项目成本核算员与公司财务部门，根据每月的项目成本收支确认表中所反映的支出与耗费，经有关部门确认和依据相关条件调整后，汇总计算并落实项目成本总支出。在以上基础上由成本核算员落实项目成本总的收入、总的支出和项目成本降低水平。

第五节　建筑工程成本核算的实施

一、建筑工程成本核算的实施步骤

加强建筑工程施工项目成本核算工作，可以按以下几个步骤进行。

1. 根据成本计划确立成本核算指标

项目经理组织成本核算工作的第一步是确立成本核算指标。为了便于进行成本控制，成本核算指标的设置应尽可能与成本计划相对应。将核算结果与成本计划对照比较，使其及时反映成本计划的执行情况。例如，以核算的某类机械实际台班费用支出与该分部工程计划机械费支出的比值，作为该类施工机械使用费核算指标，可以综合反映施工机械的利用率、完好率和实际使用状况。利用成本核算指标反映项目成本实施情况，可以避免以往成本核算中过多的核算报表，简化核算过程，提高核算的可操作性。

2. 成本核算主要因素分析

对于任何一个工程项目，都存在众多的成本核算科目，如果要对每一科目进行逐一核算，大可不必。在涉及成本的因素中，包括该项目实际作业中资源消耗数量、价格及资源价格变动的概率。例如，进行钢筋加工作业，工人工作效率、钢材加工损耗及钢材价格的市场变动情况都可能成为成本核算因素。项目成本核算的对象应该是可控成本。若钢材由企业统一采购，钢材市场价格对项目来说是不可控成本，不作为成本核算的因素。否则，应根据钢材成本占整个工程成本的比重及钢材市场价格发生变动的概率进行分析，决定是否将钢材价格列为成本核算的因素。对于主要因素的分析方法，可以采用 ABC 分析法、因果分析图法、排列图法等。

3. 成本核算指标的敏感性分析

对主要成本核算因素进行敏感性分析，是设置成本控制界限的方法之一。通过敏感性分析，用以判断对某项成本因素应予以核算和控制的强度。

4. 成本核算成果

建立信息化成本核算体系，将项目成本核算成果系统储存，是成本核算工作得以高效实施的保障，也是企业成本战略实施的关键环节。在施工项目管理机构中，应要求每位项目管理人员都具备一专多能的素质，既是工程质量检查、进度监督人员，又是成本控制和核算人员。管理人员每天结束工作前应保证 1 个小时的内部作业时间，其中成本核算工作就是重要的内业之一。通过项目管理软件的开发和项目局域网络的建立，每位管理人员的核算结果将按既定核算体系由计算机汇总后，将加工信息提交项目经理，作为其制定成本控制措施的依据。另外，通过进行成本核算、数据汇总、整理、加工等过程，项目经理及管理人员也将使自己的管理水平得到大幅度提高。

当前，施工项目成本管理工作没有得到很好的开展，其症结在于对成本核算工作的模糊认识和缺乏重视。而加强项目成本核算，将是建筑企业进入成本竞争时代的竞争利器，也是企业推进成本发展战略的基础。在我国加入 WTO，建筑业面临国际竞争的背景下，加强建筑企业成本核算更显其重要。为此，展开项目成本核算的实用性研究工作，将为建筑企业近十年的发展提供有益的帮助。

二、直接成本的核算

成本的核算过程实际上也是各成本项目的归集和分配的过程。成本的归集是指通过一定的会计制度，以有序的方式进行成本数据的收集和汇总；而成本的分配是指将归集的间接成本分配给成本对象的过程，也称间接成本的分摊或分派。对于不同性质的成本项目，分配的方法也不尽相同。

1. 人工费的核算

（1）内包人工费。指企业所属的劳务分公司（内部劳务市场自有劳务）与项目经理签订的劳务合同结算的全部工程价款。适用于类似外包工式的合同定额结算支付办法，按月结算计入项目单位工程成本。当月结算，隔月不予结算。

（2）外包人工费。按项目经理部与劳务基地（内部劳务市场外来劳务）或直接与外单位施工队伍签订的包清工合同，以当月验收完成的工程实物量计算出定额工日数，然后乘以合同人工单价确定人工费。并按月凭项目经济人员提供的"包清工工程款月度成本汇总表"（分外包单位和单位工程）预提计入项目单位工程成本。当月结算，隔月不予结算。

【例 5-1】 以某建筑工程公司项目部的施工项目为例,说明其工程成本的核算过程。该项目部 2016 年有办公楼工程、生产车间工程两个成本核算对象,其中,办公楼工程采取按月结算方式,生产车间工程采取竣工后一次结算方式。2016 年 8 月第一项目部发生的人工费资料如下:计时工资 34 500 元,其中,办公楼工程耗用 5 500 工时,生产车间工程耗用 4 500 工时。本月未发生计件工资。本月计时工资分配见表 5-2。

表 5-2 本月计时工资分配表

成本核算对象	实际用工数/工日	分配率/%	应分配的工资额
办公楼工程	5 500		18 975
生产车间工程	4 500	3.45	15 525
合计	10 000		34 500

【解】 根据以上"人工费分配表"做会计分录
借:工程施工——办公楼工程——人工费　　　　　　　　　　18 975
　　　　　　——生产车间工程——人工费　　　　　　　　　　15 525
　　贷:应付职工薪酬——应付工资　　　　　　　　　　　　　　　　34 500
根据工资总额的 16% 计提本月的职工福利费,做会计分录
借:工程施工——办公楼工程——人工费　　　　　　　　　　 3 036
　　　　　　——生产车间工程——人工费　　　　　　　　　　 2 484
　　贷:应付职工薪酬——应付福利费　　　　　　　　　　　　　　　 5 520
根据上述会计分录,登记该项目部"工程成本明细账"和按成本核算对象设置的"工程成本明细卡"的人工费成本项目。

2. 材料费的核算

工程耗用的材料,根据限额领料单、退料单、报损报耗单、大堆材料耗用计算单等,由项目材料员按单位工程编制"材料耗用汇总表",据以计入项目成本。

(1)主要材料核算。

1)钢材、水泥、木材高进高出价差核算。

①标内代办。指"三材"差价列入工程预算账单内作为造价组成部分。通常由项目经理部委托材料分公司代办,由材料分公司向项目经理部收取价差费。由项目成本员按价差发生额,一次或分次提供给项目负责统计的经济员报出产值,以便及时回收资金。月度结算成本时,为谨慎计可不作降低,而作持平处理,使预算与实际同步。单位工程竣工结算,按实际消耗量调整实际成本。

②标外代办。指由建设单位直接委托材料分公司代办三材,其发生的"三材"差价,由材料分公司与建设单位按代办合同口径结算。项目经理部不发生差价,也不列入工程预算账单内,不作为造价组成部分,可作类似于交料平价处理。项目经理部只核算实际耗用超过设计预算用量的那部分量差及负担市场高进高出的差价,并计入相应的项目单位工程成本。

2) 一般价差核算。

①提高项目材料核算的透明度，简化核算，做到明码标价。一般可按一定时点上内部材料市场挂牌价作为材料记账，材料、财务账相符的"计划价"，两者对比产生的差异，计入项目单位工程成本，即所谓的实际消耗量调整后的实际价格。如市场价格发生较大变化，可适时调整材料记账的"计划价"，以便缩小材料成本差异。

②钢材、水泥、木材、玻璃、沥青按实际价格核算，高于预算取费的差价，高进高出，谁用谁负担。

③装饰材料按实际采购价作为计划价核算，计入该项目成本。

④项目对外自行采购或按定额承包供应材料，如砖、瓦、砂、石、小五金等，应按实际采购价或按议定供应价格结算，由此产生的材料、成本差异节超，相应增减项目成本。同时，重视转嫁压价让利风险，获取材料采购经营利益，使供应商让利并使项目受益。

(2) 周转材料核算。

1) 周转材料实行内部租赁制，以租赁费的形式反映其消耗情况，按"谁租用谁负担"的原则，核算其项目成本。

2) 按周转材料租赁办法和租赁合同，由出租方与项目经理部按月结算租赁费。租赁费按租用的数量、时间和内部租赁单价计算计入项目成本。

3) 周转材料在调入移出时，项目经理部都必须加强计量验收制度，如有短缺、损坏，一律按原价赔偿，计入项目成本（缺损数＝进场数－退场数）。

4) 租用周转材料的进退场运费，按其实际发生数，由调入项目负担。

5) 对U形卡、脚手扣件等零件除执行项目租赁制外，考虑到其比较容易散失的因素，按规定实行定额预提摊耗，摊耗数计入项目成本，相应减少次月租赁基数及租赁费。单位工程竣工，必须进行盘点，盘点后的实物数与前期逐月按控制定额摊耗后的数量差，按实调整清算计入成本。

6) 实行租赁制的周转材料，一般不再分配负担周转材料差价。退场后发生的修复整理费用，应由出租单位作出租成本核算，不再向项目另行收费。

(3) 结构件核算。

1) 项目结构件的使用必须要有领发手续，并根据这些手续，按照单位工程使用对象编制"结构件耗用月报表"。

2) 项目结构件的单价，以项目经理部与外加工单位签订的合同为准，计算耗用金额计入成本。

3) 根据实际施工形象进度、已完施工产值的统计、各类实际成本报耗三者在月度时点上的三同步原则（配比原则的引申与应用），结构件耗用的品种和数量应与施工产值相对应。结构件数量金额账的结存数，应与项目成本员的账面余额相符。

4) 结构件的高进高出价差核算同材料费的高进高出价差核算一致。结构件内三材数量、单价、金额均按报价书核定，或按竣工结算单的数量据实结算。报价内的节约或超支由项目自负盈亏。

5) 如发生结构件的一般价差，可计入当月项目成本。

6) 部位分项分包，如铝合金门窗、卷帘门、轻钢龙骨石膏板、平顶、屋面防水等，按照企业通常采用的类似结构件管理和核算方法，项目经济员必须做好月度已完工程部分验收记录，正确计报部位分项分包产值，并书面通知项目成本员及时、正确、足额计入成本。预算成本的折算、归类可与实际成本的出账保持相同口径。分包合同价可包括制作费和安装费等有关费用，工程竣工依据部位分包合同结算书按实调整成本。

7) 在结构件外加工和部位分包施工过程中，项目经理部通过自身努力获取的经营利益或转嫁压价让利风险所产生的利益，均应受益于工程项目。

【例 5-2】 某项目部根据审核无误的各种领料凭证、大堆材料耗用分配表、周转材料摊销分配表等，汇总编制的某个月份的"材料分配表"见表 5-3 和表 5-4。

表 5-3 材料成本核算表

成本核算对象	主要材料						合计	
	钢材		水泥		其他主要材料			
	计划成本	成本差异+1%	计划成本	成本差异+2%	计划成本	成本差异-2%	计划成本	成本差异
办公楼工程	150 000	1 500	50 000	1 000	30 000	-600	230 000	1 900
生产车间工程	110 000	1 100	35 000	700	18 000	-360	163 000	1 440
合计	270 000	2 600	85 000	1 700	48 000	-960	393 000	3 340

表 5-4 建筑构件成本核算表

成本核算对象	结构件		其他材料		合计		周转材料摊销额
	计划成本	成本差异+1%	计划成本	成本差异-1%	计划成本	成本差异	
办公楼工程	100 000	1 000	45 000	-450	375 000	2 450	8 000
生产车间工程	80 000	800	20 000	-200	263 000	2 040	5 000
合计	180 000	1 800	65 000	-650	638 000	4 490	13 000

【解】 根据"材料分配表"，做会计分录。

(1) 借：工程施工——办公楼工程——材料费　　　　375 000
　　　贷：原材料——主要材料　　　　　　　　　　230 000
　　　　　　——结构件　　　　　　　　　　　　　100 000
　　　　　　——其他材料　　　　　　　　　　　　 45 000

(2) 借：工程施工——办公楼工程——材料费　　　　 2 450
　　　贷：材料成本差异——主要材料　　　　　　　 1 900
　　　　　　——结构件　　　　　　　　　　　　　 1 000
　　　　　　——其他材料　　　　　　　　　　　　 -450

(3) 借：工程施工——办公楼工程——材料费　　　　 8 000
　　　贷：周转材料——周转材料摊销　　　　　　　 8 000

(4) 借：工程施工——生产车间工程——材料费　　　263 000
　　　贷：原材料——主要材料　　　　　　　　　　163 000
　　　　　　——结构件　　　　　　　　　　　　　 80 000
　　　　　　——其他材料　　　　　　　　　　　　 20 000

(5) 借：工程施工——生产车间工程——材料费　　　 2 040
　　　贷：材料成本差异——主要材料　　　　　　　 1 440

　　　　　　——结构件　　　　　　　　　　　　　　　　　　800
　　　　　　——其他材料　　　　　　　　　　　　　　　　　-200
　　(6)借：工程施工——办公楼工程——材料费　　　　　5 000
　　　　贷：周转材料——周转材料摊销　　　　　　　　　　5 000

3. 施工机具使用费的核算

(1)机械设备实行内部租赁制，以租赁费形式反映其消耗情况，按"谁租用谁负担"的原则，核算其项目成本。

(2)按机械设备租赁办法和租赁合同，由企业内部机械设备租赁市场与项目经理部按月结算租赁费。租赁费根据机械使用台班，停置台班和内部租赁单价计算，计入项目成本。

(3)机械进出场费，按规定由承租项目负担。

(4)项目经理部租赁的各类大中小型机械，其租赁费全额计入项目机械费成本。

(5)根据内部机械设备租赁市场运行规则要求，结算原始凭证由项目指定专人签证开班和停班数，据以结算费用。现场机、电、修等操作工奖金由项目考核支付，计入项目机械费成本并分配到有关单位工程。

(6)向外单位租赁机械，按当月租赁费用全额计入项目机械费成本。

上述机械租赁费结算，尤其是大型机械租赁费及进出场费应与产值对应，防止只有收入无成本的不正常现象，或形成收入与支出不配比状况。

【例5-3】 本月，某项目部的塔式起重机发生费用10 710元，塔式起重机工作工作56台班，其中，办公楼工程15台班，生产车间工程41台班。另外，混凝土搅拌机发生费用15 000元，提供1 000 m^3 混凝土，其中，办公楼工程600 m^3，生产车间工程400 m^3；货运卡车发生费用19 500元，运行300 t·km，其中，办公楼工程160 t·km，生产车间工程140 t·km。

【解】 根据上述资料编制"机械使用费分配表"，见表5-5。

表5-5　机械使用费分配表

核算单位　　　某项目部　　　2013年8月　　　　　　　　（单位：元）

成本核算对象	塔式起重机/(每台班成本210元)		搅拌机/(每立方米成本15元)		卡车/(每吨·公里成本65元)		合计
	台班数	应分配施工机具使用费	工程量	应分配施工机具使用费	作业量	应分配施工机具使用费	
办公楼工程	15	3 150	600	9 000	160	10 400	22 550
生产车间工程	41	8 610	400	6 000	140	9 100	23 710
合计	56	11 760	1 000	15 000	300	19 500	46 260

在表5-5中，塔式起重机作业费用采取台班分配法：

每台班实际成本=11 760/56=210(元)

搅拌机作业费用采取作业量分配法：

每立方米实际成本=15 000/1 000=15(元)

卡车作业费用采取作业量分配法：

吨·公里实际成本=19 500/300=65(元)

根据以上"机械使用费分配表",作如下会计分录:

借:工程施工——办公楼工程——施工机具使用费　　22 550
　　　　　　——生产车间工程——施工机具使用费　　23 710
　　贷:机械作业——塔式起重机　　　　　　　　　　11 760
　　　　　　　——搅拌机　　　　　　　　　　　　15 000
　　　　　　　——卡车　　　　　　　　　　　　　19 500

根据上述会计分录,登记该项目部"工程成本明细账"和按成本核算对象设置的"工程成本明细卡"的"施工机具使用费"成本项目。

4. 措施费的核算

(1)施工过程中的材料二次搬运,按项目经理部向劳务分公司汽车队托运汽车包天或包月租费结算,或以运输公司的汽车运费计算。

(2)临时设施摊销费按项目经理部搭建的临时设施总价(包括活动房)除以项目合同工期求出每月应摊销额,临时设施使用一个月摊销一个月,摊完为止,项目竣工搭拆差额(盈亏)按实调整实际成本。

(3)生产工具用具使用费。大型机动工具、用具等可以套用类似内部机械租赁办法以租费形式计入成本,也可按购置费用一次摊销法计入项目成本,并做好在用工具实物借用记录,以便反复利用在用工具的修理费按实际发生数计入成本。

(4)除上述以外的措施费内容,均应按实际发生的有效结算凭证计入项目成本。

【例5-4】　本月,某项目部措施费如下:办公楼工程摊销临时设施费5 000元,生产车间工程摊销临时设施费1 200元;以银行存款支付办公楼工程检验试验费2 000元;以现金支付生产车间工程场地清理费1 500元;另外,本月还发生其他措施费6 000元,其中,办公楼工程应分摊4 000元,生产车间工程应分摊2 000元。

【解】　根据上述资料,作会计分录如下:

(1)借:工程施工——办公楼工程——措施费　　　　5 000
　　　　　　——生产车间工程——措施费　　　　1 200
　　贷:临时设施摊销　　　　　　　　　　　　　　6 200
(2)借:工程施工——办公楼工程——措施费　　　　2 000
　　贷:银行存款　　　　　　　　　　　　　　　　2 000
(3)借:工程施工——生产车间工程——措施费　　　1 500
　　贷:库存现金　　　　　　　　　　　　　　　　1 500
(4)借:工程施工——办公楼工程——措施费　　　　4 000
　　　　　　——生产车间工程——措施费　　　　2 000
　　贷:工程施工——其他直接费　　　　　　　　　6 000

根据上述会计分录,登记第一项目部"工程成本明细账"和按成本核算对象设置的"工程成本明细账"的"其他直接费"成本项目。

三、间接成本的核算

(1)对于按规定计费标准支付的外单位管理费应以实际支付数计入各受益对象。对外供应劳务和出租机械作业所负担的施工间接成本,通常按费用定额加以计算,以简化核算手续。难以分清受益对象的间接成本，企业应在"工程施工"科目下设置"间接成本明细账"，并按费用项目设置专栏归集本期发生的各种间接成本，借记"工程施工——间接成本"，贷记"应付工资""应付福利费""累计折旧"等科目。期末按一定标准分配计算各成本核算对象应负担的间接成本，并编制"间接成本分配表"，计入各成本核算对象的工程成本，借记"工程施工——××工程——间接成本"，贷记"工程施工——间接成本"。

（2）间接成本的分配标准因工程类别不同而有所不同。土建工程一般应以工程成本的直接成本为分配标准，安装工程一般应以人工费为分配标准。

（3）在实际工作中，由于项目经理部施工的工程往往既有土建工程又有安装工程，有时辅助生产单位生产的产品或劳务可能还会对外销售，所以间接成本一般要进行两次分配，即第一次分配是在不同类的工程、产品、劳务和作业之间进行分配，第二次分配是在同类工程（或产品、劳务、作业）的不同成本核算对象之间进行分配。

（4）间接成本的第一次分配一般是以各类工程（或产品、劳务、作业）成本中的人工费为标准进行分配。

（5）间接成本的第二次分配是将第一次分配到各类工程（或产品、劳务、作业）中的间接成本再分配到各个成本核算对象中去。第二次分配是按各类工程（或产品、劳务、作业）的直接成本或人工费为标准进行分配。

【例5-5】 本月第某项目部发生间接成本12 000元，详细资料见表5-6。根据施工项目的直接成本分配办公楼工程和生产车间工程应负担的间接成本，并编制"间接成本分配表"，见表5-6。

表5-6 间接成本分配表

核算单位某项目部　　　　　　　　　2013年8月　　　　　　　　　　　　　　元

成本核算对象	直接成本总额	分配率	分配的间接成本
办公楼工程	230 000		6 900
生产车间工程	170 000	3%	5 100
合计	400 000		12 000

表中，间接成本分配率=12 000/(230 000+170 000)=3%

【解】 根据"间接成本分配表"做会计分录如下：

借：工程成本——办公楼工程——间接成本　　　　　　　　6 900
　　　　——生产车间工程——间接成本　　　　　　　　　　5 100
　贷：工程施工——间接成本　　　　　　　　　　　　　　12 000

根据上述会计分录，登记该项目部"工程成本明细账"和按成本核算对象设置的"工程成本明细账"的"间接成本"成本项目。

四、辅助生产费用的核算

辅助生产费用是企业的辅助生产部门（如机修车间、木工车间、供水站、运输队等）为工程施工、产品生产、机械作业、专项工程等生产材料和提供劳务所发生的各项费用，是工程成本的重要组成部分，其费用的多少直接影响工程成本的水平。因此，正确组织辅助生产费用的核算，对于正确计算工程成本、挖掘降低工程成本的潜力，有着重要的作用。

平时，企业辅助生产部门发生的各种费用归集在"辅助生产"科目，同时登记"辅助生产明细账"的有关成本项目，借记"辅助生产"，贷记"应付职工薪酬""库存材料"等科目。月末，将归集的辅助生产费用按受益对象和一定的标准分配计入各成本核算对象，并编制"辅助生产费用分配表"，据此登记有关"工程成本明细账"，借记"工程施工——××工程"，贷记"辅助生产"。

为了使辅助生产费用能较合理地分配计入有关成本核算对象，通常有以下分配方法。

1. 直接分配法

直接分配法是指各辅助生产部门的费用只在施工项目和管理部门之间按受益数量进行分配，对于各辅助生产部门相互提供的产品或劳务不进行分配。

这种分配方法可以适当简化核算工作，适用于各辅助生产部门相互之间提供产品或劳务数量较少的情况。在各辅助生产部门相互之间提供产品或劳务数量较多的情况下，该方法不能正确反映各辅助生产部门的真实费用。

2. 一次交互分配法

一次交互分配法是指先将各辅助生产部门直接发生在各辅助生产部门的费用交互分配，然后将辅助生产部门发生的直接费用，加上分配进来的费用，减去分配出去的费用，再进行第二次分配，这次只分配给施工项目和管理部门。

这种分配方法可以比较全面地反映各辅助生产部门实际发生的费用，但各辅助生产部门只有在接到会计部门转来的其他单位分配计入费用之后，才能计算出实际费用，这样会影响成本核算的及时性。

3. 计划成本分配法

计划成本分配法是指按产品或劳务的计划（或定额）成本以及实际耗用数量分配辅助生产费用。当费用的计划分配额与实际发生额之间出现差异时，其差异可以直接计入间接成本或管理费用中。

五、待摊费用和预提费用的核算

1. 待摊费用的核算

待摊费用是指本期发生，但应由本期和以后各期产品（或劳务）成本共同负担的分摊期在一年以内的各项费用。这种费用发生以后，由于受益期较长，不应一次全部计入当期产品（或劳务）成本，而应按照费用的受益期限分期摊入各期产品（或劳务）成本。如预付保险费、预付报刊订阅费、低值易耗品摊销、固定资产修理费，在经营活动中支付数额较大的契约合同公证费、签证费、科学技术费和经营管理咨询费等。

待摊费用的摊销应根据谁受益谁负担的原则进行，几个月受益，就分几个月摊销。待摊费用的摊销期，有的可以明确确定，如预付保险费，可以按照预付费用的月份确定受益期限；有的很难准确确定，如低值易耗品摊销，可以由成本工程师同生产技术等方面人员估计确定。某些待摊费用，如果数额很小，对产品（或劳务）成本影响不大，为了简化核算，也可以全部计入当期的产品（或劳务）成本。

待摊费用核算应设置"待摊费用"账户，用来核算企业已经支出但应由本期和以后一年内各期分别负担的各项费用。发生待摊费用时，记"待摊费用"账户的借方；月末按规定分摊时，记"待摊费用"账户的贷方；月末余额为已经发生或支付，尚未摊销的费用，"待摊费用"账户按照费用种类设置明细账。

2. 预提费用的核算

预提费用是指先分月计入产品（或劳务）成本，但在以后月份才支付的费用。这种费用虽然尚未支付，但各月已经受益，因而应该预先计入各月产品（或劳务）成本。如租入固定资产的大修理费、预提流动资金利息支出等。预提费用的预提也是根据谁受益谁负担的原则进行，几个月受益，就分几个月预提。预提期末，应将预提费用数额与实际支付的费用进行比较，两者的差额应计入预提期末月份的产品（或劳务）成本。预提费用的核算应设置"预提费用"账户，用来核算企业预提计入成本、费用，但尚未实际支出的各项费用。企业按规定的条件预提费用时，计入"预提费用"账户的贷方；实际发生的费用，计入"预提费用"账户的借方，冲减预提费用；月末余额为已预提尚未支付的费用。本账户按照费用种类设置明细账。

六、已完工程实际成本的计算和结转

已完工程是指完成了预算定额规定的全部工作内容，在本企业不再需要进行加工的分部分项工程，这部分已完工程可以按期计算其实际成本，并按合同价格向建设单位收取工程价款。未完工程是指在期末尚未完成预算定额规定的全部工序与内容的分部分项工程，这部分未完工程不能向建设单位办理价款结算。

在实际工作中，正确确定当期已完工程的实际成本是与建设单位办理工程价款结算的需要，也是施工企业考核本期工程成本完成情况的需要。一方面，它反映了各个施工项目在施工过程中发生的实际耗费，以便用来考核和分析工程预算的执行结果；另一方面，是用它与工程价款结算收入相比较，以确定项目实现了多少利润。经过对本月（或本期）发生的成本项目的归集和分配，将本月（或本期）施工项目应负担的各项费用，都集中反映在"工程成本明细账"中，为工程成本的定期结算和竣工后一次结算提供了必要的核算资料，在此基础上进行已完工程的实际成本计算和结转。根据工程价款结算方式的不同，计算工程实际成本的方法也不同。

1. 竣工后一次结算的工程

施工项目实行竣工后一次结算工程价款时，已完工程即指已经建设单位和施工单位双方验收，办理竣工决算，交付使用的工程。该工程平时发生的费用，按期计入"工程成本明细账"的有关成本项目。竣工时，"工程成本明细账"中登记的工程成本累积总额，就是该竣工工程的实际成本。其计算公式如下：

$$竣工工程实际成本＝期初账面成本余额＋本期成本发生额 \tag{5-1}$$

通过上述方法，计算出工程实际成本后，应当及时结转。结转的时间与工程价款结算时间一致，借记"工程结算成本"，贷记"工程施工——××工程"。

2. 按月（或季）定期结算的工程

按月（或季）定期结算工程价款的工程，其本期已完工程实际成本的计算公式为

$$已完工程成本＝期初未完工程成本＋本期工程成本发生额－期末未完工程成本 \tag{5-2}$$

式中，期初未完工程成本及本期工程成本发生额都可以从"工程成本明细账"中取得，唯一需要计算的是期末未完工程成本。一般情况下，施工单位期末未完工程量占本期全部工程量比重较小，月初、月末的未完工程量变化也不大，因此，为了简化核算手续，通常可以把月末未完工程的预算成本，视同为未完工程的实际成本。期末未完工程的预算成本可用以下两种方法计算。

(1)估量法又称"约当产量法"。是根据在施工现场盘点后确定的未完工程实物量，经过估计，将之折合成相当于已完分部分项工程实物量，然后乘以该分部分项工程的预算单价计算求得。

(2)估价法施工项目中的分部分项工程都是由各道工序组成的，工序是工程最基本的施工单位。因此，未完工程也可以说是只完成了该分部分项工程的若干工序而尚未完成全部工序的工程。估价法就是先确定分部分项工程内各道工序耗用的直接费占整个预算单价的百分比，计算出每道工序的单价，然后乘以未完工程中各道工序的工程量，从而确定未完工程为预算成本。

按估价法计算未完工程的预算成本，先要计算出每道工序的单价，如果分部分项工程的工序过多，应将工序适当归并，计算每一扩大工序的单价，然后再乘以未完工程各扩大工序的工程量。由于计算手续比较复杂，所以在实际工作中，采用估价法计算未完工程预算成本的不多。

七、单位工程成本决算

项目经理部除按月核算已完工程成本外，某项工程竣工时，还要编制竣工成本决算。竣工成本决算是确定竣工工程的预算成本和实际成本，考核竣工工程的实际成本节约或超支的主要依据。因为，在正确计算竣工工程的预算成本和实际成本的基础上，要及时办理单位工程竣工成本决算，将实际成本与预算成本加以比较，以反映工程的预算执行情况，评价各个单位的施工管理水平，为不断降低工程成本提供资料。

为了做好竣工工程的成本决算，应做好以下准备工作。

(1)单位工程竣工后，应及时编制"竣工工程预算价格表"，确定竣工工程的全部预算成本和预算总造价，以便与建设单位进行工程价款的最终结算。

(2)及时组织清理施工现场，对剩余材料进行盘点，分别填制"退料单"和"残料交库单"，办理退料手续，冲减工程成本。

(3)检查工程实际成本的记录是否完整准确。凡应计但未计的成本应补计，凡不应计入的已计费用应予冲减。

(4)检查预算造价是否完整。当施工项目发生变化，工程设计图样因修改而产生预算漏项或计算错误时，为了正确计算工程价款，保证施工项目的合理收入，对于漏项工程，如建筑物加层、远程工程增加费、井点抽水费等，要按规定定额和取费标准，及时办理经济签证手续，调整预算造价。

"单位工程竣工成本决算表"中的"预算成本"各项目，根据施工图预算分析填列，也可以根据有关该项工程"已完工程预算价格计算表"中的预算成本按成本项目分别加总填入。

"单位工程竣工成本决算表"中的"实际成本"各项目，根据"工程成本明细账"中的自开工起实际成本累计发生数填入。如果将若干个单位工程合并为一个成本核算对象，可将几个单位工程合并办理成本决算，但各个单位工程实际成本必须按各个单位工程的预算成本或预算造价的比例计算填入，其计算公式为

$$某竣工单位工程实际成本 = \frac{应分配对象的实际总成本}{各竣工单位工程的预算成本之和} \times 该竣工单位工程预算成本$$

(5-3)

第六节 成本核算会计报表及其分析

一、项目成本核算的台账

1. 为项目成本核算积累资料的台账

(1)产值构成台账(表 5-7),按单位工程设置,根据"已完工程验工月报"填制。

表 5-7 产值构成台账

单位工程名称:　　　　　　　　年　月

日期		工作量/万元	预算成本					2.5%大修费	工程成本表预算成本合计	利润4%已减让利	装备费3%全部	劳保基金1.92%全部	二税一费	二站费用	双包完成	机械分包
年	月		高进高出	系数材差	直、间接费	利息	记账数合计									

制表人:

(2)预算成本构成台账(表 5-8),按单位工程设置,根据"已完工程验工月报"及"竣工结算账单"进行折算。

表 5-8 预算成本构成台账

单位工程名称:　　　　结构　　　　面积/m²　　　　预算造价　　　　竣工决算造价

	人工费	材料费	周转材料费	结构件	机械使用费	措施费	间接费	分建成本	合计	备注
原合同数										
增减账										
竣工决算数										
逐月发生数										
年　月										

制表人:

(3)单位工程增减账台账(表5-9)。

表5-9 单位工程增减账台账

单位工程名称：

编号	日期		内容	金额	直接费部分						签证状况		
	年	月			合计	人工费	材料费	结构件	周转材料费	机械费	措施费	已送审	已签证	已报工作记录
1														
2														
3														
4														
5														
6														
7														
8														
9														
10														

制表人：

2. 对项目资源消耗进行控制的台账

(1)人工费用台账(表5-10)，依项目经济人员提供的内包和外包用工统计来填制。

表5-10 人工费用台账

单位工程名称：

日期		内包工		外包工		其他		合计		备注
年	月	工日数	金额	工日数	金额	工日数	金额	工日数	金额	

制表人：

(2)主要材料耗用台账(表5-11),依项目材料员提供的材料耗用日报来填制。

表5-11 主要材料耗用台账

单位工程名称:

日期		材料名称	水泥	水泥	水泥	黄砂	石子	统一砖	钢材	石灰	纸筋灰	商品混凝土	沥青	玻璃	油毛毡	瓷砖	地砖	马赛克
年	月	规 格	32.5	42.5	52.5			统										
		单 位	t	t	t	t	t	万块	t	t	t	m^3	t	m^2	卷	块	块	m^2
		合同预算数																
		增加账																
		实际耗用数																

制表人:

(3)结构件耗用台账(表5-12),依项目构件员提供的结构件耗用月报来填制。

表5-12 结构件耗用台账

单位工程名称:

年		构件名称	钢窗	钢门	钢框	木门	木窗	其他木制品	多孔板	槽形板	阳台板	扶梯梁	扶梯板	过梁	小构件	成型钢筋	金属制品	铁制品
月	日	规 格																
		单 位	m^2	m^2	m^2	m^2	m^2	元	m^3	m^3	m^3	m^3	m^3	m^3	m^3	t	t	t
		计划单价																
		预算用量																
		增减账																
		实际耗用量																

制表人:

(4)周转材料使用台账(表 5-13),依项目材料员提供的周转材料租用报表来填制。

表 5-13 周转材料使用台账

单位工程名称:

年		名称	组合钢模		钢管脚手		脚手扣件		回形销		山字夹		毛竹		海底笆		钢木脚手板		木模		组合钢模赔损		金额合计
		单位	m^2		套		只		只		只		支		块		块		m^2		m^2		
		单价																					
月	日	摘要	数量	金额	数量	金额	数量	金额	数量	金额	数量	金额	数量	金额	数量	金额	数量	金额	数量	金额	数量	金额	
		施工预算用量																					

制表人:

(5)机械使用台账(表 5-14),依项目材料员提供的机械使用月报来填制。

表 5-14 机械使用台账

单位工程名称:

机械名称																			金额合计
型号规格																			
年	月	台班	单价	金额	台班	单价	金额	台班	单价	金额	台班	单价	金额	台班	单价	金额	台班	单价	金额	

制表人:

(6)临时设施台账(表 5-15)，依项目材料员或经济员提供的搭拆临时设施耗工、耗量资料进行填制。

表 5-15 临时设施(专项工程)台账

工程项目名称：

日期		人工		水泥	钢材	木材	黄砂	石子	砖	门窗	屋架	石棉瓦	水电料	其他	活动房	机械费	金额合计
年	月	工日	金额	t	t	m³	t	t	万块	m²	榀	张	元	元	元	元	
逐月消耗																	

日期		作业棚	机具棚	材料库	办公室	休息室	厕所	宿舍	食堂	浴室	化灰池	储水池	道路	围墙	水电料		金额合计
年	月	m²	m²	m²	m²	m²	m²	m²	m²	m²	m³	m³					
化制建成		元	元	元	元	元	元	元	元	元	元	元	元	元	元		

制表人：

3. 为项目成本分析积累资料的台账

(1)技术措施执行情况台账(表 5-16)，根据措施项目内容、工程量和措施内容，由项目成本员计算。

表 5-16 技术措施执行情况台账

工程项目名称：

年		分部分项工程名称	单位	工程量	掺用原状粉煤灰代黄砂		掺用石屑代黄砂		掺用磨细粉煤灰节约水泥		掺用木质素节约水泥		使用碎砖三合土代道渣		使用散装水泥		金额合计
月	日				数量	金额	数量	金额	数量	金额	数量	金额	数量	金额	数量	金额	
1	30	钢筋混凝土带基 C20	m³														
		基础墙 MU10	m³														
		本月合计															
		自开工起累计															

制表人：

(2)质量成本台账(表5-17),由涉及施工、技术、经济的各岗位通力合作形成制度所支出的费用组成。

表 5-17 质量成本台账

项目工程名称：

日期质量成本科目											
预防成本	质量工作费										
	质量培训费										
	质量奖励费										
	在建产品保护费										
	工资及福利基金										
	小计										
鉴别成本	材料检验费										
	构件检验费										
	计量用具检验费										
	工资及福利基金										
	小计										
内部故障成本	操作返修损失										
	施工方案失误损失										
	停工损失										
	事故分析处理费										
	质量罚款										
	质量过剩支出										
	外单位损坏返修损失										
	小计										
外部故障成本	保护期修补										
	回访管理费										
	诉讼费										
	索赔费用										
	经营损失										
	小计										
外部保证成本	评审费用										
	评审管理费										
	质量成本总计										
	(质量成本/实际成本)×100%										

制表人：

4. 为项目管理服务的台账

(1) 甲供料台账(表 5-18)。

表 5-18　甲供料台账

年		凭证		摘要	供料情况				结算情况			经办人	备注
月	日	种类	编号		名称	规格	单位	数量	结算方式	单价	金额		

制表人：

(2) 分包合同台账(表 5-19)，根据有关合同副本进行填制。

表 5-19　分包合同台账

工程项目名称：

序号	合同名称	合同编号	签约日期	签约人	对方单位及联系人	合同标的	履行标的	结算日期	违约情况	索赔记录

制表人：

二、项目成本核算的账表

1. 项目成本表

项目成本表要求参照"工程结算收入""工程结算成本""工程结算税金及附加"等填列。要求预算成本按规定折算,实际成本账表相符,按月填报。其格式见表5-20。

表 5-20 项目成本表

编报单位: 　　　　　　　　　　　年　月　　　　　　　　　　　　　　　　元

项目	行次	本 期 数				累 计 数			
		预算成本	实际成本	降低额	降低率	预算成本	实际成本	降低额	降低率
		1	2	3	4	5	6	7	8
人工费	1								
外清包人工费	2								
材料费	3								
结构件	4								
周转材料费	5								
机械使用费	6								
措施费	7								
间接成本	8								
工程成本合计	9								
分建成本	10								
工程结算成本合计	11								
工程结算其他收入	12								
工程结算成本总计	13								

企业负责人: 　　　　　　　　　财会负责人: 　　　　　　　　　制表人:

2. 在建工程成本明细表

要求分单位工程列示,账表相符,按月填报,编制方法同上。其格式见表5-21。

表 5-21 在建工程成本明细表

编报单位: 　　　　　　　　　　　年　月

单位名称	本 月 数							
	预算成本	人工费	外包费用	材料费	周转材料费	结构件	机械费	措施费

续表

单位名称	本 月 数							
	预算成本	人工费	外包费用	材料费	周转材料费	结构件	机械费	措施费

单位名称	本年度累计						跨年度累计	
	施工间接费	分包成本	实际成本合计	降低额	降低率	工程其他收入	预算成本	实际成本

单位名称	本年度累计			跨年度累计				
	降低额	降低率	工程其他收入	预算成本	实际成本	降低额	降低率	工程其他收入

单位负责人：　　　　　　成本员：　　　　　　编报日期：　　　　年　月　日

3. 竣工工程成本明细表

要求分单位工程填列，竣工工程全貌预算成本完整折算，竣工点应当调整与已结数之差，与实际成本账表相符。按月填报(有竣工点交工程后)，方法如上。其格式见表5-22。

表 5-22 竣工工程成本明细表

编报单位：　　　　　　　　　　　　　年　月

单位名称	人工费			材料费		周转材料费		结构件	
	预算	实际	外包费用	预算	实际	预算	实际	预算	实际

单位名称	机械费		措施费		施工间接费		分建成本	
	预算	实际	预算	实际	预算	实际	预算	实际

单位名称	合计					合计数中属于本年度的				
	预算成本	实际成本	降低额	降低率	工程其他收入	预算成本	实际成本	降低额	降低率	工程其他收入

单位负责人：　　　　　　　　　　　成本员：　　　　　　　　　　　制表人：

4. 施工间接费表

施工间接费表系复合表，又称费用表，企业和项目均可通用。根据"施工间接费"账户发生额填列，要求账表相符，按季填报。其格式见表5-23。

表 5-23　施工间接费表

编报单位：　　　　　　　　　　　年　月　　　　　　　　　　　　　　　　元

行次	项目	管理费用	财务费用	施工间接费	小计	备注
1	工作人员薪金					
2	职工福利费					
3	工会经费					
4	职工教育经费					
5	差旅交通费					
6	办公费					
7	固定资产使用费					
8	低值易耗品摊销					
9	劳动保护费					
10	技术开发费					
11	业务活动经费					
12	各种税金					
13	上级管理费					
14	劳保统筹费					
15	离退休人员医疗费					
16	其他劳保费用					
17	利息支出					
17—1	其中：利息收入					
18	银行手续费					
19	其他财务费用					
20	内部利息					
21	资金占用费					
22	房改支出					
23	坏账损失					
24	保险费					
25	其他					
26	合计					

行政领导人：　　　　　　　　　财会主管人员：　　　　　　　　　　　制表人：

本章小结

项目施工成本管理的核心分为两级成本核算,即企业的工程施工项目施工成本核算(即工程成本核算)和项目经理部的工程施工成本核算(即施工成本核算)。建筑工程项目成本核算中,最常用的核算方法有会计核算方法、业务核算方法与统计核算方法,三种方法互为补充,各具特点,形成完整的项目成本核算体系。

思考与练习

一、填空题

1. 建筑工程项目施工过程的成本核算一般分为_____、_____和_____三个层次。
2. 根据分期成本核算的原则,成本核算要划分_____和_____。
3. 建筑工程项目成本会计核算以_____为度量单位。

二、问答题

1. 成本核算的任务是什么?
2. 成本核算的意义是什么?
3. 如何理解成本核算的配比原则?
4. 成本核算的基础工作包括哪些内容?
5. 会计核算和项目施工成本核算时,对按国际标报价的工程项目应如何处理?
6. 措施费成本核算资料的形成和流转应符合哪些要求?
7. 为了做好竣工工程的成本决算,应做好哪些准备工作?

第六章　建筑工程成本分析

知识目标

了解成本分析的目的与作用，熟悉成本分析的概念、分类与原则，掌握成本分析的内容和方式方法。

能力目标

通过本章内容的学习，掌握建筑工程成本分析的内容和方式方法，能够按要求完成建筑工程成本分析。

第一节　成本分析的概念、分类、目的与作用

一、成本分析的概念

建筑工程成本分析，就是根据会计核算、业务核算和统计核算提供的资料，对施工成本的形成过程和影响成本升降的因素进行分析，以寻求进一步降低成本的途径。通过成本分析，可从报表反映的成本现象看清成本的实质，为加强成本控制、实现项目成本目标创造条件。

1. 会计核算

会计核算主要是价值核算。会计是以货币为主要计量单位，以凭证为主要依据，借助专门的技术方法，对一定单位的资金运动进行全面、综合、连续、系统的核算与监督，向有关方面提供会计信息，参与经营管理，旨在提高经济效益的一种经济管理活动。

会计的核算方法一般包括：设置账户和账簿，填制和审核会计凭证，复式记账，成本计算，财产清查，编制会计报表和检查、考核、分析会计资料等，最重要的是进行企业财务管理事务。

企业会计六要素指标(即资产、负债、所有者权益、收入、费用和利润)主要由会计来核算。由于会计记录具有连续性、系统性、综合性等特点，所以是施工成本分析的重要依据。

2. 业务核算

业务核算是各业务部门根据业务工作的需要而建立的核算制度,包括原始记录和计算登记表,如单位工程及分部分项工程进度登记、质量登记、工效、定额计算登记,物资消耗定额记录,测试记录等。业务核算的目的在于迅速取得资料,在经济活动中及时采取措施进行调整。

3. 统计核算

统计核算是指对事物的数量进行计量来研究、监督大量的或者个别典型经济现象的一种方法。单位中的统计工作,就是对单位在开展各种业务活动时所产生的大量数据进行收集、整理和分析,并通过这种统计工作形成各种有用的统计资料。比如,产品产量、耗用总工时、单位职工工资水平、员工的年龄构成等。

二、成本分析的分类

一般来说,工程项目成本分析主要分为以下三类:

(1)随着项目施工的进展而进行的成本分析:

1)分部分项工程成本分析。

2)月(季)度成本分析。

3)年度成本分析。

4)竣工成本分析。

(2)按成本项目进行的成本分析:

1)人工费分析。

2)材料费分析。

3)机械使用费分析。

4)措施费分析。

5)间接成本分析。

(3)针对特定问题和与成本有关事项的分析:

1)成本盈亏异常分析。

2)工期成本分析。

3)资金成本分析。

4)质量成本分析。

5)技术组织措施、节约效果分析。

6)其他有利因素和不利因素对成本影响的分析。

三、建筑工程成本分析的目的与作用

1. 工程项目成本分析的目的

(1)根据统计核算、业务核算和会计核算提供的资料,对项目成本的形成过程和影响成本升降的因素进行分析,以寻求进一步降低成本的途径(包括项目成本中的有利偏差的挖潜和不利偏差的纠正)。

(2)通过成本分析,可从账簿、报表反映的成本现象看清成本的实质,从而增强项目成本的透明度和可控性,为加强成本控制、实现项目成本目标创造条件。

2. 工程项目成本分析的作用

(1) 有助于恰当评价成本计划的执行结果。工程项目的经济活动错综复杂，在实施成本管理时制订的成本计划，其执行结果往往存在一定偏差，如果简单地根据成本核算资料直接作出结论，势必会影响结论的正确性；反之，若在核算资料的基础上深入分析，则可能作出比较正确的评价。

(2) 揭示成本节约和超支的原因，进一步提高企业管理水平。成本是反映工程项目经济活动的综合性指标，它直接影响着项目经理部和施工企业生产经营活动的成果。如果工程项目降低了原材料的消耗，减少了其他费用的支出，提高了劳动生产率和设备利用率，这必定会在成本上综合反映出来。借助成本分析，用科学方法，从指标、数字着手，在各项经济指标的相互联系中系统地进行对比分析，揭示矛盾，找出差距，就能正确地查明影响成本的各种因素，从而可以采取措施，不断提高项目经理部和施工企业经营管理的水平。

(3) 寻求进一步降低成本的途径和方法，不断提高企业的经济效益。对工程项目成本执行情况进行评价，找出成本升降的原因，归根结底，是为了挖掘潜力，寻求进一步降低成本的途径和方法。只有把企业的潜力充分挖掘出来，才会使企业的经济效益越来越好。

第二节　成本分析的原则与内容

一、成本分析的原则

从成本分析的效果出发，项目成本分析应遵循以下原则。

1. 实事求是的原则

在成本分析中，必然会涉及一些人和事，因此要注意人为因素的干扰。成本分析一定要有充分的事实依据，应用"一分为二"的辩证方法，对事物进行实事求是的评价，并要尽可能做到措辞恰当，能为绝大多数人所接受。

2. 用数据说话的原则

成本分析要充分利用统计核算、业务核算、会计核算和有关辅助记录（台账）的数据进行定量分析，尽量避免抽象的定性分析。

3. 注重时效的原则

工程项目成本分析贯穿于工程项目成本管理的全过程，这就要及时进行成本分析，及时发现问题，及时予以纠正；否则，就有可能贻误解决问题的最好时机，造成成本失控、效益流失。

4. 为生产经营服务的原则

成本分析不仅要揭露矛盾，而且要分析产生矛盾的原因，提出积极、有效的解决矛盾的合理化建议。这样的成本分析，必然会深得人心，从而受到项目经理部有关部门和人员的积极支持与配合，使工程项目的成本分析更健康地开展下去。

二、成本分析的内容

工程项目成本分析的内容就是对工程项目成本变动因素的分析。影响工程项目成本变动的因素有两个方面：一是外部的，属于市场经济的因素；二是内部的，属于企业经营管理的因素。这两方面的因素在一定条件下又是相互制约和相互促进的。影响工程项目成本变动的市场经济因素主要包括施工企业的规模和技术装备水平，施工企业专业化和协作的水平以及企业员工的技术水平和操作的熟练程度等几个方面，这些因素不是在短期内所能改变的。因此，应将工程项目成本分析的重点放在影响工程项目成本升降的内部因素上。一般来说，工程项目成本分析的内容主要包括以下几个方面。

1. 人工费用水平的合理性

在实行管理层和作业层两层分离的情况下，工程项目施工需要的人工和人工费，由项目经理部与施工队签订劳务承包合同，明确承包范围、承包金额和双方的权利、义务。对项目经理部来说，除按合同规定支付劳务费以外，还可能发生一些其他人工费支出，这些费用支出主要有：

(1)因实物工程量增减而调整的人工和人工费。

(2)定额人工以外的估点工工资(已按定额人工的一定比例由施工队包干，并已列入承包合同的，不再另行支付)。

(3)对在进度、质量、节约、文明施工等方面作出贡献的班组和个人进行奖励的费用。

项目经理部应分析上述人工费用水平的合理性。人工费用水平的合理性是指人工费既不过高，也不过低。如果人工费过高，就会增加工程项目的成本；而人工费过低，工人的积极性不高，工程项目的质量就有可能得不到保证。

2. 材料、能源的利用效率

在其他条件不变的情况下，材料、能源消耗定额的高低直接影响材料、燃料成本的升降。材料、燃料价格的变动，也直接影响产品成本的升降。可见，材料、能源的利用效率及其价格水平是影响产品成本升降的重要因素。

3. 机械设备的利用效率

施工企业的机械设备有自有和租用两种。在机械设备的租用过程中，存在着两种情况：一种是按产量进行承包，并按完成产量计算费用的。如土方工程，项目经理部只要按实际挖掘的土方工程量结算挖土费用，而不必过问挖土机械的完好程度和利用程度。另一种是按使用时间(台班)计算机械费用的。如塔式起重机、搅拌机、砂浆机等，如果机械完好率差或在使用中调度不当，必然会影响机械的利用率，从而延长使用时间，增加使用费用。自有机械也要提高机械的完好率和利用率，因为自有机械停用，仍要负担固定费用。因此，项目经理部应该给予一定的重视。

由于建筑施工的特点，在流水作业和工序搭接上往往会出现某些必然或偶然的施工间隙，影响机械的连续作业；有时，又因为加快施工进度和工种配合，需要机械日夜不停地运转。这样，难免会有一些机械利用率很高，也会有一些机械利用不足，甚至会出现租而不用的情况。利用不足，台班费需要照付；租而不用，则要支付停班费。总之，都将增加机械使用费的支出。因此，在机械设备的使用过程中，必须以满足施工需要为前提，加强机械设备的平衡调度，充分发挥机械的效用；同时，还要加强平时的机械设备的维修保养工作，提高机械的完好率，保证机械的正常运转。

4. 施工质量水平的高低

对施工企业来说，提高工程项目质量水平就可以降低施工中的故障成本，减少未达到质量标准而发生的一切损失费用，但这也意味着为保证和提高项目质量而支出的费用就会增加。可见，施工质量水平的高低也是影响工程项目成本的主要因素之一。

成本分析的依据

5. 其他影响项目成本变动的因素

其他影响项目成本变动的因素，包括除上述四项以外的措施费用以及为施工准备、组织施工和施工管理所需要的费用。

第三节　成本分析的方式与方法

一、成本分析的方式

建筑工程成本分析一般按管理过程，分为事先分析、事中分析和事后分析三个部分。

1. 事先分析

事先分析主要通过项目策划和成本策划来完成，事先分析的结果是项目标准成本和项目责任成本。它主要解决工程项目报价与工程项目成本之间的测算，完成成本管理的前期策划工作。

2. 事中分析

事中分析主要是对正在执行的标准成本和责任成本的结果进行分析。事中分析的主要目的是检查标准成本和责任成本的执行情况以及产生偏差的原因和解决问题的办法。

3. 事后分析

事后分析也称竣工项目成本分析。事后分析的目的是分析成本差异及其产生的原因，总结成本降低经验。

二、成本分析的方法

1. 工程项目成本分析的基本方法

由于施工项目成本涉及的范围很广，需要分析的内容也很多，因此，应在不同的情况下采取不同的分析方法。在工程项目成本分析活动中，常用的基本方法包括比较法、因素分析法、差额计算法、"两算对比"法和比率法等。

(1) 比较法。比较法又称"指标对比分析法"，就是通过技术经济指标的对比，检查目标的完成情况，分析产生差异的原因，进而挖掘内部潜力的方法。这种方法具有通俗易懂、简单易行、便于掌握的特点，因而得到了广泛的应用，但在应用时必须注意各技术经济指标的可比性。

比较法的应用，通常有下列形式：

1)实际指标与目标指标对比。以此检查目标完成情况,分析影响目标完成的积极因素和消极因素,以便及时采取措施,保证成本目标的实现。在进行实际指标与目标指标对比时,还应注意目标本身有无问题。如果目标本身出现问题,则应调整目标,重新正确评价实际工作的成绩。

2)本期实际指标与上期实际指标对比。通过这种对比,可以看出各项技术经济指标的变动情况,反映施工管理水平的提高程度。

3)与本行业平均水平、先进水平对比。通过这种对比,可以反映本项目的技术管理和经济管理与行业的平均水平和先进水平的差距,进而采取措施赶超先进水平。

【例6-1】 某项目本年节约"三材"的目标为100万元,实际节约120万元;上年节约95万元;本企业先进水平节约130万元。根据上述资料编制项目成本分析表。

【解】 该项目成本分析表见表6-1。

表6-1 项目成本分析表 万元

指标	本年计划数	上年实际数	企业先进水平	本年实际数	差异数		
					与计划比	与上年比	与先进比
"三材"节约额	100	95	130	120	20	25	—10

(2)因素分析法。因素分析法可用来分析各种因素对成本的影响程度。在进行分析时,首先要假定众多因素中的一个因素发生了变化,而其他因素不变。然后,逐个替换,分别比较其计算结果,以确定各个因素的变化对成本的影响程度。

因素分析法的计算步骤如下:

1)确定分析对象,并计算出实际数与目标数的差异。

2)确定该指标是由哪几个因素组成的,并按其相互关系进行排序。

3)以目标数为基础,将各因素的目标数相乘,作为分析替代的基数。

4)将各个因素的实际数按照上面的排列顺序进行替换计算,并将替换后的实际数保留下来。

5)将每次替换计算所得的结果,与前一次的计算结果相比较,两者的差异即为该因素对成本的影响程度。

6)确认各个因素的影响程度之和,是否与分析对象的总差异相等。

因素分析法是把工程项目施工成本综合指标分解为各个项目联系的原始因素,以确定引起指标变动的各个因素的影响程度的一种成本费用分析方法。它可以衡量各项因素影响程度的大小,以便查明原因,明确主要问题所在,提出改进措施,达到降低成本的目的。

在运用因素分析法分析各项因素影响程度大小时,常采用连环代替法。采用连环代替法进行因素分析的基本过程为:

1)以各个因素的计划数为基础,计算出一个总数。

2)逐项以各个因素的实际数替换计划数。

3)每次替换后,实际数就保留下来,直到所有计划数都被替换成实际数为止。

4)每次替换后,都应求出新的计算结果。

5)最后将每次替换所得结果,与其相邻的前一个计算结果比较,其差额即为替换的那个因素对总差异的影响程度。

【例6-2】 某施工企业承包一工程,计划砌砖工程量1 200 m³,按预算定额规定,每立方米耗用空心砖510块,每块空心砖计划价格为0.12元;而实际砌砖工程量却达1 500 m³,每立方米实耗空心砖500块,每块空心砖实际购入价为0.18元。试用连环代替法进行成本分析。

【解】 砌砖工程的空心砖成本计算公式为

$$空心砖成本 = 砌砖工程量 \times 每立方米空心砖消耗量 \times 空心砖价格 \qquad (6-1)$$

采用连环代替法针对上述三个因素分别对空心砖成本的影响进行分析,计算过程和结果见表6-2。

表6-2 砌砖工程空心砖成本分析表

计算顺序	砌砖工程量/m³	每立方米空心砖消耗量/块	空心砖价格/元	空心砖成本/元	差异数/元	差异原因
计划数	1 200	510	0.12	73 440		
第一次代替	1 500	510	0.12	91 800	18 360	由于工程量增加
第二次代替	1 500	500	0.12	90 000	−1 800	由于空心砖节约
第三次代替	1 500	500	0.18	135 000	45 000	由于价格提高
合 计					61 560	

以上分析结果表明,实际空心砖成本比计划超了61 560元,主要是由于工程量增加和空心砖价格提高引起的;另外,由于节约空心砖消耗,使空心砖成本节约了1 800元,这是好的现象,应总结经验。

【例6-3】 某工程浇筑一层结构商品混凝土,成本目标为364 000元,实际成本为383 760元,比成本目标增加19 760元。根据表6-3,用"因素分析法"(连环代替法)分析其成本增加的原因。

表6-3 商品混凝土成本目标与实际成本对比表

项 目	计 划	实 际	差 额
产量/m³	500	520	+20
单价/元	700	720	+20
损耗率/%	4	2.5	−1.5
成本/元	364 000	383 760	+19 760

【解】 ①分析对象是浇筑一层结构商品混凝土的成本,实际成本与成本目标的差额为19 760元。

②该指标是由产量、单价、损耗率三个因素组成的,其排序见表6-3。

③以目标数364 000(500×700×1.04)为分析替代的基础。

④替换:

第一次替换:产量因素,以520替代500,得520×700×1.04=378 560(元)。

第二次替换:单价因素,以720替代700,并保留上次替换后的值,得389 376元,即520×720×1.04=389 376(元)。

第三次替换:损耗率因素,以1.025替代1.04,并保留上两次替换后的值,得383 760元。

⑤计算差额：

第一次替换与目标数的差额=378 560-364 000=14 560(元)。

第二次替换与第一次替换的差额=389 376-378 560=10 816(元)。

第三次替换与第二次替换的差额=383 760-389 376=-5 616(元)。

产量增加使成本增加了 14 560 元，单价提高使成本增加了 10 816 元，而损耗率下降使成本减少了 5 616 元。

⑥各因素的影响程度之和=14 560+10 816-5 616=19 760(元)，与实际成本和成本目标的总差额相等。

为了使用方便，企业也可以通过运用因素分析表来求出各因素的变动对实际成本的影响程度，其具体形式见表 6-4。

表 6-4　商品混凝土成本变动因素分析元

顺　序	循环替换计算	差异	因　素　分　析
计划数	500×700×1.04=364 000		
第一次替换	520×700×1.04=378 560	14 560	由于产量增加 20 m³，成本增加 14 560 元
第二次替换	520×720×1.04=389 376	10 816	由于单价提高 20 元，成本增加 10 816 元
第三次替换	520×720×1.025=383 760	-5 616	由于损耗率下降 1.5%，成本减少 5 616 元
合　计	14 560+10 816-5 616=19 760	19 760	

值得注意的是，在应用因素分析法时，各个因素的排列顺序应该固定不变。否则，就会得出不同的计算结果，也会产生不同的结论。

(3)差额计算法。差额计算法是因素分析法的一种简化形式，它利用各个因素的目标与实际的差额来计算其对成本的影响程度。

【例 6-4】　某工程项目某月的实际成本降低额比目标数提高了 2.00 万元，根据表 6-5，应用"差额计算法"分析预算成本和成本降低率对成本降低额的影响程度。

表 6-5　降低成本目标与实际对比表

项　目	单　位	目　标	实　际	差　异
预算成本	万元	310	320	+10
成本降低率	%	4	4.5	+0.5
成本降低额	万元	12.4	14.4	+2.00

【解】　①预算成本增加对成本降低额的影响程度：

$$(320-310)\times 4\% = 0.40(万元)$$

②成本降低率提高对成本降低额的影响程度：

$$(4.5\% - 4\%)\times 320 = 1.60(万元)$$

以上两项合计：0.40+1.60=2.00(万元)

(4)"两算对比"法。所谓两算对比，是指施工预算和施工图预算对比。施工图预算确定的是工程预算成本，施工预算确定的是工程计划成本，它们是从不同角度计算的两本经济账。"两算"的核心是工程量对比。尽管"两算"采用的定额不同、工序不同,工程量有一定区别,但二者的主要工程量应当是一致的。如果"两算"的工程量不一致,必然有一份出现了问题,应当认真检查并解决问题。

"两算"对比是建筑施工企业加强经营管理的手段。通过施工预算和施工图预算的对比,可预先找出节约或超支的原因,研究解决措施,实现对人工、材料和机械的事先控制,避免发生计划成本亏损。

"两算"对比以施工预算所包括的项目为准,对比内容包括主要项目工程量、用工数及主要材料消耗量,但具体内容应结合各项目的实际情况而定。"两算"对比可采用实物量对比法和实物金额对比法。

1)实物量对比法。实物量是指分项工程中所消耗的人工、材料和机械台班消耗的实物数量。对比是将"两算"中相同项目所需要的人工、材料和机械台班消耗量进行比较,或以分部工程及单位工程为对象,将"两算"的人工、材料汇总数量相比较。因"两算"各自的项目划分不完全一致,为使两者具有可比性,常常需要经过项目合并、换算之后才能进行对比。由于预算定额项目的综合性较施工定额项目大,故一般是合并施工预算项目的实物量,使其与预算定额项目相对应,然后再进行对比。表 6-6 为砌筑砖墙分项工程的"两算"对比表。

表 6-6 砌筑砖墙分项工程的"两算"对比表

项目名称	数量/m³	内容	人工材料种类		
			人工/工日	砂浆/m³	砖/千块
一砖墙	245.8	施工预算 施工图预算	322.0 410.6	54.8 55.1	128.1 128.6
1/2砖墙	6.4	施工预算 施工图预算	10.3 11.5	1.24 1.39	3.56 4.05
合 计	252.2	施工预算 施工图预算	332.3 422.1	56.04 56.49	131.66 132.65
		"两算"对比差额 "两算"对比差额率(%)	+89.8 +21.27	+0.45 +0.80	+0.99 +0.75

2)实物金额对比法。实物金额是指分项工程所消耗的人工、材料和机械台班的金额费用。由于施工预算只能反映完成项目所消耗的实物量,并不反映其价值,为使施工预算与施工图预算进行金额对比,就需要将施工预算中的人工、材料和机械台班的数量乘以各自的单价,汇总成人工费、材料费和机械台班使用费,然后与施工图预算的人工费、材料费和机械台班使用费相比较(表 6-7)。

表 6-7 实物金额对比的"两算"对比表

序号	项目	施工图预算			施工预算			数量差			金额差		
		数量	单价	合计	数量	单价	合计	节约	超支	%	节约	超支	%
一、	直接费/元			10 456.7			9 451.86				1 004.8		9.61
1.	人工/元			971.92			882.58				89.34		9.19

续表

序号	项目	施工图预算			施工预算			数量差			金额差		
		数量	单价	合计	数量	单价	合计	节约	超支	%	节约	超支	%
2.	材料/元	131.62	68	8 950.12	127.90	63	8 057.54	3.72		2.83	892.58		6.2
3.	机械/元	5.75	93	534.64	5.69	90	511.74	0.06		1.09	22.9		4.28
二、	分部工程												
1.	土方工程/元	2.54	90	228.55	2.19	96	210.29	0.35		13.74	18.26		8
2.	砖石工程/元	15.20	180	2 735.36	14.80	176	2 605.1	0.39		2.60	130.26		4.76
3.	钢筋混凝土工程/元	8.78	255	2 239.52	8.65	246	2 126.84	0.13		1.56	112.68		9.49
4.	其他												
三、	材料												
1.	板方料/m³	2.132	154	328.33	2.09	154	322.01	0.04		1.97	6.32		1.92
2.	钢筋/t	1.075	595	639.63	1.044	595	621.18	0.03		2.88	18.45		2.88
3.	其他												

在"两算对比"法的运用过程中，应注意以下事项：

1）人工数量：一般施工预算应低于施工图预算工日数的10%～15%，因为施工定额与预算定额水平不一样。预算定额编制时，考虑到在正常施工组织的情况下工序搭接及土建与水电安装之间的交叉配合所需的停歇时间，工程质量检查及隐蔽工程验收而影响的时间和施工中不可避免的少量零星用工等因素，留有10%～15%定额人工幅度差。

2）材料消耗：一般施工预算应低于施工图预算的消耗量。由于定额水平不一致，有的项目会出现施工预算消耗量大于施工图预算消耗量的情况。这时，需要调查分析，根据实际情况调整施工预算用量后再分析对比。

3）机械台班数量及机械费的"两算"对比：由于施工预算是根据施工组织设计或施工方案规定的实际进场施工机械种类、型号、数量和工作时间编制计算机械台班，而施工图预算的定额的机械台班是根据一般配置，综合考虑，多以金额表示，所以，一般以"两算"的机械费用相对比，而且只能核算搅拌机、卷扬机、塔式起重机、汽车式起重机和履带式起重机等大中型机械台班费是否超过施工图预算机械费。如果机械费大量超支，没有特殊情况，应改变施工采用的机械方案，尽量做到不亏本并略有盈余。

4）脚手架工程无法按实物量进行"两算"对比，只能用金额对比。施工预算是根据施工组织设计或施工方案规定的搭设脚手架内容计算工程量和费用的，而施工图预算按定额综合考虑，按建筑面积计算脚手架的摊销费用。

（5）比率法。比率法是指用两个以上指标的比例进行分析的方法。其基本特点是先把对比分析的数值变成相对数，再观察它们相互之间的关系。常用的比率法有以下几种：

1）相关比率法。由于项目经济活动的各个方面相互联系、相互依存、相互影响，因而可以将两个性质不同而又相关的指标加以对比，求出比率，并以此来考察经营成果的好坏。

如产值和工资是两个不同的概念，但它们的关系又是投入与产出的关系。在一般情况下，都希望以最少的工资支出完成最大的产值。因此，用产值工资率指标来考核人工费的支出水平，就很能说明问题。

2) 构成比率法，又称比重分析法或结构对比分析法。通过构成比率，可以考察成本总量的构成情况及各成本项目占成本总量的比重。同时，也可看出量、本、利的比例关系（即预算成本、实际成本和降低成本的比例关系），从而为寻求降低成本的途径指明方向。表6-8为成本构成比例分析表。

表6-8 成本构成比例分析表 万元

成本项目	预算成本		实际成本		降低成本		
	金额	比重	金额	比重	金额	占本项/%	占总量/%
一、直接成本	1 263.79	93.20	1 200.31	92.38	63.48	5.02	4.68
1. 人工费	113.36	8.36	119.28	9.18	−5.92	−1.09	−0.44
2. 材料费	1 006.56	74.23	939.67	72.32	66.89	6.65	4.93
3. 机械使用费	87.60	6.46	89.65	6.90	−2.05	−2.34	−0.15
4. 措施费	56.27	4.15	51.71	3.98	4.56	8.10	0.34
二、间接成本	92.21	6.80	99.01	7.62	−6.80	−7.37	0.50
成本总量	1 356.00	100.00	1 299.32	100.00	56.68	4.18	4.18
量本利比例/%	100.00		95.82		4.18		

3) 动态比率法。动态比率法是将同类指标不同时期的数值进行对比，求出比率，用以分析该项指标的发展方向和发展速度。动态比率的计算通常采用基期指数和环比指数两种方法，见表6-9。

表6-9 指标动态比较表

指标	第一季度	第二季度	第三季度	第四季度
降低成本/万元	45.60	47.80	52.50	64.30
基期指数/%（一季度=100）		104.82	115.13	141.01
环比指数/%（上一季度=100）		104.82	109.83	122.48

2. 工程项目综合成本的分析方法

这里所说的综合成本，是指涉及多种生产要素并受多种因素影响的成本费用，如分部分项工程成本、月（季）度成本、年度成本等。由于这些成本都是随着项目施工的进展而逐步形成的，与生产经营有着密切的关系。因此，做好成本分析的上述工作，无疑将促进项目的生产经营管理，提高项目的经济效益。

(1) 分部分项工程成本分析。分部分项工程成本分析是项目成本分析的基础，其对象为已完成的分部分项工程。分析的方法是：进行预算成本、成本目标和实际成本的"三算"对比，分别计算实际偏差和目标偏差，分析偏差产生的原因，为今后的分部分项工程成本寻求节约途径。

分部分项工程成本分析表的格式见表 6-10。

表 6-10 分部分项工程成本分析表

单位工程：
分部分项工程名称：＿＿＿＿ 工程量：＿＿＿＿ 施工班组：＿＿＿＿ 施工日期：＿＿＿＿

工料名称	规格	单位	单价	预算成本		计划成本		实际成本		实际与预算比较		实际与预算比较	
				数量	金额	数量	金额	数量	金额	数量	金额	数量	金额
合计													
实际与预算比较/%（预算＝100）				—		—		—		—		—	
实际与计划比较/%（计划＝100）				—		—		—		—		—	
节超原因说明													

编制单位： 成本员： 填表日期：

分部分项工程成本分析的资料来源是：预算成本来自投标报价成本，成本目标来自施工预算，实际成本来自施工任务单的实际工程量、实耗人工和限额领料单的实耗材料。

由于工程项目包括很多分部分项工程，不可能也没有必要对每一个分部分项工程都进行成本分析。特别是一些工程量小、成本费用微不足道的零星工程。但是，对于主要的分部分项工程则必须进行成本分析，而且要从开工到竣工进行系统的成本分析。这是一项很有意义的工作，通过主要分部分项工程成本的系统分析，可以基本上了解项目成本形成的全过程，为竣工成本分析和今后的项目成本管理提供一份宝贵的参考资料。

(2)月(季)度成本分析。月(季)度成本分析，是工程项目定期、经常性的中间成本分析。它对于有一次性特点的工程项目来说，有着特别重要的意义，因为通过月(季)度成本分析，可以及时发现问题，有利于按照成本目标指示的方向进行监督和控制，保证项目成本目标的实现。

月(季)度成本分析的依据是当月(季)的成本报表。分析内容通常有以下几个方面：

1)通过实际成本与预算成本的对比，分析当月(季)的成本降低水平；通过累计实际成本与累计预算成本的对比，分析累计的成本降低水平，预测实现项目成本目标的前景。

2)通过实际成本与成本目标的对比，分析成本目标的落实情况，发现目标管理中的问题和不足，进而采取措施，加强成本管理，保证成本目标的落实。

3)通过对各成本项目的成本分析，可以了解成本总量的构成比例和成本管理的薄弱环节。例如，在成本分析中，发现人工费、机械费和间接费等项目大幅度超支，就应该对这些费用的收支配比关系进行认真研究，并采取对应的增收节支措施，防止今后再超支。如果是属于预算定额规定的"政策性"亏损，则应从控制支出着手，把超支额压缩到最低限度。

4)通过主要技术经济指标的实际与目标的对比，分析产量、工期、质量、"三材"节约率、机械利用率等对成本的影响。

5) 通过对技术组织措施执行效果的分析，寻求更加有效的节约途径。

6) 分析其他有利条件和不利条件对成本的影响。

(3) 年度成本分析。企业成本要求一年结算一次，不得将本年成本转入下一年度。而项目成本则以项目的寿命周期为结算期，要求从开工、竣工到保修期结束连续计算，最后结算出成本总量及其盈亏。由于项目的施工周期一般较长，除进行月（季）度成本核算和分析外，还要进行年度成本的核算和分析。这不仅是为了满足企业汇编年度成本报表的需要，同时也是项目成本管理的需要。通过年度成本的综合分析，可以总结一年来成本管理的成绩和不足，为今后的成本管理提供经验和教训，从而对项目成本进行更有效的管理。

年度成本分析的依据是年度成本报表。年度成本分析的内容，除月（季）度成本分析的六个方面以外，重点是针对下一年度的施工进展情况规划提出切实可行的成本管理措施，以保证项目成本目标的实现。

(4) 竣工成本的综合分析。凡是有几个单位工程而且是单独进行成本核算（即成本核算对象）的工程项目，其竣工成本分析均应以各单位工程竣工成本分析资料为基础，再加上项目经理部的经营效益（如资金调度、对外分包等所产生的效益）进行综合分析。如果工程项目只有一个成本核算对象（单位工程），就以该成本核算对象的竣工成本资料作为成本分析的依据。

单位工程竣工成本分析，应包括以下三方面内容：

1) 竣工成本分析。

2) 主要资源节超对比分析。

3) 主要技术节约措施及经济效果分析。

通过以上分析，可以全面了解单位工程的成本构成和降低成本的来源，对今后同类工程的成本管理有很大参考价值。单位工程竣工成本分析见表 6-11。

表 6-11 单位工程竣工成本分析表

施工单位_____ 工程型号_____ 编报日期_____年_____月_____日
单位工程名称_____ 结构层次_____ 建筑面积_____m² 开
竣工日期_____年_____月_____日 施工周期_____天 工程总造价_____元（其中人防_____元）
施工图预算用工_____工日 施工预算用工_____工日 实耗人工_____工日（其中民_____工日 民工工资_____元）计件超产工资_____元

项　目	预算成本		实际成本		降低额	降低率/%		主要工、料、结构件节超对比表												
	金额	比重	金额	比重		占本项	占合计	项目	名称	单位	用量			单价	金额	名称	单位	用量			单价	金额
											预算	实际	节超					预算	实际	节超		
一、直接成本																						
1. 人工费								人工		工日												

续表

项目	预算成本		实际成本		降低额	降低率/%		主要工、料、结构件节超对比表								
	金额	比重	金额	比重		占本项	占合计									
其中：分包人工费								材料费	水泥	t			钢、木模摊销	元		
2. 材料费									黄砂	t			油毛毡	卷		
									石子	t			油漆	kg		
其中：结构件									统一砖	千块			玻璃	m²		
周转材料费									多孔砖	千块						
3. 机械使用费								材料费	商品混凝土	m²						
4. 措施费									石灰	t						
									沥青							
二、间接成本									木材	m³			材料费小计			
工程成本		100%		100%				结构件	混凝土制品	m²			其他铁器	t		
									钢门窗	m²			预埋铁件	t		
									木制品	m²						
									成型钢筋	t			结构件小计			
									大型机械进退场费	元			土方运费	元		
主要技术节约措施及经济效果分析																

单位负责人：　　　　　　　　财务负责人：　　　　　　　　制表人：

3. 工程项目专项成本的分析方法

(1)成本盈亏异常分析。对工程项目来说，成本出现盈亏异常情况，必须引起高度重视，彻底查明原因，立即加以纠正。

检查成本盈亏异常的原因，应从经济核算的"三同步"入手。因为，项目经济核算的基本规律是：在完成多少产值、消耗多少资源、发生多少成本之间，有着必然的同步关系。如果违背这个规律，就会发生成本的盈亏异常。

"三同步"检查是提高项目经济核算水平的有效手段，不仅适用于成本盈亏异常的检查，也可用于月度成本的检查。"三同步"检查可以通过以下五方面的对比分析来实现。

1）产值与施工任务单的实际工程量和形象进度是否同步。

2）资源消耗与施工任务单的实耗人工、限额领料单的实耗材料，当期租用的周转材料和施工机械是否同步。

3）其他费用（如材料价差、超高费、井点抽水的打拔费和台班费等）的产值统计与实际支付是否同步。

4）预算成本与产值统计是否同步。

5）实际成本与资源消耗是否同步。

实践证明，把以上五方面的同步情况查明以后，成本盈亏的原因便会一目了然。

月度成本盈亏异常情况分析表的格式见表 6-12。

表 6-12 月度成本盈亏异常情况分析表

工程名称_____ 结构层数_____ ____年____月 预算造价_____万元

到本月末的形象进度												
累计完成产值		万元		累计点交预算成本				万元				
累计发生实际成本		万元		累计降低或亏损		金额				率		%
本月完成产值		万元		本月点交预算成本				万元				
本月发生实际成本		万元		本月降低或亏损		金额				率		%

已完工程及费用名称	单位	数量	产值	资源消耗									机械租费设备	工料机金额合计
				实耗人工		实耗材料								
						金额小计	其　中							
				工日	金额		水泥		钢材		木材	结构件		
							数量	金额	数量	金额	数量	金额	金额	

（2）资金成本分析。资金与成本的关系，就是工程收入与成本支出的关系。根据工程成本核算的特点，工程收入与成本支出有很强的配比性。一般而言，都希望工程收入越多越好，成本支出越少越好。

工程项目的资金来源主要是工程款收入；而施工耗用的人、财、物的货币表现，则是工程成本支出。因此，减少人、财、物的消耗，既能降低成本，又能节约资金。

进行资金成本分析，通常应用"成本支出率"指标，即成本支出占工程款收入的比例。其计算公式如下：

$$成本支出率 = \frac{计算期实际成本支出}{计算期实际工程款收入} \times 100\% \tag{6-2}$$

通过对"成本支出率"的分析，可以看出资金收入中用于成本支出的比重有多大，也可通过加强资金管理来控制成本支出，还可联系储备金和结存资金的比重分析资金使用的合理性。

(3)工期成本分析。一般来说，工期越长费用支出越多，工期越短费用支出越少。特别是固定成本的支出，基本上是与工期长短成正比增减的，它是进行工期成本分析的重点。工期成本分析，就是计划工期成本与实际工期成本的比较分析。

工期成本分析一般采用比较法，即将计划工期成本与实际工期成本进行比较，然后应用"因素分析法"分析各种因素的变动对工期成本差异的影响程度。

进行工期成本分析的前提条件是，根据施工图预算和施工组织设计进行量本利分析，计算工程项目的产量、成本和利润的比例关系，然后用固定成本除以合同工期，求出每月支用的固定成本。

【例6-5】 某工程项目合同预算造价562.20万元，其中预算成本476.95万元，合同工期13个月。根据施工组织设计测算，变动成本总额为387.14万元，变动成本率80.83%，每月固定成本支出5.078万元，计划成本降低率为6%。

假如该工程项目竣工造价不变，但在施工中采取了有效的技术组织措施，使变动成本率下降到80%，月固定成本支出降低为4.85万元，实际工期缩短到12.5个月。试分析其工期成本。

【解】(1)根据以上资料，按照以下顺序计算工期成本：

①先求该工程项目的计划工期(又称经济工期)。

$$\text{计划(经济)工期} = \frac{\text{预算成本} \times (1 - \text{变动成本率} - \text{计划成本降低率})}{\text{月固定成本支用水平}}$$

$$= \frac{476.95 \times (1 - 0.8083 - 0.06)}{5.078} = 12.37(\text{月})$$

②再计算经济工期的计划成本。

经济工期的计划成本 = 预算成本 × 变动成本率 + 月固定成本支用水平 × 计划经济工期
$$= 478.95 \times 80\% + 5.078 \times 12.37 = 445.97(\text{万元})$$

③实际工期成本 = 预算成本 × 实际变动成本率 + 实际月固定成本支用水平 × 实际工期
$$= 478.95 \times 80\% + 4.88 \times 12.5 = 444.16(\text{万元})$$

根据以上计算结果，实际工期成本比计划工期成本节约：

$$445.97 - 444.16 = 1.81(\text{万元})$$

(2)按照以上工期成本资料，应用"因素分析法"，对工期成本的节约额6.41万元进行分析：

①该项目成本的变动成本率由计划的80.83%下降为实际的80%，下降了0.0083万元(0.8083－0.8000)，使实际工期成本额节约3.98万元。计算如下：

$$478.95 \times 0.8 - 478.95 \times 0.8083 = -3.98(\text{万元})$$

②该工程项目的月固定成本支出由计划的5.078万元下降到实际的4.85万元，下降了0.228万元(5.078－4.85)，使实际工期成本节约2.83万元。计算如下：

$$-0.228 \times 12.37 = -2.82(\text{万元})$$

③该工程项目的实际工期比经济工期延长了0.13个月(12.5－12.37)，使实际工期成本超支0.63万元。计算如下：

$$4.85 \times 0.13 = 0.63(万元)$$

以上三项因素合计：$-3.98-2.82+0.63=-6.17(万元)(节约)$

(4)技术组织措施执行效果分析。技术组织措施是工程项目降低工程成本、提高经济效益的有效途径。因此，在开工以前都要根据工程特点编制技术组织措施计划，列入施工组织设计。施工过程中，为了落实施工组织设计所列技术组织措施计划，可以结合月度施工作业计划的内容编制月度技术组织措施计划。同时，还要对月度技术组织措施计划的执行情况进行检查和考核。

实际工作中，往往有些措施已按计划实施，有些措施并未实施，还有一些措施则是计划以外的。因此，在检查和考核措施计划执行情况的时候，必须分析未按计划实施的具体原因，作出正确的评价，以免挫伤有关人员的积极性。

对执行效果的分析也要实事求是，既要按理论计算，又要联系实际，对节约的实物进行验收，然后根据实际节约效果论功行赏，以激励有关人员执行技术组织措施的积极性。

技术组织措施必须与工程项目的工程特点相结合，技术组织措施有很强的针对性和适应性(当然也有各工程项目通用的技术组织措施)。计算节约效果的方法一般按以下公式计算：

$$措施节约效果 = 措施前的成本 - 措施后的成本 \quad (6-3)$$

对节约效果的分析需要联系措施的内容和执行经过来进行。有些措施难度比较大，但节约效果并不好；而有些措施难度并不大，但节约效果却很好。因此，在对技术组织措施执行效果进行考核的时候，也要根据不同情况区别对待。对于在项目施工管理中影响比较大、节约效果比较好的技术组织措施，应以专题分析的形式进行深入、详细的分析，以便推广应用。

分析工程项目技术组织措施的执行效果对项目成本的影响程度，可参照表6-13进行。

表6-13 某项目技术组织措施执行效果汇总表

月 份	预算成本/万元	执行技术组织措施			其 中				
		数量/项	节约金额/万元	占预算成本/%	节约水泥/t	节约钢材/t	节约木材/m³	节约成品油/t	使用代用燃料/t
1月	137.50	12	3.60	2.62	6.60	0.40	0.55	0.15	124.00
2月	86.40	8	1.34	1.55	4.30	0.25	0.35		82.00
3月	118.66	10	2.35	1.98	5.90	0.35	0.50	0.12	146.00
4月	177.88	16	4.82	2.71	8.80	0.50	0.70	0.18	177.00
5月	204.33	16	5.72	2.80	10.20	0.60	0.80	0.23	209.00
6月	194.87	14	5.14	2.64	9.70	0.60	0.75	0.21	196.00
合计	919.64	76	22.97	2.50	45.50	2.70	3.65	0.89	934.00

从技术组织措施的执行效果表来看，该工程项目对落实技术组织措施是比较认真的，并且取得了积极的效果。半年当中，共执行了76项技术组织措施，节约金额22.94万元，占预算成本的2.5%；此外，在执行技术组织措施的过程中，还节约了一定数量的"三材"和能源，这也是值得借鉴的。

(5)其他有利因素和不利因素对成本影响的分析。工程项目施工过程中,必然会有很多有利因素,同时也会碰到不少不利因素。不管是有利因素还是不利因素,都将对工程项目成本产生影响。

对待这些有利因素和不利因素,项目经理首先要有预见,有抵御风险的能力;同时,还要把握机遇充分利用有利因素,积极争取转换不利因素。这样,就会更有利于项目施工,也更有利于项目成本的降低。

这些有利因素和不利因素,包括工程结构的复杂性和施工技术上的难度,施工现场的自然地理环境(如水文、地质、气候等),以及物资供应渠道和技术装备水平等。它们对项目成本的影响,需要具体问题具体分析。这里只能作为一项成本分析的内容提出来,有待今后根据施工中接触到的实际问题进行分析。

4. 工程项目成本目标差异分析方法

成本目标差异是指项目的实际成本与成本目标之间的差额。成本目标差异的目的是找出并分析成本目标产生差异的原因,从而尽可能降低成本项目施工。

(1)人工费分析。人工费分析的主要依据是工程预算工日和实际人工的对比,分析出人工费的节约或超支的原因。影响人工费节约或超支的主要因素有两个:人工费量差和人工费价差。

1)人工费量差。计算人工费量差首先要计算工日差,即实际耗用工日数同预算定额工日数的差异。预算定额工日的取得,根据验工月报或设计预算中的人工费补差中取得工日数,实耗人工根据外包管理部门的包清工成本工程款月报,列出实物量定额工日数和估点工工日数。工日差乘以预算人工单价可得人工费量差,计算后可以看出由于实际用工增加或减少,使人工费增加或减少。

2)人工费价差。计算人工费价差先要计算出每工人工费价差,即预算人工单价和实际人工单价之差。预算人工单价根据预算人工费除以预算工日数得出预算人工平均单价。实际人工单价等于实际人工费除以实耗工日数,每工人工费价差乘以实耗工日数得人工费价差,计算后可以看出由于每工人工单价增加或减少,使人工费增加或减少。

人工费量差与人工费价差的计算公式如下:

$$人工费量差=(实际耗用工日数-预算定额工日数)\times 预算人工单价 \qquad (6-4)$$

$$人工费价差=实际耗用工日数\times(实际人工单价-预算人工单价) \qquad (6-5)$$

影响人工费节约或超支的原因是错综复杂的,除上述分析外,还应分析定额用工、估点工用工,从管理上找原因。

(2)材料费分析。

1)主要材料和结构件费用的分析。主要材料和结构件费用的高低,主要受价格和消耗数量的影响。而材料价格的变动,又要受到采购价格、运输费用、途中损耗、来料不足等因素的影响;材料消耗数量的变动,也要受操作损耗、管理损耗和返工损失等因素的影响,可在价格变动较大和数量超用异常的时候再作深入分析。材料价格和消耗数量的变化对材料和结构件费用的影响程度,可按下列公式计算:

因材料价格变动对材料费的影响:

$$(预算单价-实际单价)\times 消耗数量 \qquad (6-6)$$

因消耗数量变动对材料费的影响:

$$(预算用量-实际用量)×预算价格 \qquad (6-7)$$

主要材料和结构件差异分析表的格式见表 6-14。

表 6-14 主要材料和结构件差异分析表

材料名称	价格差异				数量差异				成本差异
	实际单价	目标单价	节超	价差金额	实际用量	目标用量	节超	量差金额	

2) 周转材料使用费分析。在实行周转材料内部租赁制的情况下，项目周转材料费的节约或超支，取决于周转材料的周转利用率和损耗率。如果周转慢，周转材料的使用时间就长，就会增加租赁费支出，而超过规定的损耗，更要照原价赔偿。周转利用率和损耗率的计算公式如下：

$$周转利用率 = \frac{实际使用数 \times 租用期内的周转次数}{进场数 \times 租用期} \times 100\% \qquad (6-8)$$

$$损耗率 = \frac{退场数}{进场数} \times 100\% \qquad (6-9)$$

【例 6-6】 某工程项目需要定型钢模，考虑周转利用率 85%，租用钢模 4 500 m²，月租金 5 元/m²；由于加快施工进度，实际周转利用率达到 90%。试用差额分析法计算周转利用率的提高对节约周转材料使用费的影响程度。

【解】 具体计算如下：

$$(90\%-85\%) \times 4\ 500 \times 5 = 1\ 125(元)$$

3) 采购保管费分析。材料采购保管费属于材料的采购成本，包括材料采购保管人员的工资、工资附加费、劳动保护费、办公费、差旅费，以及材料采购保管过程中发生的固定资产使用费、工具用具使用费、检验试验费、材料整理及零星运费和材料物资的盘亏及毁损等。

材料采购保管费一般应与材料采购数量同步，即材料采购多，采购保管费也会相应增加。因此，应该根据每月实际采购的材料数量(金额)和实际发生的材料采购保管费，计算"材料采购保管费支用率"，作为前后期材料采购保管费的对比分析之用。

材料采购保管费支用率的计算公式如下：

$$材料采购保管费支用率 = \frac{计算期实际发生的采购保管费}{计算期实际采购的材料总值} \times 100\% \qquad (6-10)$$

4) 材料储备资金分析：材料的储备资金，是根据日平均用量、材料单价和储备天数(从采购到进场所需要的时间)计算的，上述任何一个因素的变动都会影响储备资金的占用量。材料储备资金的分析，可以应用因素分析法。

(3) 机械使用费分析。主要通过实际成本与成本目标之间的差异分析，成本目标分析主要列出超高费和机械费补差收入。施工机械有自有和租赁两种。租赁的机械在使用时要支付使用台班费，停用时要支付停班费，因此，要充分利用机械，以减少台班使用费和停班费的支出。自有机械也要提高机械完好率和利用率，因为自有机械停用，仍要负担固定费用。机械完好率与机械利用率的计算公式如下：

$$机械完好率 = \frac{报告期机械完好台班数 + 加班台班}{报告期制度台班数 + 加班台班} \times 100\% \qquad (6-11)$$

$$机械利用率 = \frac{报告期机械实际工作台班数 + 加班台班}{报告期制度台班数 + 加班台班} \times 100 \qquad (6-12)$$

完好台班数，是指机械处于完好状态下的台班数，它包括修理不满一天的机械，但不包括待修、在修、送修在途的机械。在计算完好台班数时，只考虑是否完好，不考虑是否正在工作。制度台班数是指本期内全部机械台班数与制度工作天的乘积，不考虑机械的技术状态和是否正在工作。

机械使用费的分析要从租赁机械和自有机械两方面入手。使用大型机械的要着重分析预算台班数、台班单价及金额，同实际台班数、台班单价及金额相比较，通过量差、价差进行分析。

【例 6-7】 某项目经理部当年的机械完好和利用情况见表 6-15，试分析其机械使用情况。

表 6-15　机械完好和利用情况统计表

机械名称	台数	制度台班数	完好情况				利用情况			
			完好台班数		完好率/%		工作台班数		利用率/%	
			计划	实际	计划	实际	计划	实际	计划	实际
翻斗车	4	1 080	1 000	1 080	92.6	100	1 000	1 000	92.6	92.6
搅拌机	2	540	500	500	92.6	92.6	500	480	92.6	88.98
砂浆机	5	1 350	1 250	1 080	92.6	80	1 250	1 026	92.6	76
塔式起重机	1	270	250	250	92.6	92.6	250	360	92.6	133.33

【解】 从上述机械的完好和利用情况来看，砂浆机的维修保养比较差，完好率只达到 80%；利用率也不高，只达到 76%。塔式起重机因施工需要经常加班加点，因而利用率较高。

(4) 施工措施费分析。措施费的分析主要通过预算与实际数的比较来进行。如果没有预算数，可以计划数代替预算数，比较表的格式见表 6-16。

表 6-16　措施费目标与实际比较表万元

序 号	项 目	目 标	实 际	差 异
1	环境保护费			
2	文明施工费			
3	安全施工费			
4	临时设施费			
5	夜间施工费			

续表

序号	项目	目标	实际	差异
6	二次搬运费			
7	大型机械设备进出场及安拆费			
8	混凝土、钢筋混凝土模板及支架费			
9	脚手架费			
10	已完工程及设备保护费			
11	施工排水、降水费			

(5)间接费用分析。间接费用是指为施工设备、组织施工生产和管理所需要的费用,主要包括现场管理人员的工资和进行现场管理所需要的费用。应将其实际成本和成本目标进行比较,将其实际发生数逐项与目标数加以比较,以发现超额完成施工计划对间接费用的节约或浪费及其发生的原因。间接费用目标与实际比较表的格式见表6-17。

表6-17 间接费用目标与实际比较表 万元

序号	项目	目标	实际	差异	备注
1	现场管理人员工资				包括职工福利费和劳动保护费
2	办公费				包括生活用水电费、取暖费
3	差旅交通费				
4	固定资产使用费				包括折旧及修理费
5	物资消耗费				
6	低值易耗品摊销费				指生活行政用的低值易耗品
7	财产保险费				
8	检验试验费				
9	工程保修费				
10	排污费				
11	其他费用				
	合计				

(6)工程项目成本目标差异汇总分析。用成本目标差异分析方法分析完各成本项目后,还要将所有成本差异汇总进行分析,成本目标差异汇总表的格式见表6-18。

表6-18 成本目标差异汇总表

部位: 万元

成本项目	实际成本	成本目标	差异金额	差异率/%
人工费				
材料费				
结构件				
周转材料费				
机械使用费				

续表

成本项目	实际成本	成本目标	差异金额	差异率/%
措 施 费				
施工间接成本				
合　计				

本章小结

　　建筑工程成本分析，就是根据会计核算、业务核算和统计核算提供的资料，对施工成本的形成过程和影响成本升降的因素进行分析，以寻求进一步降低成本的途径。工程项目成本分析的内容就是对工程项目成本变动因素的分析。一般来说，工程项目成本分析的内容主要包括人工费用水平的合理性分析、材料、能源的利用效率分析、机械设备的利用效率分析、施工质量水平的高低分析及其他影响项目成本变动因素的分析。建筑工程成本分析一般按管理过程分为事先分析、事中分析和事后分析三个部分。在工程项目成本分析活动中，常用的基本方法包括比较法、因素分析法、差额计算法、"两算对比"法、比率法等。

思考与练习

一、填空题

1. 企业会计六要素指标，即_____、_____、_____、_____、_____和_____。
2. 所谓两算对比，是指_____和_____对比。
3. _____是指用两个以上指标的比例进行分析的方法。
4. 检查成本盈亏异常的原因，应从经济核算的_____入手。

二、问答题

1. 工程项目成本分析是如何分类的？
2. 工程项目成本分析的目的是什么？
3. 比较法的应用形式有哪些？
4. 试述因素分析法的计算步骤。
5. 采用连环代替法进行因素分析的过程是什么？
6. 月(季)度成本分析的内容是什么？

第七章 建筑工程成本考核

 知识目标

了解成本考核的特点与作用，熟悉成本考核的概念、原则，掌握成本考核的内容、要求及成本考核的实施。

 能力目标

通过本章内容的学习，掌握成本考核的内容及要求，并能够进行成本考核的实施。

第一节 成本考核的概念、特点与作用

一、成本考核的概念、特点

成本考核，是指对项目成本目标（降低成本目标）完成情况和成本管理工作业绩两方面的考核。这两方面的考核都属于企业对项目经理部成本监督的范畴。应该说，成本降低水平与成本管理工作之间有着必然的联系，同时又受偶然因素的影响，但都是对项目成本评价的一个方面，都是企业对项目成本进行考核和奖罚的依据。

对各个职能部门及其主管人员的业绩评价，应以其对企业完成目标和计划中的贡献和履行职责中的成绩为依据。企业中的各个部门或单位有不同的职能，按其责任和控制范围的大小，这些责任单位可以分为成本中心、利润中心和投资中心。项目经理部是成本中心，成本中心又分为标准成本中心和费用中心。对于施工项目来说，施工队、施工班组即是标准成本中心，而项目的行政管理部门即是费用中心。因此，对项目经理部以及下属施工队、班组进行业绩考核时，应遵循成本中心业绩考核的规则。

1. 标准成本

一般来说，标准成本中心的考核指标是既定产品数量和质量条件下的标准成本。

标准成本是通过精确的调查、分析与技术测定而制定的，是用来评价实际成本、衡量工作效率的一种预计成本。在标准成本中，基本上排除了不应该发生的"浪费"，因此被认为是一种"应该成本"。

标准成本在实际中有两种含义：

一是指单位产品的标准成本，它是根据单位产品的标准消耗量和标准单价计算出来的，准确地说应成为"成本标准"。其计算公式为

$$成本标准＝单位产品标准成本＝单位产品标准消耗量×标准单价 \qquad (7-1)$$

二是指实际产量的标准成本，是根据实际产品产量和单位产品成本标准计算出来的。其计算公式为

$$标准成本＝实际产量×单位产品标准成本 \qquad (7-2)$$

结合施工项目的特点，标准成本可以取为预算成本或在预算成本基础上适当下调的计划成本。

2. 费用预算

通常，采用费用预算来评价费用中心的成本控制业绩。

简单说来，施工项目费用中心的开支构成了项目的间接成本。相对项目的直接成本来说，间接成本的预算更难确定，因为很难根据费用中心的工作质量和服务水平来确定其费用开支。

费用预算的制定在实际中有以下几种办法：

(1) 考察同行业类似职能部门的支出水平。

(2) 零星预算法，即详尽分析各项支出的必要性、金额及其取得的效果，确定费用预算。

(3) 依据历史经验来编制费用预算。

从根本上说，决定费用中心预算水平有赖于了解情况的专业人员的判断。项目经理应信任费用中心的主管人员，并与他们密切配合，通过协商确定适当的预算水平。在考核预算完成情况时，要利用有经验的专业人员对费用中心的工作质量和服务水平作出有根据的判断，才能对费用中心的控制业绩作出客观评价。

3. 责任成本

施工项目成本考核主要是根据责任成本来进行考核。

责任成本是以具体的责任单位（部门、单位或个人）为对象，以其承担的责任为范围所归集的成本，也就是特定成本中心的全部可控成本。

可控成本是指在特定时期内，特定责任中心能够直接控制其发生的成本。其对称概念是不可控成本。可控成本总是针对特定责任中心来说的。一项成本，对某个责任中心来说是可控的，对另外的责任中心则是不可控的。如建筑材料的购进成本，采购部门可以控制，使用材料的施工队则不可控制；成本工程师对自己的报酬（计入间接成本中）不可控，而其上级——项目经理则可以控制。

责任成本、变动成本和工程成本的计算，是三种不同的成本计算方法。它们的主要区别如下：

(1) 核算的目的不同。核算施工项目的工程成本是为了按会计准则确定项目的实际成本及计算项目的盈利；计算项目的变动成本是为成本预测、决策服务；计算责任成本是为了评价成本控制业绩。

(2) 计算成本的对象不同。变动成本和工程成本是以建筑产品为成本计算的对象；责任成本则是以责任中心为成本计算的对象。

(3)成本的范围不同。工程成本计算的范围是项目的全部直接成本和间接成本；变动成本计算的范围是变动的直接成本以及变动的间接成本；责任成本的计算范围是各责任中心的可控成本。

(4)共同费用在成本对象间分摊的原则不同。工程成本按受益原则归集和分摊费用，谁受益谁承担，要分摊项目全部的间接成本；变动成本计算只分摊变动成本，不分摊固定成本；责任成本按可控原则把成本归属于不同的责任中心，谁能控制谁负责，不仅可控的变动间接费要分配给责任中心，可控的固定间接费也要分配给责任中心。

计算责任成本的关键是判别每一项成本费用支出的责任归属。通常，可以按照以下原则确定责任中心的可控成本。

1)假如某责任中心通过自己的行动能有效地影响一项成本的数额，那么该中心就要对这项成本负责。

2)假如某责任中心有权决定是否使用某种资产或劳务，它就应对这些资产或劳务的成本负责。

3)某管理人员虽然不直接决定某项成本，但是上级要求他参与有关事项，从而对该项成本的支出施加了重要影响，则他对该成本也要承担责任。

二、成本考核的作用

(1)工程项目成本考核的目的在于贯彻落实责、权、利相结合的原则，促进成本管理工作的健康发展，更好地完成工程项目的成本目标。在工程项目的成本管理中，项目经理和所属部门、施工队直到生产班组，都有明确的成本管理责任，而且有定量的责任成本目标。通过定期和不定期的成本考核，既可对他们加强督促，又可调动他们对成本管理的积极性。

(2)在施工项目的成本管理中，项目经理和所属部门、施工队直到生产班组，都有明确的成本管理责任，而且有定量的责任成本目标。通过定期和不定期的成本考核，既可加强督促，又可调动成本管理的积极性。

(3)项目成本管理是一个系统工程，而成本考核则是系统的最后一个环节，应抓紧工程项目考核工作。

成本考核，特别要强调施工过程中的中间考核，这对具有一次性特点的施工项目来说尤为重要。因为通过中间考核发现问题还能及时弥补；而竣工后的成本考核虽然也很重要，但对成本管理的不足和由此造成的损失已经无法弥补。

第二节　成本考核的原则、内容与要求

一、成本考核的原则

建筑工程成本考核是成本管理的一个重要部分，是项目落实成本控制目标的重要体现。一般来说，建筑工程成本考核应遵循以下原则：

(1)按照项目经理部人员分工,进行成本内容确定。每个项目有大有小,管理人员投入量也有不同,项目大的,管理人员就多一些,项目由几个栋号施工时,还可能设立相应的栋号长,分别对每个单体工程或几个单体工程进行协调管理;工程体量小时,项目管理人员就相应减少,一个人可能兼几份工作。因此,成本考核以人和岗位为主,没有岗位就计算不出管理目标,同样,没有人就会失去考核的责任主体。

(2)简单易行、便于操作。项目的施工生产每时每刻都在发生变化,考核项目的成本必须让项目相关管理人员明白,由于管理人员对一些相关概念不可能很清楚,所以我们确定的考核内容必须简单、明了,要让项目管理人员一看就能明白。

(3)时效性原则。岗位成本是项目成本要考核的实时成本,如果以传统的会计核算对项目成本进行考核,就偏离了考核的目的,所以时效性是项目成本考核的生命。

二、建筑工程成本考核的内容

工程项目成本考核的内容应该包括责任成本完成情况的考核和成本管理工作业绩的考核。项目成本考核,可以分为两个层次:一是企业对项目经理的考核;二是项目经理对所属部门、施工队和班组的考核。通过层层考核,督促项目经理、责任部门和责任者更好地完成自己的责任成本,从而形成实现项目成本目标的层层保证体系。

1. 企业对项目经理考核的内容

(1)企业对项目经理考核的具体内容如下:

1)项目成本目标和阶段成本目标的完成情况,包括总目标及其所分解的施工各阶段,各部分或专业工程的子目标完成情况。

2)建立以项目经理为核心的成本管理责任制的落实情况。

3)项目经理部的成本管理组织与制度是否健全,在运行机制上是否存在问题。

4)项目经理是否经常对下属管理人员进行成本效益观念的教育。管理人员的成本意识和工作积极性。

5)项目经理部的核算资料账表等是否正确、规范、完整,成本信息是否能及时反馈,能否主动取得企业有关部门在业务上的指导。

(2)项目经理部可控责任成本考核指标如下:

1)项目经理责任目标总承包降低额和降低率。

$$目标总成本降低额 = 项目经理责任目标总成本 - 项目竣工结算总成本 \qquad (7-3)$$

2)施工责任目标成本实际降低额和降低率。

$$施工责任目标成本实际降低额 = 施工责任目标总成本 - 工程竣工结算总成本 \qquad (7-4)$$

3)施工计划成本实际降低额和降低率。

$$施工计划成本实际降低额 = 施工计划总成本 - 工程竣工结算总成本 \qquad (7-5)$$

2. 项目经理对所属各部门、各作业队和班组考核的内容

(1)对各部门的考核内容:本部门、本岗位责任成本的完成情况;本部门、本岗位成本管理责任的执行情况。

(2)对各作业队的考核内容:对劳务合同规定的承包范围和承包内容的执行情况;劳务合同以外的补充收费情况;对班组施工任务单的管理情况,以及班组完成施工任务后的考核情况。

(3)对生产班组的考核内容(平时由作业队考核):以分部分项工程成本作为班组的责任成本,以施工任务单和限额领料单的结算资料为依据,与施工预算进行对比,考核班组责任成本的完成情况。

三、成本考核的要求

工程项目成本考核是项目落实成本控制目标关键。项目施工成本总计划支出是在结合项目施工方案、施工手段和施工工艺,讲究技术进步和成本控制的基础上提出的,针对项目不同的管理岗位人员而作出的成本耗费目标要求。具体要求如下:

(1)组织应建立健全项目成本考核制度,对考核的目的、时间、范围、对象、方式、依据、指标、组织领导、评价与奖惩原则等作出规定。

(2)组织应以项目成本降低额和项目成本降低率作为成本考核的主要指标。项目经理部应设置成本降低额和成本降低率等考核指标。发现偏离目标时,应及时采取改进措施。

(3)组织应对项目经理部的成本和效益进行全面审核、审计、评价、考核和奖惩。

第三节　成本考核的实施

一、施工项目成本考核实施的方法和内容

(1)工程项目成本考核采取评分制。工程项目成本考核是工程项目根据责任成本完成情况和成本管理工作业绩确定权重后,按考核的内容评分。

具体方法为:先按考核内容评分,然后按7:3的比例加权平均。即责任成本完成情况的评分为7,成本管理工作业绩的评分为3。这是一个假设的比例,具体的工程项目可根据自己的具体情况进行调整。

(2)工程项目的成本考核要与相关指标的完成情况相结合。工程项目成本的考核评分要考虑相关指标的完成情况,予以嘉奖或扣罚。与成本考核相结合的相关指标,一般有进度、质量、安全和现场标准化管理。

具体方法为:成本考核的评分是奖罚的依据,相关指标的完成情况为奖罚的条件。即在根据评分计奖的同时,还要参考相关指标的完成情况与成本考核相结合的相关指标,如进度、质量、安全等。以质量指标为例说明如下:

1)质量达到优良,按应得奖金加奖20%。

2)质量合格,奖金不加、不扣。

3)质量不合格,扣除应得奖金的50%。

(3)强调工程项目成本的中间考核。工程项目成本的中间考核,一般有月度成本考核和阶段成本考核。成本的中间考核,能更好地带动今后成本的管理工作,保证项目成本目标的实现。

1)月度成本考核。一般是在月度成本报表编制以后，根据月度成本报表的内容进行考核。在进行月度成本考核的时候，除报表数据外，还要结合成本分析资料和施工生产、成本管理的实际情况，才能作出正确的评价，带动今后的成本管理工作，保证项目成本目标的实现。

2)阶段成本考核。项目的施工阶段，一般可分为基础、结构、装饰、总体四个阶段。如果是高层建筑，可对结构阶段的成本进行分层考核。阶段成本考核能对施工告一段落后的成本进行考核，可与施工阶段其他指标（如进度、质量等）的考核结合得更好，也更能反映工程项目的管理水平。

(4)正确考核工程项目的竣工成本。工程项目的竣工成本，是在工程竣工和工程款结算的基础上编制的，它是竣工成本考核的依据，是项目成本管理水平和项目经济效益的最终反映，也是考核承包经营情况、实施奖罚的依据。必须做到核算无误，考核正确。

(5)工程项目成本的奖罚。工程项目的成本考核，可分为月度考核、阶段考核和竣工考核三种。为贯彻责、权、利相结合的原则，应在项目成本考核的基础上，确定成本奖罚标准，并通过经济合同的形式明确规定，及时兑现。

由于月度成本考核和阶段成本考核属假设性的，因此，实施奖罚应留有余地，待项目竣工成本考核后再进行调整。

项目成本奖罚的标准，应通过经济合同的形式明确规定。因为，经济合同规定的奖罚标准具有法律效力，任何人都无权中途变更或拒不执行。另外，通过经济合同明确奖罚标准以后，职工群众就有了奋斗目标，因而也会在实现项目成本目标中发挥更积极的作用。

在确定项目成本奖罚标准的时候，必须从本项目的客观情况出发，既要考虑职工的利益，又要考虑项目成本的承受能力。具体的奖罚标准，应经认真测算再行确定。

除此之外，企业领导和项目经理还可对完成项目成本目标有突出贡献的部门、作业队、班组和个人进行随机奖励。这是项目成本奖励的另一种形式，显然不属于上述成本奖罚的范围，但往往能起到很好的效果。

二、项目岗位群体成本责任考核方式

(1)按成本消耗对象明确岗位主要责任者。主要原则是根据每个消耗对象确定管理岗位成本责任和相应的责任群体，这就改变了以管理人员的岗位定成本责任的方法。例如，钢材消耗控制，主要由钢筋施工员作为主要责任者，项目小型或零星材料采购的主要责任是项目材料采购员。

(2)区分管理责任的大小，建立合理的考核责任。根据每个成本消耗对象所涉及的相关管理人员，以及他们的责任大小，建立责任群体和相应的责任权数，即按责任大小设定主要责任者、次要责任者和一般责任者。一般来说，任何一项管理行为所涉及的范围都是较广的，不可能界定得非常准确，只能根据成本消耗对象所涉及的直接责任者进行设计责任群体和考核方法。表7-1为不同成本消耗的考核责任群体表。

表 7-1　成本消耗责任群体表

序号	责任对象	责任目标	主要责任者	次要责任者	一般责任者
		100%	25%~40%	15%~30%	5%~10%
1	钢材消耗		钢筋施工员	总工、生产副经理等	门卫、保管员等
2	木材、周转料具		模板施工员	总工、生产副经理等	门卫、保管员等
3	机械费用		生产副经理	机械员、总工	钢筋、模板施工员等
4	材料价差		项目经理	采购员、合约经理	成本会计、生产副经理等
5	水泥、砂石料		混凝土施工员	总工、生产副经理	质量员、门卫等
6					
	合计				

（3）实施合理的定期奖励。这种方式的岗位成本责任考核，应采用节点考核的方法。在项目责任成本测算前，根据施工过程，将施工项目分成若干阶段进行考核，称为节点考核。每个节点结束后，按照责任成本的收支情况和责任群体岗位成本考核完成情况进行部分兑现。由于项目工期较长，施工过程的阶段考核兑现也应及时进行，以提高管理人员的积极性。

（4）建立多个利益主体协同管理的责任体系。项目的消耗管理只有与使用者产生利益关联，才能得到成本控制的最大化。

本章小结

成本考核是指对项目成本目标（降低成本目标）完成情况和成本管理工作业绩两方面的考核，可以分为两个层次：一是企业对项目经理的考核；二是项目经理对所属部门、施工队和班组的考核。成本考核组织应建立和健全项目成本考核制度，以项目成本降低额和项目成本降低率作为成本考核的主要指标，对项目经理部的成本和效益进行全面审核、审计、评价、考核和奖惩。

思考与练习

一、填空题

1. 施工项目成本考核主要是根据_____来进行考核。
2. _____是指在特定时期内，特定责任中心能够直接控制其发生的成本。

二、选择题

下列有关标准成本的描述错误的是（　　）。

A. 标准成本是通过精确的调查、分析与技术测定而制定的，是用来评价实际成本、衡量工作效率的一种预计成本
B. 在标准成本中，基本上排除了不应该发生的"浪费"，因此被认为是一种"应该成本"

C. 一般来说，标准成本中心的考核指标是既定产品数量和质量条件下的标准成本
D. 施工项目成本考核主要是根据标准成本来进行考核

三、问答题

1. 什么是标准成本？
2. 费用预算的制定在实际中有哪些办法？
3. 责任成本、变动成本和工程成本的计算有哪些区别？
4. 责任中心的可控成本的确定应遵循哪些原则？
5. 成本考核的作用是什么？
6. 建筑工程成本考核应遵循哪些原则？
7. 企业对项目经理考核应包括哪些内容？

第八章 建筑工程造价及其管理

▶▶▶ 知识目标

了解工程造价的特点、作用及分类，熟悉工程造价的概念及其与成本的关系，掌握建筑工程造价计量与计价，并掌握建筑工程造价管理的概念、目标和内容。

▶▶▶ 能力目标

通过本章内容的学习，能够编制建筑工程工程量清单、招标控制价、投标报价和建筑工程施工定额、预算定额及概算定额，并能够完成建筑工程造价的管理。

第一节 工程造价的概念、特点、作用与分类

一、工程造价的概念

工程造价的全称就是工程的建造价格。工程泛指一切建设工程，包括施工工程项目。工程造价由设备及工器具购置费用、建筑安装工程费用、工程建设其他费用、预备费、建设期贷款利息、固定资产投资方向调节税构成。

工程造价有两种含义，但都离不开市场经济的大前提。

第一种含义：工程造价是指建设一项工程预期开支或实际开支的全部固定资产投资费用。显然，这一含义是从投资者——业主的角度来定义的。投资者在投资活动中所支付的全部费用形成了固定资产和无形资产，所有这些开支就构成了工程造价。从这个意义上说，工程造价就是工程投资费用，建设项目工程造价就是建设项目固定资产投资。

第二种含义：工程造价是指工程价格，即为建成一项工程，预计或实际在土地市场、设备市场、技术劳务市场及承包市场等交易活动中所形成的建筑安装工程的价格和建设工程总造价。显然，工程造价的第二种含义是以社会主义商品经济和市场经济为前提的。它是以工程这种特定的商品形式作为交易对象，通过招投标、承发包或其他交易方式，在进行多次性预估的基础上，最终由市场形成的价格。

通常把工程造价的第二种含义只认定为工程承发包价格。应该肯定，承发包价格是工程造价中一种重要的，也是最典型的价格形式。它是在建筑市场通过招投标，由需求主体投资者和供给主体建筑商共同认可的价格。鉴于建筑安装工程价格在项目固定资产中占有50%～60%的份额，又是工程建设中最活跃的部分；鉴于建筑企业是建设工程的实施者及其重要的市场主体地位，工程承发包价格被界定为工程价格的第二种含义，很有现实意义。但是，如上所述，这样界定对工程造价的含义理解较狭窄。

所谓工程造价的两种含义是以不同角度把握同一事物的本质。从建设工程的投资者来说，面对市场经济条件下的工程造价就是项目投资，是"购买"项目、要付出的价格；同时也是投资者在作为市场供给主体时"出售"项目时定价的基础。对于承包商、供应商和规划、设计等机构来说，工程造价是其作为市场供给主体出售商品和劳务的价格的总和，或是特指范围的工程造价，如施工项目造价。

施工项目造价，即建筑施工产品价格，是建筑施工产品价值的货币表现。在建筑市场，建筑施工企业所生产的产品作为商品既有使用价值又有价值，和一般商品一样，其价值由 C+V+m 构成。所不同的只是由于这种商品所具有的技术经济特点，使它的交易方式、计价方式、价格的构成因素，以至付款方式都存在许多特点。

二、工程造价的特点

由于建筑工程项目的特点，工程造价有以下特点。

1. 工程造价的大额性

能够发挥投资效用的任一项施工项目，不仅实物形体庞大，而且造价高昂。动辄数百万、数千万、数亿、数十亿，特大的施工项目造价可达百亿、千亿元人民币。施工项目造价的大额性使它关系到有关各方面的重大经济利益，同时也会对宏观经济产生重大影响。这就决定了施工项目造价的特殊地位，也说明了造价管理的重要意义。

2. 工程造价的个别性、差异性

任一施工项目都有特定的用途、功能、规模。因此，对每一个施工项目结构、造型、空间分割、设备配置和内外装饰都有具体的要求。所以工程内容和实物形态都具有个别性、差异性。施工项目的个别性、差异性决定了施工项目造价的个别性差异。同时，每一个施工项目所处时期、地区、地段都不相同，使得这一特点得到强化。

3. 工程造价的动态性

任一施工项目从决策到竣工交付使用，都有一个较长的建设期间，而且由于不可控因素的影响，在预计工期内，许多影响施工项目造价的动态因素会发生变化，如设计变更、建材涨价、工资提高等，这些变化必然会影响到造价的变动。所以，施工项目造价在整个建设期中处于不确定状态，直至竣工决算后才能最终确定施工项目的实际造价。

4. 工程造价的层次性

造价的层次性取决于施工项目的层次性。一个施工项目往往含有多个能够独立发挥设计效果的单项工程（车间、写字楼、住宅楼等），一个单项工程又是由能够各自发挥专业效能的多个单位工程（土建工程、电气安装工程等）组成。与此相适应，施工项目造价有三个层次：施工项目总造价、单项工程造价和单位工程造价。如果专业分工更细，单位工程（如土建工程）的组成部分——分部分项工程也可以成为交易对象，如大型土石方工程、基础工程、装饰工程等,这样,施工项目造价的层次就增加为分部工程和分项工程而成为五个层次。即使从施工项目造价的计算和施工项目管理的角度看,施工项目造价的层次性也是非常突出的。

5. 工程造价的兼容性

造价的兼容性首先表现在它具有两种含义,其次表现在造价构成因素的广泛性和复杂性。在施工项目造价中,首先是成本因素非常复杂,其中为获得建设工程用地支出的费用、项目可行性研究和规划设计费用、与政府一定时期政策(特别是产业政策和税收政策)相关的费用占有相当的份额。其次,盈利的构成也较为复杂,资金成本较大。

三、工程造价的作用

(1)工程造价是项目决策的依据。建设工程投资大、生产和使用周期长等特点决定了项目决策的重要性。工程造价决定着项目的一次投资费用。投资者是否有足够的财务能力支付这笔费用,是否认为值得支付这项费用,是项目决策中要考虑的主要问题。财务能力是一个独立的投资主体必须首先解决的问题。如果建设工程的价格超过投资者的支付能力,就会迫使投资者放弃拟建的项目;如果项目投资的效果达不到预期目标,投资者也会自动放弃拟建的工程。因此,在项目决策阶段,建设工程造价就成为项目财务分析和经济评价的重要依据。

(2)工程造价是制订投资计划和控制投资的依据。工程造价在控制投资方面的作用非常明显。工程造价是通过多次预估,最终通过竣工决算确定下来的。每一次预估的过程就是对造价的控制过程;而每一次估算对下一次估算又都是对造价严格的控制,具体地讲,每一次估算都不能超过前一次估算的一定幅度。这种控制是在投资者财务能力限度内为取得既定的投资效益所必需的。建设工程造价对投资的控制也表现在利用制定各类定额、标准和参数,对建设工程造价的计算依据进行控制。在市场经济利益风险机制的作用下,造价对投资的控制作用成为投资的内部约束机制。

(3)工程造价是筹集建设资金的依据。投资体制的改革和市场经济的建立,要求项目的投资者必须具有很强的筹资能力,以保证工程建设有充足的资金供应。工程造价基本决定了建设资金的需求量,从而为筹集资金提供了比较准确的依据。当建设资金来源于金融机构的贷款时,金融机构在对项目的偿贷能力进行评估的基础上,也需要依据工程造价来确定给予投资者的贷款数额。

(4)工程造价是评价投资效果的重要指标。工程造价是一个包含着多层次工程造价的体系,就一个工程项目来说,它既是建设项目的总造价,又包含单项工程的造价和单位工程的造价,同时也包含单位生产能力的造价或 $1m^2$ 建筑面积的造价等。所有这些,使工程造价自身形成了一个指标体系。它能够为评价投资效果提供多种评价指标,并能够形成新的价格信息,为今后类似项目的投资提供参考。

(5)工程造价是合理利益分配和调节产业结构的手段。工程造价的高低,涉及国民经济各部门和企业间的利益分配。在计划经济体制下,政府为了用有限的财政资金建成更多的工程项目,总是趋向于压低建设工程造价,使建设中的劳动消耗得不到完全补偿,价值不能得到完全实现。而未被实现的部分价值则被重新分配到各个投资部门,为项目投资者所占有。这种利益的再分配有利于各产业部门按照政府的投资导向加速发展,也有利于按宏观经济的要求调整产业结构；但也会严重损害建筑企业的利益，从而使建筑业的发展长期处于落后状态，与整个国民经济的发展不相适应。在市场经济体制下，工程造价无例外地受供求状况的影响，并在围绕价值的波动中实现对建设规模、产业结构和利益分配的调节。加上政府正确的宏观调控和价格政策导向，工程造价在这方面的作用会充分发挥出来。

四、工程造价的分类

建筑工程造价按用途可分为标底价格、投标价格、中标价格、直接发包价格、合同价格。

（1）标底价格。标底价格又称招标控制价，是招标人的期望价格，不是交易价格。招标人以此作为衡量投标人投标价格的一个尺度，也是招标人的一种控制投资的手段。编制标底价可由招标人自行操作，也可由招标人委托招标代理机构操作，由招标人作出决策。

（2）投标价格。投标人为了得到工程施工承包的资格，按照招标人在招标文件中的要求进行估价，然后根据投标策略确定投标价格，以争取中标并通过工程实施取得经济效益。如果中标，这个价格就是合同谈判和签订合同确定工程价格的基础。如果设有标底，投标报价时要研究如何使用标底：

1）以靠近招标控制价（标底）者得分最高，这时，报价就无须追求最低标价。

2）招标控制价（标底）只作为招标人的期望，但仍要求低价中标，投标人必须以雄厚的技术和管理实力作后盾，编制出既有竞争力又能盈利的投标报价。

（3）中标价格。《中华人民共和国招标投标法》第四十条规定："评标委员会应当按照招标文件确定的评标标准和方法，对投标文件进行评审和比较；设有标底的，应当参考标底。"可见，评标的依据一是招标文件，二是标底（如果设有标底时）。

《中华人民共和国招标投标法》第四十一条规定，中标人的投标应符合下列条件之一：一是"能够最大限度地满足招标文件中规定的各项综合评价标准"；二是"能够满足招标文件的实质性要求，并且经评审的投标价格最低，但是投标价低于成本的除外"。其中，第二个条件说的主要是投标报价。

（4）直接发包价格。直接发包价格是由发包人与指定的承包人直接接触，通过谈判达成协议并签订施工合同，而不需要像招标承包定价方式那样，通过竞争定价。直接发包方式计价只适用于不宜进行招标的工程，如军事工程、保密技术工程、专利技术工程及发包人认为不宜招标而又不违反《中华人民共和国招标投标法》第三条（招标范围）规定的其他工程。

直接发包方式计价首先提出协商价格意见的可能是发包人或其委托的中介机构，也可能是承包人提出价格意见交发包人或其委托的中介组织进行审核。无论由哪一方提出协商价格意见，都要通过谈判协商，签订承包合同，确定为合同价。

直接发包价格是以审定的施工图预算为基础，由发包人与承包人商定增减价的方式定价的。

（5）合同价格。合同价可采用以下方式：①固定价。合同总价或者单价在合同约定的风险范围内不可调整。②可调价。合同总价或者单价在合同实施期内，根据合同约定的办法调整。③成本加酬金。另外，《建筑工程施工发包与承包计价管理办法》（2013年12月11日住建部令第16号）第十三条规定："发承包双方在确定合同价款时，应当考虑市场环境和生产要素价格变化对合同价款的影响。"

五、建筑工程造价与成本的关系

1. 建筑工程造价与成本的区别

(1) 概念性质的不同。这是造价与成本的根本区别。造价是建筑产品的价格，是价值的货币表现，其构成是 C+V+m；成本是建筑产品施工生产过程中的物质资料耗费和劳动报酬耗费的货币支出，其构成是 C+V。至于造价与成本的具体构成项目上的异同，以上已经对比作了介绍。

(2) 概念定义的角度不同。成本概念是从施工企业或项目经理部来定义的，主要为施工企业所关心；在市场决定产品价格的前提下，施工企业更关心的是如何降低成本，以争取尽可能大的利润空间；造价却具有双重含义，除在施工企业眼中是建筑产品的价格之外，同时也是投资人的投入资金，是业主为获得建筑产品而支付的代价，故而投资人或业主甚至比施工企业更关心造价。

2. 建筑工程造价与成本的联系

(1) 两者均是决定施工项目利润的要素。简单看来，造价与成本的差额就是利润。作为施工企业来说，当然想在降低成本的同时，尽量提高承包合同价。企业只有同时搞好造价管理和成本管理工作，才有可能盈利。片面地强调其中之一而忽视另一个，企业都不可能实现预期的利润。

(2) 两者的构成上有相同之处。造价和成本的构成中均有 C+V。可以认为，造价的构成项目涵盖了成本的构成项目。这就决定了对于施工企业来说，造价的确定、计量、控制与成本的预测、核算、控制是密不可分的。

施工项目造价的职能

第二节　建筑工程造价计量

工程量是确定建筑安装工程费用，编制施工规划，安排工程施工进度，编制材料供应计划，进行工程统计和经济核算的重要依据。它是指以物理计量单位或自然计量单位所表示的工程各个分项工程实物数量。

工程计量可选择按月或按工程形象进度分段计量，具体计量周期在合同中约定。

对承包人超出施工设计图纸（含设计变更）或因承包人原因造成返工的工程量，发包人不予计量。

一、工程量计算依据

(1) 施工图纸及设计说明、相关图集、设计变更、图纸答疑、会审记录等。

(2) 工程施工合同、招标文件的商务条款。

(3) 工程量计算规则。工程量清单计价规范中详细规定了各分部分项工程中实体项目的工程量计算规则，分部分项工程量的计算应严格按照这一规定进行。除另有说明外，清单项目工程量的计量按设计图示以工程实体的净值考虑。

二、工程量计算的一般原则

(1)计算规则要一致。工程量计算与定额中规定的工程量计算规则(或计算方法)相一致,才符合定额的要求。预算定额中对分项工程的工程量计算规则和计算方法都作了具体规定,计算时必须严格按规定执行。例如,墙体工程量计算中,外墙长度按外墙中心线长度计算,内墙长度按内墙净长线计算。又如,楼梯面层及台阶面层的工程量按水平投影面积计算。

按施工图纸计算工程量采用的计算规则,必须与本地区现行预算定额计算规则相一致。

各省、自治区、直辖市预算定额的工程量计算规则,其主要内容基本相同,差异不大。在计算工程量时应按工程所在地预算定额规定的工程量计算规则进行计算。

(2)计算口径要一致。计算工程量时,根据施工图纸列出的工程子目的口径(指工程子目所包括的工作内容),必须与土建基础定额中相应的工程子目的口径相一致。不能将定额子目中已包含了的工作内容拿出来另列子目计算。

(3)计算单位要一致。计算工程量时,所计算工程子目的工程量单位必须与土建基础定额中相应子目的单位相一致。

在土建预算定额中,工程量的计算单位规定为:

1)以体积计算的为立方米(m^3);
2)以面积计算的为平方米(m^2);
3)长度为米(m);
4)重量为吨(t)或千克(kg);
5)以件(个或组)计算的为件(个或组)。

例如,预算定额中,钢筋混凝土现浇整体楼梯的计量单位为 m^2,而钢筋混凝土预制楼梯段的计量单位为 m^3,在计算工程量时应注意分清,使所列项目的计量单位与之一致。

(4)计算尺寸的取定要准确。计算工程量时,首先要对施工图尺寸进行核对,并且对各子目计算尺寸的取定要准确。

(5)计算的顺序要统一。计算工程量时要遵循一定的计算顺序,依次进行计算,这是避免发生漏算或重算的重要措施。

(6)计算精确度要统一。工程量的数字计算要准确,一般应精确到小数点后三位,汇总时其准确度取值要达到:

1)立方米(m^3)、平方米(m^2)及米(m)以下取两位小数;
2)吨(t)以下取三位小数;
3)千克(kg)、件等取整数;
4)建筑面积一般取整数。

三、工程量计算的方法

施工图预算的工程量计算,通常采用按施工先后顺序、按预算定额的分部分项顺序和统筹法进行计算。

(1)按施工顺序计算,即按工程施工顺序的先后来计算工程量。计算时,先地下、后地上,先底层、后上层,先主要、后次要。大型和复杂工程应先划成区域,编成区号,分区计算。

(2)按定额项目的顺序计算，即按《全国统一建筑工程基础定额》所列分部分项工程的次序来计算工程量。

由前到后，逐项对照施工图设计内容，能对上号的就计算。采用这种方法计算工程量，要求熟悉施工图纸，具有较多的工程设计基础知识，并且要注意施工图中有的项目可能套不上定额项目，这时应单独列项，待编制补充定额时，切记不可因定额缺项而漏项。

(3)用统筹法计算工程量。统筹法计算工程量是根据各分项工程量计算之间的固有规律和相互之间的依赖关系，运用统筹原理和统筹图来合理安排工程量的计算程序，并按其顺序计算工程量。

用统筹法计算工程量的基本要点是：统筹程序，合理安排；利用基数，连续计算；一次计算，多次使用；结合实际，灵活机动。

四、工程量计算的顺序

(1)按轴线编号顺序计算。按轴线编号顺序计算，就是按横向轴线从①～⑩编号顺序计算横向构造工程量；按竖向轴线从Ⓐ～Ⓓ编号顺序计算纵向构造工程量，如图 8-1 所示。这种方法适用于计算内外墙的挖基槽、做基础、砌墙体、墙面装修等分项工程量。

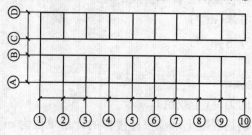

图 8-1 按轴线编号顺序

(2)按顺时针顺序计算。先从工程平面图左上角开始，按顺时针方向先横后竖、自左至右、自上而下逐步计算，环绕一周后再回到左上方为止。

如图 8-2 所示，计算外墙工程量，由左上角开始，沿图中箭头所示方向逐段计算；楼地面、顶棚的工程量也可按图中箭头或编号顺序进行。

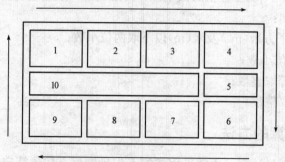

图 8-2 顺时针计算法

(3)按编号顺序计算。按图纸上所注各种构件、配件的编号顺序进行计算。例如，在施工图上，对钢结构构件、木门窗构件、钢筋混凝土构件(柱、梁、板等)、木结构构件、金属结构构件、屋架等都按序编号，计算它们的工程量时可分别按所注编号逐一分别计算。

如图 8-3 所示，其构配件工程量计算顺序为：构造柱 Z_1、Z_2、Z_3、Z_4→主梁 L_1、L_2、L_3、L_4→过梁 GL_1、GL_2、GL_3、GL_4→楼板 B_1、B_2。

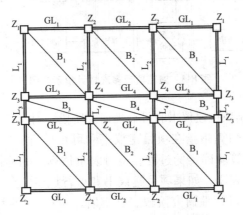

图 8-3　按构件的编号顺序计算

五、工程量计算注意事项

(1)严格按照规范规定的工程量计算规则计算工程量。

(2)工程量计量单位必须与清单计价规范中规定的计量单位相一致。

(3)计算口径要一致。根据施工图列出的工程量清单项目的口径(明确清单项目的工程内容与计算范围)必须与清单计价规范中相应清单项目的口径相一致。所以计算工程量除必须熟悉施工图纸外，还必须熟悉每个清单项目所包括的工程内容和范围。

第三节　建筑工程造价的计价

一、建筑工程造价的计价特征

建筑工程造价的特点，决定了建筑工程造价的计价特征。了解这些特征，对施工项目造价的确定与控制是非常必要的。

1. 单件性计价特征

产品的个体差别决定每项工程都必须单独计算造价。

2. 多次性计价特征

建筑工程项目建设周期长、规模大、造价高，因此按建设程序要分阶段进行，相应地也要在不同阶段多次性计价，以保证施工项目造价确定与控制的科学性。多次性计价是个逐步深化、逐步接近实际造价的过程，其过程如图 8-4 所示。

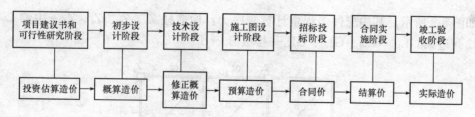

图 8-4 施工项目多次性计价示意图

(1) 投资估算。在编制项目建议书和可行性研究阶段，对投资需要量进行估算是一项不可缺少的组成内容。投资估算是指在项目建议书和可行性研究阶段对拟建项目所需投资，通过编制估算文件预先测算和确定的过程。也可表示估算出的建设项目的投资额，或称估算造价。就一个施工项目来说，如果项目建议书和可行性研究分不同阶段，例如，分规划阶段、项目建议书阶段、可行性研究阶段、评审阶段，相应的投资估算也分为四个阶段。投资估算是决策、筹资和控制造价的主要依据。

(2) 概算造价。概算造价是指在初步设计阶段，根据设计意图，通过编制施工项目概算文件预先测算和确定的施工项目造价。概算造价较投资估算准确性有所提高，但它受估算造价的控制。概算造价的层次性十分明显，分施工项目概算总造价、各个单项工程概算综合造价、各单位工程概算造价。

(3) 修正概算造价。修正概算造价是指在采用三阶段设计的技术设计阶段，根据技术设计的要求，通过编制修正概算文件预先测算和确定的施工项目造价。它对初步设计概算进行修正调整，比概算造价准确，但受概算造价控制。

(4) 预算造价。预算造价是指在施工图设计阶段，根据施工图样编制预算文件，预先测算和确定的施工项目造价。它比概算造价或修正概算造价更为详尽和准确，但同样要受前一阶段所确定的施工项目造价的控制。

(5) 合同价。合同价是指在工程招投标阶段通过签订建筑安装工程承包合同确定的价格。合同价属于市场价格的性质，它是由承发包双方，即商品和劳务买卖双方根据市场行情共同议定和认可的成交价格。但它并不等同于实际施工项目造价。按计价方法不同，施工项目承包合同有许多类型，不同类型合同的合同价内涵也有所不同。按现行有关规定的三种合同价形式是：固定合同价、可调合同价和工程成本加酬金确定合同价。

(6) 结算价。结算价是指在合同实施阶段，在施工项目结算时按合同调价范围和调价方法，对实际发生的工程量增减、设备和材料价差等进行调整后计算和确定的价格。结算价是该结算施工项目的实际价格。

(7) 实际造价。实际造价是指竣工决算阶段，通过为建设项目编制竣工决算，最终确定的实际施工项目造价。

以上说明，多次性计价是一个由粗到细、由浅入深、由概略到精确的计价过程，也是一个复杂而重要的管理系统。

3. 组合性特征

施工项目造价的计算是分部组合而成的。这一特征和施工项目的组合性有关。一个施工项目是一个工程综合体，这个综合体可以分解为许多有内在联系的独立和不能独立的工程，如图8-5所示。从计价和施工项目管理的角度，分部分项工程还可以分解。可以看出，施工项目的这种组合性决定了计价的过程是一个逐步形成的过程。这一特征在计算概算造价和预算造价时尤为明显,所以也反映到合同价和结算价。其计算过程和计算顺序是:分部分项工程造价→单位工程造价→单项工程造价→施工项目总造价。

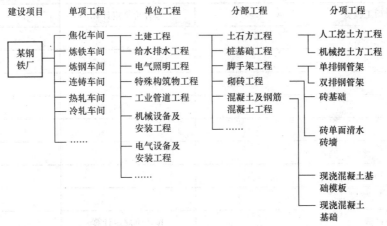

图 8-5　施工项目分解示意图

4. 计价方法的多样性特征

适应多次性计价有各不相同的计价依据,以及对造价的不同精确度要求,计价方法有多样性特征。计算和确定概、预算造价有两种基本方法,即单价法和实物法。计算和确定投资估算的方法有设备系数法、生产能力指数估算法等。不同的方法利弊不同,适用条件也不同,所以计价时要加以选择。

5. 依据的复杂性特征

由于影响造价的因素多、计价依据复杂、种类繁多,主要可分为七类。

(1)计算设备和工程量依据。包括项目建议书、可行性研究报告、设计文件等。

(2)计算人工、材料、机械等实物消耗量依据。包括投资估算指标、概算定额、预算定额等。

(3)计算工程单价的价格依据。包括人工单价、材料单价、材料运杂费、机械台班费等。

(4)计算设备单价依据。包括设备原价、设备运杂费、进口设备关税等。

(5)计算其他直接费、现场经费、间接费和施工项目建设其他费用依据。主要是相关的费用定额和指标。

(6)政府规定的税、费。

(7)物价指数和工程造价指数。

依据的复杂性不仅使计算过程复杂,而且要求计价人员熟悉各类依据,并加以正确利用。

二、建筑工程造价计价程序

1. 建设单位工程招标控制价计价程序

建设单位工程招标控制价计价程序见表 8-1。

表 8-1 建设单位工程招标控制价计价程序

工程名称：　　　　　　　　　　　　　　标段：

序号	内　　容	计算方法	金　额/元
1	分部分项工程费	按计价规定计算	
1.1			
1.2			
1.3			
1.4			
1.5			
2	措施项目费	按计价规定计算	
2.1	其中：安全文明施工费	按规定标准计算	
3	其他项目费		
3.1	其中：暂列金额	按计价规定估算	
3.2	其中：专业工程暂估价	按计价规定估算	
3.3	其中：计日工	按计价规定估算	
3.4	其中：总承包服务费	按计价规定估算	
4	规费	按规定标准计算	
5	税金(扣除不列入计税范围的工程设备金额)	(1+2+3+4)×规定税率	
招标控制价合计＝1＋2＋3＋4＋5			

2. 施工企业工程投标报价计价程序

施工企业工程投标报价计价程序见表 8-2。

表 8-2 施工企业工程投标报价计价程序

工程名称：　　　　　　　　　　　　　　标段：

序号	内　　容	计算方法	金　额/元
1	分部分项工程费	自主报价	
1.1			
1.2			
1.3			
1.4			
1.5			

续表

序号	内　容	计算方法	金　额/元
2	措施项目费	自主报价	
2.1	其中：安全文明施工费	按规定标准计算	
3	其他项目费		
3.1	其中：暂列金额	按招标文件提供金额计列	
3.2	其中：专业工程暂估价	按招标文件提供金额计列	
3.3	其中：计日工	自主报价	
3.4	其中：总承包服务费	自主报价	
4	规费	按规定标准计算	
5	税金(扣除不列入计税范围的工程设备金额)	(1+2+3+4)×规定税率	
投标报价合计＝1+2+3+4+5			

3. 竣工结算计价程序

竣工结算计价程序见表 8-3。

表 8-3　竣工结算计价程序

工程名称：　　　　　　　　　　　　标段：

序号	内　容	计算方法	金　额/元
1	分部分项工程费	按合同约定计算	
1.1			
1.2			
1.3			
1.4			
1.5			
2	措施项目	按合同约定计算	
2.1	其中：安全文明施工费	按规定标准计算	
3	其他项目		
3.1	其中：专业工程结算价	按合同约定计算	
3.2	其中：计日工	按计日工签证计算	
3.3	其中：总承包服务费	按合同约定计算	
3.4	索赔与现场签证	按发承包双方确认数额计算	
4	规费	按规定标准计算	
5	税金(扣除不列入计税范围的工程设备金额)	(1+2+3+4)×规定税率	
竣工结算总价合计＝1+2+3+4+5			

三、建筑工程工程量清单计价

工程量清单计价是指投标人完成由招标人提供的工程量清单所需的全部费用，包括分部分项工程费、措施项目费、其他项目费、规费和税金。

(一)工程量清单计价的特点、作用

1. 工程量清单计价的特点

采用工程量清单计价方法具有如下特点：
(1)满足竞争的需要。
(2)提供了一个平等的竞争条件。
(3)有利于工程款的拨付和工程造价的最终确定。
(4)有利于实现风险的合理分担。
(5)有利于业主对投资的控制。

2. 工程量清单计价的作用

工程量清单计价方法对推进我国工程造价管理体制改革的重大作用：
(1)用工程量清单招标符合我国当前工程造价体制改革中"逐步建立以市场形成价格为主的价格机制"的目标。
(2)采用工程量清单招标有利于将工程的"质"与"量"紧密结合起来。
(3)有利于业主获得最合理的工程造价。
(4)有利于标底的管理与控制。
(5)有利于中标企业精心组织施工，控制成本。

(二)工程量清单编制

工程量清单是表现拟建工程的分部分项工程项目、措施项目、其他项目、规费项目和税金项目的名称和相应数量的明细清单。工程量清单包括分部分项工程量清单、措施项目清单、其他项目清单、规费项目清单和税金项目清单。

工程量清单应由招标人负责编制，若招标人不具有编制工程量清单的能力，则可根据《工程造价咨询企业管理办法》（原建设部令第149号）的规定，委托具有工程造价咨询性质的工程造价咨询人编制。

1. 工程量清单编制依据

工程量清单编制依据如下：
(1)《房屋建筑与装饰工程工程量计算规范》（GB 50854—2013）和《建设工程工程量清单计价规范》（GB 50500—2013）；
(2)国家或省级、行业建设主管部门颁发的计价依据和办法；
(3)建设工程设计文件；
(4)与建设工程项目有关标准、规范、技术资料；
(5)拟定招标文件；
(6)施工现场情况、工程特点及常规施工方案；
(7)其他相关资料。

2. 分部分项工程项目

"分部分项工程"是"分部工程"和"分项工程"的总称。"分部工程"是单位工程的组成部分，是按结构部位、路段长度及施工特点或施工任务将单位工程划分为若干分部的工程。例如，房屋建筑工程分为土石方工程、桩基工程、砌筑工程、混凝土及钢筋混凝土工程等分部工程。"分项工程"是分部工程的组成部分，是按不同施工方法、材料、工序及路段长度等分部工程划分为若干个分项或项目的工程。例如，现浇混凝土基础分为带形基础、独立基础、满堂基础、桩承台基础、设备基础等分项工程。

分部分项工程量清单根据《房屋建筑与装饰工程工程量计算规范》(GB 50854—2013)附录的规定包括项目编码、项目名称、项目特征、计量单位、工程量计算规则和工作内容六项内容。

(1)项目编码。项目编码是指分部分项工程和措施项目工程工程量清单项目名称的阿拉伯数字标识的顺序码。工程量清单项目编码，应采用十二位阿拉伯数字表示，一至九位应按附录的规定设置，十至十二位应根据拟建工程的工程量清单项目名称设置，同一招标工程的项目编码不得有重码。

(2)项目名称。分部分项工程项目名称的设置或划分一般以形成工程实体为原则进行命名，所谓实体，是指形成生产或工艺作用的主要实体部分，对附属或次要部分均一般不设置项目。对于某些不形成工程实体的项目如"挖基础土方"，考虑土石方工程的重要性及对工程造价有较大影响，仍列入清单项目。分部分项工程量清单的项目名称应按《房屋建筑与装饰工程工程量计算规范》(GB 50854—2013)中附录的项目名称结合拟建工程的实际确定。

(3)项目特征。项目特征是表征构成分部分项工程项目、措施项目自身价值的本质特征，是对体现分部分项工程量清单、措施项目清单价值的特有属性和本质特征的描述。从本质上讲，项目特征体现的是对分部分项工程的质量要求，是确定一个清单项目综合单价不可缺少的重要依据，在编制工程量清单时，必须对项目特征进行准确和全面的描述。分部分项工程量清单项目特征应按《房屋建筑与装饰工程工程量计算规范》(GB 50854—2013)附录中规定的项目特征，结合拟建工程项目的实际、结合技术规范、标准图集、施工图纸，按照工程结构、使用材质及规格或安装位置等，予以详细而准确的表述和说明。

1)为达到规范、简捷、准确、全面描述项目特征的要求，在描述工程量清单项目特征时应按以下原则进行。

①项目特征描述的内容应按《房屋建筑与装饰工程工程量计算规范》(GB 50854—2013)附录中的规定，结合拟建工程的实际，能满足确定综合单价的需要。

②若采用标准图集或施工图纸能够全部或部分满足项目特征描述的要求，项目特征描述可直接采用详见××图集或××图号的方式。对不能满足项目特征描述要求的部分，仍应用文字描述。

2)在对分部分项工程项目特征描述时还应注意以下几点：

①必须描述的内容：

a. 涉及正确计量的内容必须描述。如 010509001 矩形柱，当以"根"为单位计量时，项目特征需要描述单件体积；当以"m^3"为单位计量时，则单件体积描述的意义不大，可不描述。

  b. 涉及结构要求的内容必须描述。如混凝土构件的混凝土强度等级,是使用 C20 还是 C30 或 C40 等,因混凝土强度等级不同,其综合单价也不同,强度等级也是混凝土构件质量要求,所以必须描述。

  c. 涉及材质要求的内容必须描述。如管材的材质,是碳钢管,还是塑钢管、不锈钢管等;混凝土构件混凝土的种类,是清水混凝土还是彩色混凝土,是预拌(商品)混凝土还是现场搅拌混凝土。

  d. 涉及安装方式的内容必须描述。如管道工程中的钢管的连接方式是螺纹连接还是焊接;塑料管是粘接连接还是热熔连接等就必须描述。

  ②可不描述或可不详细描述的内容:

  a. 对计量计价没有实质影响的内容可以不描述。如对现浇混凝土柱的高度、断面大小等的特征可以不描述,因为混凝土构件是按"m^3"计量,对此的描述实质意义不大。

  b. 应由投标人根据施工方案确定的可以不描述。如对石方的预裂爆破的单孔深度及装药量的特征,如清单编制人来描述是困难的,由投标人根据施工要求,在施工方案中确定,自主报价比较恰当。

  c. 应由投标人根据当地材料和施工要求确定的可以不描述。如对混凝土构件中的混凝土拌合料使用的石子种类及粒径、砂的种类及特征可以不描述。因为混凝土拌合料使用石还是碎石,使用粗砂还是中砂、细砂或特细砂,除构件本身特殊要求需要指定外,主要取决于工程所在地砂、石子材料的供应情况。至于石子的粒径大小主要取决于钢筋配筋的密度。

  d. 应由施工措施解决的可以不描述。如对现浇混凝土板、梁的标高的特征可以不描述。因为同样的板或梁,都可以将其归并在同一个清单项目中,但由于标高的不同,将会导致因楼层的变化对同一项目提出多个清单项目,不同的楼层工效不一样,但这样的差异可以由投标人在报价中考虑,或在施工措施中去解决。

  e. 对采用标准图集或施工图纸能够全部或部分满足项目特征描述要求的,项目特征描述可直接采用详见××图集或××图号的方式。

  f. 对注明由投标人根据工现场实际自行考虑决定报价的,项目特征可不描述。如石方工程中弃渣运距。

  (4)计量单位。分部分项工程量清单的计量单位应按《房屋建筑与装饰工程工程量计算规范》(GB 50854—2013)附录中规定的计量单位确定。

  (5)工程量计算规则。《房屋建筑与装饰工程工程量计算规范》(GB 50854—2013)统一规定了分部分项工程项目的工程量计算规则。其原则是按施工图图示尺寸(数量)计算工程实体工程数量的净值。工程量清单中所列工程量应按规定的工程量计算规则计算。

  (6)工作内容。工作内容是指为了完成分部分项工程项目或措施项目所需要发生的具体施工作业内容。《房屋建筑与装饰工程工程量计算规范》(GB 50854—2013)附录中给出的是一个清单项目所可能发生的工作内容,在确定综合单价时需要根据清单项目特征中的要求,或根据工程具体情况,或根据常规施工方案,从中选择其具体的施工作业内容。

  工作内容不同于项目特征,在清单编制时不需要描述。项目特征体现的是清单项目质量或特性的要求或标准,工作内容体现的是完成一个合格的清单项目需要具体做的施工作业,对于一项明确了分部分项工程项目或措施项目,工作内容确定了其工程成本。

如010401001砖基础，其项目特征为：砖品种、规格、强度等级；基础类型；防潮层材料种类。工程内容为：砂浆制作、运输；砌砖；防潮层铺设；材料运输。通过对比可以看出，如"砂浆强度等级"是对砂浆质量标准的要求，属于项目特征；"砂浆制作、运输"是砌筑过程中的工艺和方法，体现的是如何做，属于工作内容。

3. 措施项目

"措施项目"是相对于工程实体的分部分项工程项目而言，对实际施工中必须发生的施工准备和施工过程中技术、生活、安全、环境保护等方面的非工程实体项目的总称。例如，安全文明施工、模板工程、脚手架工程等。

《房屋建筑与装饰工程工程量计算规范》(GB 50854—2013)附录中列出了两种类型的措施项目，一类措施项目中列出了项目编码、项目名称、项目特征、计量单位、工程量计算规则的项目，编制工程量清单时，与分部分项工程项目的相关规定一致；另一类措施项目列出项目编码、项目名称，未列出项目特征、计量单位和工程量计算规则的项目，编制工程量清单时，应按规范中措施项目规定的项目编码、项目名称确定。

措施项目应根据拟建工程的实际情况列项，若出现《房屋建筑与装饰工程工程量计算规范》(GB 50854—2013)中未列出的项目，可根据工程实际情况补充。

4. 其他项目、规费和税金

其他项目、规费和税金项目清单应按照现行国家标准《建设工程工程量清单计价规范》(GB 50500—2013)的相关规定编制。

(三)招标控制价编制

1. 招标控制价作用

招标控制价的作用主要体现在：

(1)我国对国有资金投资项目的是投资控制实行的投资概算审批制度，国有资金投资的工程原则上不能超过批准的投资概算。因此，在工程招标发包时，当编制的招标控制价超过批准的概算，招标人应当将其报原概算审批部门重新审核。

(2)国有资金投资的工程进行招标，根据《中华人民共和国招标投标法》的规定，招标人可以设标底。当招标人不设标底时，为有利于客观、合理的评审投标报价和避免哄抬标价，造成国有资产流失，招标人必须编制招标控制价。

(3)国有资金投资的工程，招标人编制并公布的招标控制价相当于招标人的采购预算，同时要求其不能超过批准的概算，因此，招标控制价是招标人在工程招标时能接受投标人报价的最高限价。

2. 招标控制价编制与复核

招标控制价的作用决定了招标控制价不同于标底，无须保密。为体现招标的公平、公正，防止招标人有意抬高或压低工程造价，招标人应在招标文件中如实公布招标控制价，不得对所编制的招标控制价进行上浮或下调。招标人在招标文件中公布招标控制价时，应公布招标控制价各组成部分的详细内容，不得只公布招标控制价总价。

招标控制价是招标人根据国家或省级、行业建设主管部门颁发的有关计价依据和办法，按设计施工图纸计算的，对招标工程限定的最高工程造价。国有资金投资的工程建设项目必须实行工程量清单招标，并必须编制招标控制价。

招标人应将招标控制价及有关资料报送工程所在地或有该工程管辖权的行业管理部门工程造价管理机构备查。

(1)招标控制价的编制人员。招标控制价应由具有编制能力的招标人编制,当招标人不具有编制招标控制价的能力时,可委托具有相应资质的工程造价咨询人编制。工程造价咨询人接受招标人委托编制招标控制价,不得再就同一工程接受投标人委托编制投标报价。所谓具有相应工程造价咨询资质的工程造价咨询人是指根据《工程造价咨询企业管理办法》(原建设部令第149号)的规定,依法取得工程造价咨询企业资质,并在其资质许可的范围内接受招标人的委托,编制招标控制价的工程造价咨询企业。即取得甲级工程造价咨询资质的咨询人可承担各类建设项目的招标控制价编制,取得乙级(包括乙级暂定)工程造价咨询资质的咨询人,则只能承担5 000万元以下的招标控制价的编制。

(2)招标控制价编制依据。招标控制价的编制应根据下列依据进行:
1)《建设工程工程量清单计价规范》(GB 50500—2013);
2)国家或省级、行业建设主管部门颁发的计价定额和计价办法;
3)建设工程设计文件及相关资料;
4)拟定的招标文件及招标工程量清单;
5)与建设项目相关的标准、规范、技术资料;
6)施工现场情况、工程特点及常规施工方案;
7)工程造价管理机构发布的工程造价信息,当工程造价信息没有发布时,参照市场价;
8)其他的相关资料。

(3)招标控制价的编制内容与要求。
1)综合单价中应包括招标文件中划分的应由投标人承担的风险范围及其费用。招标文件中没有明确的,如是工程造价咨询人编制,应提请招标人明确;如是招标人编制,应予明确。

2)分部分项工程和措施项目中的单价项目,应根据拟定的招标文件和招标工程量清单项目中的特征描述及有关要求确定综合单价计算。招标文件中提供了暂估单价的材料,按暂估的单价计入综合单价。

3)措施项目中的总价项目应根据拟定的招标文件和常规施工方案采用综合单价计价。措施项目中的安全文明施工费必须按国家或省级、行业建设主管部门的规定计算,不得作为竞争性费用。

4)其他项目费应按下列规定计价。
①暂列金额。暂列金额应按招标工程量清单中列出的金额填写。
②暂估价。暂估价包括材料暂估单价、工程设备暂估单价和专业工程暂估价。暂估价中的材料、工程设备单价应根据招标工程量清单列出的单价计入综合单价。
③计日工。计日工包括计日工人工、材料和施工机械。在编制招标控制价时,对计日工中的人工单价和施工机械台班单价应按省级、行业建设主管部门或其授权的工程造价管理机构公布的单价计算;材料应按工程造价管理机构发布的工程造价信息中的材料单价计算,工程造价信息未发布材料单价的材料,其价格应按市场调查确定的单价计算。
④总承包服务费。招标人编制招标控制价时,总承包服务费应根据招标文件中列出的内容和向总承包人提出的要求,按照省级或行业建设主管部门的规定或参照下列标准计算:

a. 招标人仅要求对分包的专业工程进行总承包管理和协调时，按分包的专业工程估算造价的 1.5% 计算；

b. 招标人要求对分包的专业工程进行总承包管理和协调，并同时要求提供配合服务时，根据招标文件中列出的配合服务内容和提出的要求，按分包的专业工程估算造价的 3%～5% 计算；

c. 招标人自行供应材料的，按招标人供应材料价值的 1% 计算。

5) 招标控制价的规费和税金必须按国家或省级、行业建设主管部门的规定计算。

(4) 编制招标控制价注意事项。

1) 使用的计价标准、计价政策应是国家或省、自治区、直辖市建设行政主管部门或行业建设主管部门颁布的计价定额和计价方法；

2) 采用的材料价格应是工程造价管理机构通过工程造价信息发布的材料单价，工程造价信息未发布材料单价的材料，其材料价格应通过市场调查确定；

3) 国家或省、自治区、直辖市建设行政主管部门或行业建设主管部门对工程造价计价中费用或费用标准有规定的，应按规定执行。

3. 投诉与处理

投标人经复核认为招标人公布的招标控制价未按照《建设工程工程量清单计价规范》(GB 50500—2013)的规定进行编制的，应在招标控制价公布后 5 天内向招投标监督机构和工程造价管理机构投诉。

投诉人不得进行虚假、恶意投诉，阻碍招投标活动的正常进行。投诉人投诉时，应当提交由单位盖章和法定代表人或其委托人签名或盖章的书面投诉书。

(1) 投诉书内容。

1) 投诉人与被投诉人的名称、地址及有效联系方式；

2) 投诉的招标工程名称、具体事项及理由；

3) 投诉依据及有关证明材料；

4) 相关的请求及主张。

(2) 投诉审查与处理。

1) 工程造价管理机构在接到投诉书后应在 2 个工作日内进行审查，对有下列情况之一的，不予受理：

① 投诉人不是所投诉招标工程招标文件的收受人；

② 投诉书提交的时间不符合规定的；

③ 投诉书不符合规定的；

④ 投诉事项已进入行政复议或行政诉讼程序的。

2) 工程造价管理机构应在不迟于结束审查的次日将是否受理投诉的决定书面通知投诉人、被投诉人以及负责该工程招投标监督的招投标管理机构。

3) 工程造价管理机构受理投诉后，应立即对招标控制价进行复查，组织投诉人、被投诉人或其委托的招标控制价编制人等单位人员对投诉问题逐一核对。有关当事人应当予以配合，并应保证所提供资料的真实性。

4) 工程造价管理机构应当在受理投诉的 10 天内完成复查，特殊情况下可适当延长，并作出书面结论通知投诉人、被投诉人及负责该工程招投标监督的招投标管理机构。

5)当招标控制价复查结论与原公布的招标控制价误差大于±3%时,应当责成招标人改正。

6)招标人根据招标控制价复查结论需要重新公布招标控制价的,其最终公布的时间至招标文件要求提交投标文件截止时间不足15天的,应相应延长投标文件的截止时间。

(四)投标报价编制

1. 投标报价编制依据

(1)《建设工程工程量清单计价规范》(GB 50500—2013);
(2)国家或省级、行业建设主管部门颁发的计价办法;
(3)企业定额,国家或省级、行业建设主管部门颁发的计价定额和计价办法;
(4)招标文件、招标工程量清单及其补充通知、答疑纪要;
(5)建设工程设计文件及相关资料;
(6)施工现场情况、工程特点及投标时拟定的施工组织设计或施工方案;
(7)与建设项目相关的标准、规范等技术资料;
(8)市场价格信息或工程造价管理机构发布的工程造价信息;
(9)其他的相关资料。

2. 投标报价编制与复核要求

投标价应由投标人或受其委托具有相应资质的工程造价咨询人编制,编制要求如下:

(1)投标报价不低于工程成本。
(2)投标人必须按照招标人工程量清单填报价格。项目编码、项目名称、项目特征、计量单位、工程量必须与招标工程量清单一致。
(3)投标人的投标报价高于招标控制价的应予废标。
(4)综合单价中应包括招标文件中划分的应由投标人承担的风险范围及其费用,招标文件中没有明确的,应提请招标人明确。
(5)分部分项工程和措施项目中的单价项目,应根据招标文件和招标工程量清单项目中的特征描述确定综合单价计算。
(6)投标人可根据工程实际情况并结合施工组织设计,对招标人所列的措施项目进行增补。由于各投标人拥有的施工装备、技术水平和采用的施工方法有所差异,招标人提出的措施项目清单是根据一般情况确定的,没有考虑不同投标人的"个性",投标人投标时应根据自身编制的投标施工组织设计或施工方案确定措施项目,对招标人提供的措施项目进行调整。投标人根据投标施工组织设计或施工方案调整和确定的措施项目应通过评标委员会的评审。

措施项目中的总价项目应采用综合单价计价。其中安全文明施工费应按国家或省级、行业建设主管部门的规定确定,且不得作为竞争性费用。

(7)其他项目应按下列规定报价:
1)暂列金额应按招标工程量清单中列出的金额填写,不得变动;
2)材料、工程设备暂估价应按招标工程量清单中列出的单价计入综合单价,不得变动和更改;
3)专业工程暂估价应按招标工程量清单中列出的金额填写,不得变动和更改;
4)计日工应按招标工程量清单中列出的项目和数量,自主确定综合单价并计算计日工

金额;

5)总承包服务费应依据招标工程量清单中列出的专业工程暂估价内容和供应材料、设备情况,按照招标人提出协调、配合与服务要求和施工现场管理需要自主确定。

(8)规费和税金应按国家或省级、行业建设主管部门的规定计算,不得作为竞争性费用。规费和税金的计取标准是依据有关法律、法规和政策规定制定的,具有强制性。投标人是法律、法规和政策的执行者,不能改变,更不能制定,而必须按照法律、法规、政策的有关规定执行。

(9)招标工程量清单与计价表中列明的所有需要填写单价和合价的项目,投标人均应填写且只允许有一个报价。未填写单价和合价的项目,可视为此项费用已包含在已标价工程量清单中其他项目的单价和合价之中。当竣工结算时,此项目不得重新组价予以调整。

(10)实行工程量清单招标,投标人的投标总价应当与组成已标价工程量清单的分部分项工程费、措施项目费、其他项目费和规费、税金的合计金额相一致,即投标人在投标报价时,不能进行投标总价优惠(或降价、让利),投标人对招标人的任何优惠(或降价、让利)均应反映在相应清单项目的综合单价中。

四、建筑工程定额计价

定额是在正常的施工生产条件下,完成单位合格产品所必需的人工、材料、施工机械设备及其资金消耗的数量标准。在建筑生产中,为了完成建筑产品,必须消耗一定数量的劳动力、材料和机械台班以及相应的资金,在一定的生产条件下,用科学方法制定出的生产质量合格的单位建筑产品所需要的人工、材料和机械台班等的数量标准,就称为工程建设定额。

(一)定额的特点与作用

1. 定额的特点

(1)权威性。工程建设定额具有很大权威,这种权威在一些情况下具有经济法规性质。权威性反映统一的意志和统一的要求,也反映信誉和信赖程度以及定额的严肃性。

(2)科学性。工程建设定额的科学性首先表现在定额是在认真研究客观规律的基础上,自觉地遵守客观规律的要求,实事求是地制定的。因此,它能正确地反映单位产品生产所必需的劳动量,从而以最少的劳动消耗取得最大的经济效果,促进劳动生产率的不断提高。

(3)统一性。工程建设定额的统一性,主要是由国家对经济发展的有计划的宏观调控职能决定的。为了使国民经济按照既定的目标发展,就需要借助于某些标准、定额、参数等,对工程建设进行规划、组织、调节、控制。而这些标准、定额、参数在一定范围内必须统一尺度,才能实现上述职能,才能利用它对项目的决策、设计方案、投标报价、成本控制进行比选和评价。

(4)稳定性与时效性。工程建设定额中的任何一种都是一定时期内技术发展和管理水平的反映,因而在一段时间内都表现出稳定的状态。稳定的时间有长有短,一般在5~10年之间。保持定额的稳定性是维护定额的权威性所必需的,更是有效地贯彻定额所需要的。如果某种定额处于经常修改变动之中,那么必然造成执行中的困难和混乱,使人们感到没有必要去认真对待它,很容易导致定额权威性的丧失。工程建设定额的不稳定也会给定额的编制工作带来极大的困难。

(5)系统性。工程建设定额是相对独立的系统,是由多种定额结合而成的有机整体。它结构复杂,有鲜明的层次和明确的目标。

2. 定额的作用

在工程建设和企业管理中,确定和执行先进合理的定额是技术和经济管理工作的重要一环。在工程项目的计划、设计和施工中,定额具有以下几方面的作用:

(1)定额是编制计划的基础。工程建设活动需要编制各种计划来组织与指导生产,而计划编制中又需要各种定额来作为计算人力、物力、财力等资源需要量的依据。因此,定额是编制计划的重要基础。

(2)定额是确定工程造价的依据和评价设计方案经济合理性的尺度。工程造价是根据由设计规定的工程规模、工程数量及相应需要的人工、材料、机械设备消耗量及其他必须消耗的资金确定的。其中,人工、材料、机械设备的消耗量又是根据定额计算出来的,定额是确定工程造价的依据。同时,建设项目投资的大小又反映了各种不同设计方案技术经济水平的高低。因此,定额又是比较和评价设计方案经济合理性的尺度。

(3)定额是组织和管理施工的工具。建筑企业计算及平衡资源需要量、组织材料供应、调配劳动力、签发任务单、组织劳动竞赛、调动人的积极性、考核工程消耗和劳动生产率、贯彻按劳分配工资制度、计算工人报酬等,都要利用定额。因此,从组织施工和管理生产的角度来说,定额又是建筑企业组织和管理施工的工具。

(4)定额是总结先进生产方法的手段。定额是在平均先进的条件下,通过对生产流程的观察、分析、综合等过程制定的,它可以最严格地反映出生产技术和劳动组织的先进合理程度。因此,可以以定额方法为手段,对同一产品在同一操作条件下的不同的生产方法进行观察、分析和总结,从而得到一套比较完整的、优良的生产方法,作为生产中推广的范例。

由此可见,定额是实现工程项目,确定人力、物力和财力等资源需要量,有计划地组织生产,提高劳动生产率,降低工程造价,完成和超额完成计划的重要技术经济工具,是工程管理和企业管理的基础。

(二)施工定额及其编制

施工定额是以同一性质的施工过程或工序为测定对象,确定建筑安装工人在正常施工条件下,为完成单位合格产品所需劳动、机械、材料消耗的数量标准。施工定额是施工企业直接用于建筑工程施工管理的一种定额,其由劳动定额、材料消耗定额和机械台班定额组成,是最基本的定额。

1. 施工定额的作用

施工定额是施工企业进行科学管理的基础。施工定额的作用体现在:

(1)是施工企业编制施工预算,进行工料分析和"两算对比"的基础;

(2)是编制施工组织设计、施工作业设计和确定人工、材料及机械台班需要量计划的基础;

(3)是施工企业向工作班(组)签发任务单、限额领料的依据;

(4)是组织工人班(组)开展劳动竞赛、实行内部经济核算、承发包、计取劳动报酬和奖励工作的依据;

(5)是编制预算定额和企业补充定额的基础。

2. 施工定额的编制内容

(1)劳动定额。劳动定额又称人工定额,是建筑安装工人在正常的施工(生产)条件下、在一定的生产技术和生产组织条件下、在平均先进水平的基础上制定的。它表明每个建筑安装工人生产单位合格产品所必须消耗的劳动时间,或在单位时间所生产的合格产品的数量。

劳动定额的作用主要表现在组织生产和按劳分配两个方面。一般情况下,两者是相辅相成的,即生产决定分配,分配促进生产。当前对企业基层推行的各种形式的经济责任制的分配形式,无一不是以劳动定额作为核算基础的。

(2)机械台班使用定额。在建筑安装工程中,有些工程产品或工作是由工人来完成的,有些是由机械来完成的,有些则是由人工和机械配合共同完成的。由机械或人机配合来完成的产品或工作中,就包含一个机械工作时间。

机械台班使用定额或称机械台班消耗定额,是指在合理劳动组合与合理使用机械条件下,完成单位合格产品或某项工作所必需的机械工作时间,包括准备与结束时间、基本工作时间、辅助工作时间、不可避免的中断时间以及使用机械的工人生理需要与休息时间。

机械台班使用定额按表现形式不同,可分为机械时间定额和机械产量定额。

1)机械时间定额:是指在合理劳动组织与合理使用机械条件下,完成单位合格产品所必需的工作时间,包括有效工作时间(正常负荷下的工作时间和降低负荷下的工作时间)、不可避免的中断时间、不可避免的无负荷工作时间。机械时间定额以"台班"表示,即一台机械工作一个作业班时间。一个作业班时间为 8 h。

$$单位产品机械时间定额(台班) = \frac{1}{台班产量} \tag{8-1}$$

由于机械必须由工人小组配合,所以完成单位合格产品的时间定额,同时应列出人工时间定额,即

$$单位产品人工时间定额(工日) = \frac{小组成员总人数}{台班产量} \tag{8-2}$$

2)机械产量定额:是指在合理劳动组织与合理使用机械条件下,机械在每个台班时间内应完成合格产品的数量,即

$$机械台班产量定额 = \frac{1}{机械时间定额(台班)} \tag{8-3}$$

机械时间定额和机械产量定额互为倒数关系。

复式表示法有如下形式:

$$\frac{人工时间定额}{机械台班产量} 或 \frac{人工时间定额}{机械台班产量} \bigg| 台班车次 \tag{8-4}$$

(3)材料消耗定额。材料消耗定额是指在正常的施工(生产)条件下,在节约和合理使用材料的情况下,生产单位合格产品所必须消耗的一定品种、规格的材料、半成品、配件等的数量标准。

材料消耗定额是编制材料需要量计划、运输计划、供应计划、计算仓库面积、签发限额领料单和经济核算的根据。制定合理的材料消耗定额,是组织材料的正常供应,保证生产顺利进行,以及合理利用资源,减少积压、浪费的必要前提。

施工中材料的消耗,可分为必须消耗的材料和损失的材料两种。

必须消耗的材料是指在合理用料的条件下，生产合格产品所需消耗的材料。

必须消耗的材料属于施工正常消耗，是确定材料消耗定额的基本数据。其中，直接用于建筑和安装工程的材料，编制材料净用量定额；不可避免的施工废料和材料损耗，编制材料损耗定额。

材料各种类型的损耗量之和称为材料损耗量，除去损耗量之后净用于工程实体的数量称为材料净用量，材料净用量与材料损耗量之和称为材料总消耗量，损耗量与总消耗量之比称为材料损耗率，它们的关系用以下公式来表示：

$$损耗率 = \frac{损耗量}{总消耗量} \times 100\% \tag{8-5}$$

$$损耗量 = 总消耗量 - 净用量 \tag{8-6}$$

$$净用量 = 总消耗量 - 损耗量 \tag{8-7}$$

$$总消耗量 = \frac{净用量}{1 - 损耗率} \tag{8-8}$$

或

$$总消耗量 = 净用量 + 损耗量 \tag{8-9}$$

为了简便，通常将损耗量与净用量之比作为损耗率。即

$$损耗率 = \frac{损耗量}{净用量} \times 100\% \tag{8-10}$$

$$总消耗量 = 净用量 \times (1 + 损耗率) \tag{8-11}$$

(三) 预算定额及其编制

预算定额，是规定消耗在合格质量的单位工程基本构造要素上的人工、材料和机械台班的数量标准，是计算建筑安装产品价格的基础。

所谓基本构造要素，即通常所说的分项工程和结构构件。预算定额按工程基本构造要素规定劳动力、材料和机械的消耗数量，以满足编制施工图预算、规划和控制工程造价的要求。

1. 预算定额的作用

预算定额是工程建设中一项重要的技术经济文件，它的各项指标反映了在完成规定计量单位符合设计标准和施工质量验收规范要求的分项工程消耗的劳动和物化劳动的数量限度。这种限度最终决定着单项工程和单位工程的成本和造价。

预算定额是由国家主管部门或其授权机关组织编制、审批并颁布执行的。在现阶段，预算定额是一种法令性指标，是对基本建设实行宏观调控和有效监督的重要工具。各地区、各基本建设部门都必须严格执行，以保证全国的工程有一个统一的核算尺度，使国家对各地区、各部门工程设计、经济效果与施工管理水平进行统一的比较与核算。

2. 预算定额的编制原则

(1)按社会平均水平确定的原则。预算定额必须遵照价值规律的客观要求，按生产过程中所消耗的社会必要劳动时间确定定额水平。

(2)简明准确和适用的原则。为了稳定预算定额的水平，统一考核尺度和简化工程量计算，编制预算定额时应尽量少留活口，减少定额的换算工作。但是，由于建筑安装工程具有不标准、复杂、变化多的特点，为了符合工程实际，预算定额也应当有必要的灵活性，

允许变化较多、影响造价较大的重要因素,按照设计及施工的要求合理地进行计算。对一些工程内容,应当允许换算。对变化小,影响造价不大的因素,通过测算综合取定合理数值后应当确定下来,不允许换算。

(3)坚持统一性和差别性相结合的原则。所谓统一性,就是从培育全国统一市场规范计价行为出发,计价定额的制定规划和组织实施由国务院建设行政主管部门归口,并负责全国统一定额制定或修订,颁发有关工程造价管理的规章制度办法等。这样就有利于通过定额和工程造价的管理实现建筑安装工程价格的宏观调控。通过编制全国统一定额,使建筑安装工程具有一个统一的计价依据,也使考核设计和施工的经济效果具有一个统一尺度。所谓差别性,就是在统一的基础上,各部门和省、自治区、直辖市主管部门可以在自己的管辖范围内,根据本部门和地区的具体情况,制定部门和地区性定额、补充性制度和管理办法,以适应我国幅员辽阔、地区间部门发展不平衡和差异大的实际情况。

3. 预算定额的编制依据

(1)现行劳动定额和施工定额。预算定额是在现行劳动定额和施工定额的基础上编制的。预算定额中劳力、材料、机械台班消耗水平,需要根据劳动定额或施工定额取定;预算定额计量单位的选择,也要以施工定额为参考,从而保证两者的协调和可比性,减轻预算定额的编制工作量,缩短编制时间。

(2)现行设计规范、施工验收规范和安全操作规程。预算定额在确定劳力、材料和机械台班消耗数量时,必须考虑上述各项法规的要求和影响。

(3)具有代表性的典型工程施工图及有关标准图。对这些图纸进行仔细分析研究,并计算出工程数量,作为编制定额时选择施工方法、确定定额含量的依据。

(4)新技术、新结构、新材料和先进的施工方法等。这类资料是调整定额水平和增加新的定额项目所必需的依据。

(5)有关科学试验、技术测定和统计、经验资料。这类资料是确定定额水平的重要依据。

(6)现行的预算定额、材料预算价格及有关文件规定等,包括过去定额编制过程中积累的基础资料,是编制预算定额的依据和参考。

4. 预算定额的编制方法

(1)定额项目的划分。因工程产品结构复杂,形状庞大,所以要就整个产品来计价是不可能的。但可根据不同部位、不同消耗或不同构件,将庞大的工程产品分解成各种不同的较为简单、适当的计量单位(称为分部分项工程),作为计算工程量的基本构造要素,在此基础上编制预算定额项目。确定定额项目时应满足下列要求:便于确定单位估价表;便于编制施工图预算;便于进行计划、统计和成本核算工作。

(2)工程内容的确定。基础定额子目中人工、材料消耗量和机械台班使用量是直接由工程内容确定的,所以,工程内容范围的规定是十分重要的。

(3)确定预算定额的计量单位。预算定额的计量单位关系到预算工作的繁简和准确性,因此,要正确地确定各分部分项工程的计量单位。预算定额项目中工料计量单位及小数位数应符合下列规定:

1)计量单位。按法定计量单位取定:

①长度:mm、cm、m、km。

②面积：mm²、cm²、m²。
③体积和容积：cm³、m³。
④重量：kg、t。
2）数值单位与小数位数的取定。
①人工：以"工日"为单位，取两位小数。
②主要材料及半成品：木材以"m³"为单位，取三位小数；钢板、型钢以"t"为单位，取三位小数；管材以"m"为单位，取两位小数；通用薄钢板以"m²"为单位；导线、电缆以"m"为单位；水泥以"kg"为单位；砂浆、混凝土以"m³"为单位；等等。
③单价以"元"为单位，取两位小数。
④其他材料费以"元"表示，取两位小数。
⑤施工机械以"台班"为单位，取两位小数。

定额单位确定之后，往往会出现人工、材料或机械台班量很小，即小数点后有好几位数字。为了减少小数位数和提高预算定额的准确性，采取扩大单位的办法，把1 m³、1 m²、1 m扩大10、100、1 000倍。这样，相应的消耗量也加大了倍数，取一定小数位四舍五入后，可达到相对的准确性。

（4）确定施工方法。编制预算定额所取定的施工方法，必须选用正常的、合理的施工方法，用以确定各专业的工程和施工机械。

（5）确定预算定额中人工、材料、施工机械消耗量。确定预算定额人工、材料、机械台班消耗指标时，必须先按施工定额的分项逐项计算出消耗指标，然后再按预算定额的项目加以综合。但是，这种综合不是简单的合并和相加，而需要在综合过程中增加两种定额之间的适当的水平差。预算定额的水平，首先取决于这些消耗量的合理确定。人工、材料和机械台班消耗量指标，应根据定额编制原则和要求，采用理论与实际相结合、图纸计算与施工现场测算相结合、编制人员与现场工作人员相结合等方法进行计算和确定，使定额既符合政策要求，又与客观情况一致，便于贯彻执行。

（6）编制定额表和拟定有关说明。定额项目表的一般格式是：横向排列为各分项工程的项目名称，竖向排列为分项工程的人工、材料和施工机械消耗量指标。有的项目表下部还有附注，以说明设计有特殊要求时怎样进行调整和换算。

（四）概算定额及其编制

概算定额是指生产一定计量单位的经扩大的建筑工程结构构件或分部分项工程所需要的人工、材料和机械台班的消耗数量及费用的标准。

概算定额是在预算定额的基础上，根据有代表性的建筑工程通用图和标准图等资料，进行综合、扩大和合并而成。因此，建筑工程概算定额也称"扩大结构定额"。

概算定额与预算定额的相同之处，在于都以建（构）筑物各个结构部分和分部分项工程为单位表示，内容也包括人工、材料和机械台班使用量定额三个基本部分，并列有基准价。

概算定额表达的主要内容、表达的主要方式及基本使用方法都与综合预算定额相近。

$$\begin{aligned}定额基准价 &= 定额单位人工费+定额单位材料费+定额单位机械费\\ &= 人工概算定额消耗量 \times 人工工资单价+\\ &\quad \sum(材料概算定额消耗量 \times 材料预算价格)+\\ &\quad \sum(施工机械概算定额消耗量 \times 机械台班费用单价)\end{aligned} \quad (8\text{-}12)$$

概算定额与预算定额的不同之处，在于项目划分和综合扩大程度上的差异，另外，概算定额主要用于设计概算的编制。由于概算定额综合了若干分项工程的预算定额，因此，在概算工程量计算和概算表的编制上，都比编制施工图预算简化了很多。

编制概算定额时，应考虑到能否适应规划、设计、施工各阶段的要求。概算定额与预算定额应保持一致水平，即在正常条件下，反映大多数企业的设计、生产及施工管理水平。

概算定额的内容和深度是以预算定额为基础的综合与扩大，在合并中不得遗漏或增加细目，以保证定额数据的严密性和正确性。概算定额务必简化、准确和适用。

1. 概算定额的作用

(1)概算定额是在扩大初步设计阶段编制概算，技术设计阶段编制修正概算的主要依据。

(2)概算定额是编制建筑安装工程主要材料申请计划的基础。

(3)概算定额是进行设计方案技术经济比较和选择的依据。

(4)概算定额是编制概算指标的计算基础。

(5)概算定额是确定基本建设项目投资额、编制基本建设计划、实行基本建设大包干、控制基本建设投资和施工图预算造价的依据。

因此，正确、合理地编制概算定额对提高设计概算的质量，加强基本建设经济管理，合理使用建设资金，降低建设成本，充分发挥投资效果等方面，都具有重要的作用。

2. 概算定额的编制原则

在编制概算定额时必须遵循以下原则：

(1)使概算定额适应设计、计划、统计和拨款的要求，更好地为基本建设服务。

(2)概算定额水平的确定，应与预算定额的水平基本一致，必须反映正常条件下大多数企业的设计、生产施工管理水平。

(3)概算定额的编制深度，要适应设计深度的要求；项目划分应坚持简化、准确和适用的原则。以主体结构分项为主，合并其他相关部分，进行适当综合扩大；概算定额项目计量单位的确定，与预算定额要尽量一致；应考虑统筹法及应用计算机编制的要求，以简化工程量和概算的计算编制。

(4)为了稳定概算定额水平，统一考核尺度和简化计算工程量，编制概算定额时，原则上不留活口，对于设计和施工变化多而影响工程量多、价差大的，应根据有关资料进行测算，综合取定常用数值，对于其中包括不了的个性数值，可适当留些活口。

3. 概算定额的编制依据

(1)现行的全国通用的设计标准、规范和施工验收规范。

(2)现行的预算定额。

(3)标准设计和有代表性的设计图纸。

(4)过去颁发的概算定额。

(5)现行的人工工资标准、材料预算价格和施工机械台班单价。

(6)有关施工图预算和结算资料。

4. 概算定额的编制方法

(1)确定定额计量单位。概算定额计量单位基本上按预算定额的规定执行，但是单位的内容扩大，仍用 m、m^2 和 m^3 等。

(2)确定概算定额与预算定额的幅度差。由于概算定额是在预算定额基础上进行适当的合并与扩大。因此，在工程量取值、工程的标准和施工方法确定上需综合考虑，且定额与实际应用必然会产生一些差异。国家允许这种差异预留一个合理的幅度差，以便依据概算定额编制的设计概算能控制住施工图预算。概算定额与预算定额之间的幅度差，国家规定一般控制在5％以内。

(3)定额小数取位。概算定额小数取位与预算定额相同。

5. 概算定额的内容

概算定额由文字说明和定额表两部分组成。

(1)文字说明。文字说明部分包括总说明和各章节的说明。在总说明中，主要对编制的依据、用途、适用范围、工程内容、有关规定、取费标准和概算造价计算方法等进行阐述；在分章说明中，包括分部工程量的计算规则、说明、定额项目的工程内容等。

(2)定额表。定额表表头注有本节定额的工作内容和计量单位(或在表格内)，表格内有基价、人工费、材料费、机械费、主要材料消耗量等。

(五)投资估算指标

投资估算指标用于编制投资估算，往往以独立的单项工程或完整的工程项目为计算对象，其主要作用是为项目决策和投资控制提供依据。投资估算指标比其他各种计价定额具有更大的综合性和概括性。

1. 投资估算指标的分类

依据投资估算指标的综合程度，可分为建设项目指标、单项工程指标和单位工程指标。建设项目投资指标有两种：一是工程总投资或总造价指标；二是以生产能力或其他计量单位为计算单位的综合投资指标。单项工程指标一般以生产能力等为计算单位，包括建筑安装工程费、设备及工器具购置以及应计入单项工程投资的其他费用。单位工程指标一般以m^2、m^3、座等为单位。

2. 投资估算指标的编制步骤

估算指标应列出工程内容、结构特征等资料，以便应用时依据实际情况进行必要的调整。投资估算指标的编制一般分为以下三个阶段进行：

(1)收集整理资料阶段。收集整理已建成或正在建设的、符合现行技术政策和技术发展方向并有可能重复采用的、有代表性的工程设计施工图、标准设计以及相应的竣工决算或施工图预算资料等，这些资料是编制工作的基础，资料收集得越广泛，反映出的问题越多，编制工作考虑得越全面，就越有利于提高投资估算指标的实用性和覆盖面。同时，对调查收集到的资料要选择占投资比重大、相互关联多的项目进行认真的分析整理。由于已建成或正在建设的工程的设计意图、建设时间和地点、资料的基础等不同，相互之间的差异很大，需要去粗取精、去伪存真并加以整理，才能重复利用。将整理后的数据资料按项目划分栏目加以归类，按照编制年度的现行定额、费用标准和价格，调整成编制年度的造价水平及相互比例。

(2)平衡调整阶段。由于调查收集的资料来源不同，虽然经过一定的分析整理，但难免会由于设计方案、建设条件和建设时间上的差异带来的某些影响，造成数据失准或漏项等，因此，必须对有关资料进行综合平衡调整。

(3)测算审查阶段。测算是将新编的指标和选定工程的概预算，在同一价格条件下进行比较，检验其"量差"的偏离程度是否在允许偏差的范围之内，如偏差过大，则要查找原因，进行修正，以保证指标的确切、实用。测算同时也是对指标编制质量进行的一次系统检查，应由专人进行，以保持测算口径的统一，在此基础上组织有关专业人员予以全面审查定稿。

五、工程量清单计价与定额计价的区别

1. 编制工程量的单位不同

传统定额预算计价办法是：建设工程的工程量分别由招标单位和投标单位分别按图计算。工程量清单计价是：工程量由招标单位统一计算或委托有工程造价咨询资质单位统一计算，"工程量清单"是招标文件的重要组成部分，各投标单位根据招标人提供的"工程量清单"，根据自身的技术装备、施工经验、企业成本、企业定额、管理水平自主填写报价单。

2. 编制工程量清单时间不同

传统的定额预算计价法是在发出招标文件后编制（招标与投标人同时编制或投标人编制在前，招标人编制在后）。工程量清单报价法必须在发出招标文件前编制。

3. 表现形式不同

采用传统的定额预算计价法一般是总价形式。工程量清单报价法采用综合单价形式，综合单价包括人工费、材料费、机械使用费、管理费、利润，并考虑风险因素。工程量清单报价具有直观、单价相对固定的特点，工程量发生变化时，单价一般不作调整。

4. 编制依据不同

传统的定额预算计价法依据图纸；人工、材料、机械台班消耗量依据建设行政主管部门颁发的预算定额；人工、材料、机械台班单价依据工程造价管理部门发布的价格信息进行计算。工程量清单报价法，根据原建设部令第107号规定，标底的编制根据招标文件中的工程量清单和有关要求、施工现场情况、合理的施工方法以及按建设行政主管部门制定的有关工程造价计价办法编制。企业的投标报价则根据企业定额和市场价格信息，或参照建设行政主管部门发布的社会平均消耗量定额编制。

5. 费用组成不同

传统预算定额计价法的工程造价由直接工程费、措施费、间接费、利润、税金组成。工程电气设备安装工程工程量清单计价全程解析——从招标投标到竣工结算量清单计价法的工程造价包括分部分项工程费、措施项目费、其他项目费、规费、税金，完成每项工程包含的全部工程内容的费用，完成每项工程内容所需的费用（规费、税金除外），工程量清单中没有体现的、施工中又必须发生的工程内容所需费用以及因风险因素而增加的费用。

6. 评标所用方法不同

传统预算定额计价投标一般采用百分制评分法。采用工程量清单计价法投标，一般采用合理低报价中标法，既要对总价进行评分，也要对综合单价进行分析评分。

7. 项目编码不同

采用传统的预算定额项目编码，全国各省市采用不同的定额子目；采用工程量清单计价，全国实行统一编码，项目编码采用十二位阿拉伯数字表示。一到九位为统一编码，其中一、二位为附录顺序码，三、四位为专业工程顺序码，五、六位为分部工程顺序码。七、八、九位为分项工程项目名称顺序码，十到十二位为清单项目名称顺序码。前九位码不能变动，后三位码，由清单编制人根据项目设置的清单项目编制。

8. 合同价格调整方式不同

传统的定额预算计价合同价调整方式有：变更签证、定额解释、政策性调整。工程量清单计价法合同价调整方式主要是索赔。工程量清单的综合单价一般通过招标中报价的形式来体现，一旦中标，报价作为签订施工合同的依据相对固定下来，工程结算按承包商实际完成的工程量乘以清单中相应的单价计算，减少了调整活口。采用传统的预算定额经常有定额解释及定额规定，结算中又有政策性文件调整。工程量清单计价单价不能随意调整。

9. 工程量时间前置

工程量清单，在招标前由招标人编制。也可能业主为了缩短建设周期，通常在初步设计完成后就开始施工招标，在不影响施工进度的前提下陆续发放施工图纸，因此，承包商据以报价的工程量清单中各项工作内容下的工程量一般为概算工程量。

10. 投标计算口径是否达到统一

因为各投标单位都根据统一的工程量清单报价，达到了投标计算口径统一。不再是传统预算定额招标，各投标单位各自计算工程量，各投标单位计算的工程量均不一致。

11. 索赔时间增加

因承包商对工程量清单单价包含的工作内容一目了然，故凡建设方不按清单内容施工的，任意要求修改清单的，都会增加施工索赔的因素。

第四节　建筑工程造价的管理

一、工程造价管理的概念

工程造价管理有两种含义：一是建设工程投资费用管理；二是工程价格管理。工程造价确定依据的管理和工程造价专业队伍建设的管理则是为这两种管理服务的。

建设工程的投资费用管理属于投资管理范畴。更明确地说，它属于工程建设投资管理范畴。管理，是为了实现一定的目标而进行的计划、预测、组织、指挥、监控等系统活动。工程建设投资管理，就是为了达到预期的效果（效益），对建设工程投资行为进行的计划、预测、组织、指挥和监控等系统活动。但是，工程造价第一种含义的管理侧重于投资费用的管理，而不是侧重工程建设的技术方面。建设工程投资费用管理，是指为了实现投资的预期目标，在拟订的规划、设计方案的条件下，预测、计算、确定和监控工程造价及其变动的系统活动。这一含义既涵盖了微观层次的项目投资费用的管理，也涵盖了宏观层次的投资费用的管理。

作为工程造价第二种含义的管理，即工程价格管理，属于价格管理范畴。在社会主义市场经济条件下，价格管理分两个层次。在微观层次上，是生产企业在掌握市场价格信息的基础上，为实现管理目标而进行的成本控制、计价、定价和竞价的系统活动。它反映了微观主体按支配价格运动的经济规律，对商品价格进行能动的计划、预测、监控和调整，并接受价格对生产的调节。在宏观层次上,是政府根据社会经济发展的要求,利用法律、经济和行政手段对价格进行管理和调控,以及通过市场管理规范市场主体价格行为的系统活动。工程建设关系国计民生,同时,政府投资公共、公益性项目在今后仍然会有相当份额。因此,国家对工程造价的管理,不仅承担一般商品价格的调控职能,而且在政府投资项目上也承担着微观主体的管理职能。这种双重角色的双重管理职能,是工程造价管理的一大特色。区分上述两种管理职能,进而制定不同的管理目标,采用不同的管理方法是必然的发展趋势。

二、工程造价管理的特点

工程造价管理的特点主要表现在:

(1)时效性,反映的是某一时期内价格特性,即随时间的变化而不断变化;

(2)公正性,既要维护业主(投资人)的合法权益,也要维护承包商的利益,站在公允的立场上一手托两家;

(3)规范性,由于建筑产品千差万别,构成造价的基本要素应分解为便于可比与计量的假定产品,因而要求标准客观、工作程序规范;

(4)准确性,即运用科学、技术原理及法律手段进行科学管理,使计量、计价、计费有理有据,有法可依。

三、工程造价管理的对象、目标和任务

1. 工程造价管理的对象

工程造价管理的对象分客体和主体。客体是工程建设项目,而主体是业主或投资人(建设单位)、承包商或承建商(设计单位、施工企业)以及监理、咨询等机构及其工作人员。具体的工程造价管理工作,其管理的范围、内容及作用各不相同。

2. 施工项目造价管理的目标

施工项目造价管理的目标是:按照经济规律的要求,根据社会主义市场经济的发展形势,利用科学管理方法和先进管理手段,合理地确定造价和有效地控制造价,以提高投资效益和建筑安装企业经营效果。

3. 施工项目造价管理的任务

施工项目造价管理的任务是:加强施工项目造价的全过程动态管理,强化施工项目造价的约束机制,维护有关各方面的经济效益,规范价格行为,促进微观效益和宏观效益。

四、工程造价管理的基本内容

1. 工程造价的合理确定

所谓工程造价的合理确定,就是在建设程序的各个阶段,合理确定投资估算、概算造价、预算造价、承包合同价、结算价、竣工决算价。

(1)在项目建议书阶段,按照有关规定应编制初步投资估算。经相关部门批准,作为拟建项目列入国家中长期计划和开展前期工作的控制造价。

(2)在可行性研究阶段,按照有关规定编制的投资估算,经相关部门批准,即为该项目

控制造价。

(3)在初步设计阶段，按照有关规定编制的初步设计总概算，经相关部门批准，即作为拟建项目工程造价的最高限额。对初步设计阶段，实行建设项目招标承包制签订承包合同协议的，其合同价也应在最高限价（总概算）相应的范围以内。

(4)在施工图设计阶段，按规定编制施工图预算，用以核实施工图阶段预算造价是否超过批准的初步设计概算。

(5)在施工图预算阶段，对施工图预算为基础招标投标的工程，承包合同价也是以经济合同形式确定的建筑安装工程造价。

(6)在工程实施阶段，要按照承包方实际完成的工程量，以合同价为基础，同时考虑到因物价上涨所引起的造价提高，考虑到设计中难以预计而在实施阶段实际发生的工程和费用，合理确定结算价。

(7)在竣工验收阶段，全面汇集在工程建设过程中实际花费的全部费用，编制竣工决算，如实体现该建设工程的实际造价。

2. 工程造价的有效控制

所谓工程造价的有效控制，就是在优化建设方案、设计方案的基础上，在建设程序的各个阶段，采用一定的方法和措施把工程造价的发生控制在合理的范围和核定的造价限额以内。具体来说，就是要用投资估算价控制设计方案的选择和初步设计概算造价；用概算造价控制技术设计和修正概算造价；用概算造价或修正概算造价控制施工图设计和预算造价，以求合理使用人力、物力和财力，取得较好的投资效益。控制造价在这里强调的是控制项目投资。

有效控制工程造价，应遵循以下三项原则：

(1)以设计阶段为重点的建设全过程造价控制原则。工程造价控制贯穿于项目建设全过程，但是必须重点突出，工程造价控制的关键在于施工前的投资决策和设计阶段，而在项目作出投资决策后，控制工程造价的关键就在于设计。建设工程全寿命费用包括工程造价和工程交付使用后的经常开支费用（含经营费用、日常维护修理费用、使用期内大修理和局部更新费用），以及该项目使用期满后的报废拆除费用等。据西方一些国家分析，设计费一般只相当于建设工程全寿命费用的1%以下，但这少于1%的费用对工程造价的影响度占却75%以上。由此可见，设计质量对整个工程建设的效益至关重要。

长期以来，我国普遍忽视工程建设项目前期工作阶段的造价控制，而往往把控制工程造价的主要精力放在施工阶段——审核施工图预算、结算建安工程价款、算细账。这样做尽管也有效果，但毕竟是"亡羊补牢"，事倍功半。要有效地控制建设工程造价，就要坚决地把控制重点转到建设的前期阶段上来，尤其应抓住设计这个关键阶段，以取得事半功倍的效果。

(2)主动控制原则。传统决策理论是建立在绝对的逻辑基础上的一种封闭式决策模型，它把人看作具有绝对理性的"理性的人"或"经济人"，在决策时会本能地遵循最优化原则，即取影响目标的各种因素的最有利的值来选择实施方案。而美国经济学家西蒙首创的现代决策理论的核心则是"令人满意"准则。他认为，由于人的头脑能够思考和解答问题的容量同问题本身规模相比是渺小的，因此在现实世界里，要采取客观、合理的举动，哪怕接近客观合理性，也是很困难的。因此，对决策人来说，最优化决策几乎是不可能的。西蒙提出了用"令人满意"来代替"最优化",他认为决策人在决策时,可先对各种客观因素、执行人据以采取的可能行动以及这些行动的可能后果加以综合研究,并确定一套切合实际的衡量准则。如某一可行方案符合这种衡量准则,并能达到预期的目标,则这一方案便是满意的方案,可以采纳;否则,应对原衡量准则进行适当的修改,继续挑选。

一般说来,造价工程师的基本任务是合理确定并采取有效措施控制建设工程造价,为此,应根据业主的要求及建设的客观条件进行综合研究,实事求是地确定一套切合实际的衡量准则。只要造价控制的方案符合这套衡量准则,取得令人满意的结果,就可以说造价控制达到了预期目标。

长期以来,人们一直把控制理解为目标值与实际值的比较,以及当实际值偏离目标值时,分析其产生偏差的原因,并确定下一步的对策。在工程项目建设全过程进行这样的工程造价控制虽然有意义,但这种立足于调查—分析—决策基础之上的偏离—纠偏—再偏离—再纠偏的控制方法,只能发现偏离,不能使已产生的偏离消失,不能预防可能发生的偏离,因而只能说是被动控制。自20世纪70年代初开始,人们将系统论和控制论研究成果用于项目管理后,将"控制"立足于事先主动地采取决策措施,以尽可能地减少、避免目标值与实际值的偏离,这是主动、积极的控制方法,因此被称为主动控制。也就是说,合理的工程造价控制不仅要反映投资决策,反映设计、发包和施工,被动地控制工程造价,更要能动地影响投资决策,影响设计、发包和施工,主动地控制工程造价。

(3)技术与经济相结合原则。技术与经济相结合是控制工程造价最有效的手段。要有效地控制工程造价,应从组织、技术、经济等多方面采取措施。从组织上采取措施,包括明确项目组织结构,明确造价控制者及其任务,明确管理职能分工;从技术上采取措施,包括重视设计多方案选择,严格审查监督初步设计、技术设计、施工图设计、施工组织设计,深入技术领域研究节约投资的可能;从经济上采取措施,包括动态地比较造价的计划值和实际值,严格审核各项费用支出,采取对节约投资的有力奖励措施等。

应该看到,技术与经济相结合是控制工程造价最有效的手段。长期以来,在我国工程建设领域,技术与经济相分离。许多国外专家指出,我国工程技术人员的技术水平、工作能力、知识面,跟国外同行相比几乎不分上下,但他们缺乏经济观念,设计思想保守,设计规范、施工规范落后。国外的技术人员时刻考虑如何降低工程造价,而我国技术人员则把它看成与己无关的财会人员的职责。而财会、概预算人员的主要职责是根据财务制度办事,他们往往不熟悉工程知识,也很少了解工程进展中的各种关系和问题,往往单纯地从财务制度角度审核费用开支,难以有效地控制工程造价。为此,应以提高工程造价效益为目的,在工程建设过程中把技术与经济有机结合,通过技术比较、经济分析和效果评价,正确处理技术先进与经济合理两者之间的对立统一关系,力求在技术先进条件下的经济合理,在经济合理基础上的技术先进,把控制工程造价观念渗透到各项设计和施工技术措施之中。

造价工程师
执业相关规定

本章小结

工程造价的全称就是工程的建造价格，由设备及工器具购置费用、建筑安装工程费用、工程建设其他费用、预备费、建设期贷款利息、固定资产投资方向调节税构成。建筑工程工程量指以物理计量单位或自然计量单位所表示的工程各个分项工程实物数量，通常采用按施工先后顺序、按预算定额的分部分项顺序和统筹法进行计算。工程量清单计价是指投标人完成由招标人提供的工程量清单所需的全部费用，包括分部分项工程费、措施项目费、其他项目费、规费和税金。定额是在正常的施工生产条件下，完成单位合格产品所必需的人工、材料、施工机械设备及其资金消耗的数量标准，在工程建设和企业管理中，确定和执行先进合理的定额是技术和经济管理工作的重要一环。工程造价管理包括建设工程投资费用管理和工程价格管理两层含义，就是在建设程序的各个阶段，合理确定投资估算、概算造价、预算造价、承包合同价、结算价、竣工决算价。

思考与练习

一、填空题

1. 施工项目造价是_____的货币表现。
2. _____是以同一性质的施工过程或工序为测定对象，确定建筑安装工人在正常施工条件下，为完成单位合格产品所需劳动、机械、材料消耗的数量标准。
3. 劳动定额的作用主要表现在_____和_____两个方面。
4. 机械台班使用定额按表现形式不同，可分为_____和_____。
5. 施工中材料的消耗，可分为_____和_____两种。
6. 建设工程的工程量分别由_____和_____分别按图计算。

二、选择题

1. 下列关于工程造价的作用的描述错误的是（　　）。
   A. 工程造价是制订投资计划和控制投资的依据
   B. 工程造价是项目决策的依据
   C. 工程造价是筹集建设资金的依据
   D. 工程造价是项目竣工验收的依据
2. 下列关于工程量计算原则描述错误的是（　　）。
   A. 工程量计量单位统一，无须与清单计价规范中规定的计量单位相一致
   B. 计算顺序要一致
   C. 计算口径要一致
   D. 计算规则要一致
3. 一般情况下，工程造价管理机构应当在受理投诉的（　　）天内完成复查。
   A. 10　　　　　　B. 20　　　　　　C. 30　　　　　　D. 60

4. 当招标控制价复查结论与原公布的招标控制价误差大于(　　)时，应当责成招标人改正。

　　A. ±1％　　　　B. ±1.5％　　　　C. ±2％　　　　D. ±3％

5. 机械工作一个作业班时间为(　　)。

　　A. 6　　　　　B. 8　　　　　　C. 12　　　　　D. 24

6. (　　)是规定消耗在合格质量的单位工程基本构造要素上的人工、材料和机械台班的数量标准，是计算建筑安装产品价格的基础。

　　A. 施工定额　　B. 预算定额　　　C. 概算定额　　　D. 劳动定额

三、问答题

1. 如何理解工程造价的动态性？
2. 工程量的计算依据是什么？
3. 工程量清单计价的作用是什么？
4. 如何理解工程建设定额的统一性？
5. 简述概算定额的作用。
6. 工程造价管理的特点是什么？

参考文献

[1] 纪建悦,许罕多. 现代项目成本管理[M]. 北京:机械工业出版社,2008.
[2] 田振郁. 项目经理操作手册[M]. 北京:中国建筑工业出版社,2008.
[3] 牟文,徐久平. 项目成本管理[M]. 北京:经济管理出版社,2008.
[4] 田振郁. 工程项目风险防范手册[M]. 北京:中国建筑工业出版社,2009.
[5] 周子炯. 建筑工程项目设计管理手册[M]. 北京:中国建筑工业出版社,2013.
[6] 田元福. 建设工程项目管理[M]. 2版. 北京:清华大学出版社,2010.
[7] 周宁,谢晓霞. 项目成本管理[M]. 北京:机械工业出版社,2010.
[8] 赵玉霞. 工程成本会计[M]. 北京:科学出版社,2009.
[9] 仲景冰,王红兵. 工程项目成本管理[M]. 2版. 北京:北京大学出版社,2012.